DELIUS KLASING

JÖRG-M. HORMANN

Flugbuch Atlantik

DEUTSCHE KATAPULTFLÜGE 1927–1939

Delius Klasing Verlag

Von Jörg-M. Hormann sind darüber hinaus
folgende Titel im Delius Klasing Verlag erschienen:
Flugschiff DO-X – Die Chronik
Deutsche Flaggen, Geschichte – Tradition – Verwendung

Die Abbildungen auf dem Bucheinband zeigen – auf der Vorderseite: Das Blohm & Voss-Wasserflugzeug Ha 139 *NORDMEER* nach seinem Flug von den Azoren nach New York am 15. August 1937 (ullsteinbild, Berlin) – auf der Rückseite links und rechts oben: Vorbereitungen für den Katapultstart der Heinkel He 12 *NEW YORK* von Bord des Schnelldampfers BREMEN im Sommer 1930 (Ingrid Peckskamp-Lürßen, Berlin) – rechts unten: Flugschiff Dornier DO-X nach der Wasserung im Hafen von New York am 27. August 1931 (Dornier GmbH, Friedrichshafen)

Bibliografische Information der Deutschen Nationalbibliothek
Die Deutsche Nationalbibliothek verzeichnet diese Publikation in der Deutschen Nationalbibliografie; detaillierte bibliografische Daten sind im Internet über http://dnb.d-nb.de abrufbar.

1. Auflage
ISBN 978-3-7688-1973-2

Einbandgestaltung und Layout: Gabriele Engel
Reproduktionen: scanlitho.teams, Bielefeld
Druck: Kunst- und Werbedruck, Bad Oeynhausen
Printed in Germany 2007

Delius Klasing Verlag, Siekerwall 21, D - 33602 Bielefeld
Tel.: 0521/559-0, Fax: 0521/559-115
E-Mail: info@delius-klasing.de
www.delius-klasing.de

Inhalt

HEINKEL

Ein Schiff, ein Flugzeug und eine Katapultanlage: der gemeinsame Nenner zweier Gegensätze

Wie so viele Errungenschaften der Menschheitsgeschichte ist das Funktionsgespann aus Schiff und Flugzeug martialischen Ursprungs. Das zivile, gut zehnjährige Intermezzo des Themas, dem hier unsere Aufmerksamkeit gehört, stellte nur eine heute fast vergessene Phase im militärischen Werdegang einer symbiotischen Kampfkombination dar. Aus stoffbespannten Holz- und Metallrohrkonstruktionen mit angeflanschtem Motor und Sperrholzschwimmern, fragile Wasserflugzeuge, die Ende des Ersten Weltkrieges auf See ausgesetzt und eingeholt wurden, entstanden ein halbes Jahrhundert später atomar betriebene Flugzeugträger mit Start- und Landedeck mit Hunderten von Strahlflugzeugen und Hubschraubern an Bord. Ihre gemeinsame Kampfkraft ist das heutige militärische Machtpotenzial auf unserem Globus. Doch was hat ein atomgetriebener Flugzeugträger von heute mit dem Thema der deutschen Katapultfliegerei der 1930er-Jahre zu tun? Es ist das Prinzip, mit pressluftbetriebenen Katapultanlagen Flugzeuge ohne kilometerlange Betonpiste in die Luft zu bringen!

Die militärisch faszinierende Kombination Schiff und Flugzeug interessierte die Marineführungen vieler Länder in dem Augenblick, als das Flugzeug wirklich flog und nicht nur hüpfte – endlich eine Möglichkeit, den Horizont von der Schiffsplanke aus zu erweitern. Bis dahin konnte vom Kriegsschiff auf See so weit beobachtet werden, wie es die Sicht erlaubte. Das beste optische System am höchsten Punkt an Bord, also in der Spitze des Gefechtsmastes, konnte den Blick nur schärfen, nicht aber über den Horizont ziehen. Auch der Feuerkampf war und blieb auf die Sichtentfernung beschränkt, obwohl moderne Schiffsgeschütze bereits vor dem Ersten Weltkrieg ihre todbringenden Granaten mehr als 20 Kilometer weit über den Horizont hinaustrieben. Um das artilleristische Schiffsgefecht ging es den Militärs beim Wunscheinsatz von Flugzeugen auf See anfangs gar nicht. Sie wollten wissen, ob gegnerische Kriegsschiffe unterhalb des Horizonts unentdeckt herankamen oder passierten, um daraus ihre Schlussfolgerungen zu ziehen. Alle Marinebefehlshaber bemühten sich, den Beobachtungsradius ihrer Kreuzer und Linienschiffe zu vergrößern. Das Flugzeug schien geeignet, die Rolle als deren »weitreichende Augen« zu übernehmen. Doch wie bekam man ein Flugzeug von Bord in die Luft und nach dem Einsatz wieder zurück an Bord? Die damaligen Doppeldecker mit Schwimmkörpern für Start und Landung auf dem Wasser auszustatten und sie mit einem Bordkran

Vor dem Katapultstart zwischen den engen Aufbauten eines Schnelldampfers. Die Heinkel He 12 wird an Bord der BREMEN für den Start vorbereitet.

Treibstoffzehrender Wasserstart des Dornier Do 18-Flugbootes D-AROZ PAMPERO *der Luft Hansa auf dem Südatlantik.*

auf See auszusetzen und einzuholen, konnte nur der erste Schritt in Richtung einer befriedigenden Lösung sein.

Am 14. November 1910 fand eine erste »Fühlungnahme« zwischen Schiff und Flugzeug statt. Flugakrobat Eugene Ely (1886–1911) startete seinen Curtiss-Doppeldecker von Bord eines amerikanischen Kriegsschiffes. Es war die USS BIRMINGHAM, ein leichter Kreuzer, der in Küstennähe vor Anker lag, von dessen improvisierter Holzrampe auf dem Bug er mit hochtourig laufendem Motor Schwung nahm und trotz leichter Wasserberührung noch die Nase seines Aeroplanes hochbekam. Mit angeschlagenem Propeller musste Ely schnellstmöglich auf einem festen Platz in der Nähe landen; er hatte ein Räderfahrwerk an seiner Curtiss.

Zwei Monate später, am 18. Januar 1911, versuchte er es einmal andersherum. Sein Start von einer Piste an Land und das folgende Aufsetzen auf der USS PENNSYLVANIA hatten etwas Abenteuerliches: Quer über das improvisierte Landedeck gelegte Seile, mit Sandsäcken an den Enden, bremsten das Ausrollen seiner Curtiss, die – ständig kurz vor dem Kopfstand – über die Planken hüpfte und im letzten Seil vor den Schiffsaufbauten hängen blieb. Ely hatte den Beweis angetreten, dass Schiffe als Start- und Landeplattform für Flugzeuge mit Räderfahrwerken dienen konnten.

Generell setzte sich dann bei den Militärs die Meinung durch, dass Flugzeugbetrieb über Wasserflächen und besonders über der offenen See nur mit Wasserflugzeugen und Flugbooten möglich sei. Nur sie gaben den Besatzungen eine Chance, unvorherzusehende Situationen auf dem Wasser zu meistern. Weiterhin benötigte man für diese Flugzeuge keine aufwendigen Start- und Landebahnen. Sie waren dort einsetzbar, wo es Wasserflächen gab. Seit Mitte des Ersten Weltkrieges erhoben sich deutsche Seeflugzeuge für ihre Aufklärungs- und Bombenflüge von an Gewässerufern gelegenen Seeflugplätzen, oder sogenannte Flugzeugmutterschiffe setzten sie mit Kränen auf die Wasseroberfläche. Immer erfolgte der Start vom Wasser aus, allein mit der Kraft der eigenen Motoren.

Hierin lag das große Handicap der Seeflugzeuge. Für den Start auf Schwimmern und mit dem Bootsrumpf bei den Flugbooten mussten Motorenleistungen verfügbar sein, die sich dann im Flug als Überschuss darstellten, gern hätte man diesen Leistungsüberschuss mit Zuladung, sei es Treibstoff für längere Flugdauer oder Gewicht in Form von Personen, Waffen oder Fracht genutzt. Eine zum Fluggewicht nach dem Start optimierte Leistung reichte nie aus, um Wasserflugzeuge von ihrer relativ langen, »nassen Piste« abheben zu lassen. Problematische Startverhältnisse durch unberechenbare Wasseroberflächen und extreme Witterungsabhängigkeit bei Wasserstart und -landung förderten zusätzlich das Nachdenken über neue Startmethoden.

Im Herbst 1918 gab es von deutscher Seite erste Versuche mit mechanisierten Starthilfen, die bereits Pressluft als Antriebskraft verwendeten. Wilhelm Stein, Marine-Oberingenieur, technischer Leiter der Seeflugstation Zeebrügge im Kriegsjahr 1915 und späterer Betriebsdirektor bei den Heinkel-Werken, legte dem Reichsmarineamt den durchgerechneten Entwurf eines Pressluftkatapultes für Flugzeuge bereits 1916 vor. Bei den Probeabschüssen auf der Kaiserlichen Werft in Danzig im Oktober 1918 verwendete das Erprobungskommando die Hansa-Brandenburg W 29, einen von Ernst Heinkel konstruierten Eindecker als Seeflugzeug mit Schwimmern. Aus den ersten

Zwei Flugzeugbauer unter sich. Dr. Ernst Heinkel, Konstrukteur von Katapult und Bordflugzeug der BREMEN, und Anthony Fokker; Letzterer stattete schon die Jagdfliegerasse des Ersten Weltkrieges mit überlegenem Flugzeugmaterial aus.

Von der in den Wind gedrehten Katapultschiene schleuderte der Katapultschlitten das Postflugzeug mit einer Startgeschwindigkeit von 110 km/h in den Himmel.

Versuchen konnte kein militärischer Nutzen mehr gezogen werden. Ernst Heinkel setzte dann die Ideen mithilfe von Wilhelm Stein erst Mitte der 1920er-Jahre in brauchbare Technik um.

Eigentlich ist der Gedanke des Katapultstarts von Flugzeugen so alt wie das Flugzeug selbst. Die Gebrüder Wright hatten ihren ersten primitiven Doppeldecker statt mit Rädern mit Gleitschienen versehen. Ihr berühmter erster Start am 17. Dezember 1903 war ein Katapultstart. Fallgewichte wirkten auf ein Zugseil, das mittels einer Umkehrrolle den Aeroplan bei laufendem Motor auf der Startschiene nach vorn schleuderte. Nur so erreichte das Wright-Flugzeug die nötige Anfangsgeschwindigkeit, um sich danach einige Meter in der Luft zu halten. In seiner Biografie »Stürmisches Leben« umschrieb Ernst Heinkel das Katapultprinzip mit wenigen Sätzen: *»Auf einer kurzen Startbahn wird ein Startschlitten beweglich angebracht, auf dem das Flugzeug steht. Der Startschlitten wird durch eine Kraftquelle mit großer Beschleunigung in Bewegung gesetzt, während der Motor bereits läuft. Das Flugzeug wird zusammen mit dem Startschlitten nach vorn gerissen. Es erhält auf einer sehr kurzen Strecke von 20 bis 30 Metern eine Beschleunigung, für deren Erreichung sonst ein Vielfaches dieser Strecke notwendig wäre. Schon bevor der Startschlitten das Ende der Startbahn erreicht, ist die Beschleunigung so groß, dass das Flugzeug sich mit eigener Motorenkraft in die Luft erheben kann, während der Startschlitten selbst gebremst wird und zum Stehen kommt. Das Flugzeug muss gegen den Wind geschleudert werden, um den Start zu erleichtern. Dies wiederum setzt voraus, dass die Startbahn drehbar nach allen Seiten konstruiert ist.«*

Der Schlitten auf der Ablaufbahn konnte natürlich auch allein vom startenden Flugzeug in Bewegung gesetzt werden, und darum ging es beim Besuch von Kapitän Koshima bei den Ernst Heinkel-Flugzeugwerken GmbH in Warnemünde im Januar 1925. Als japanischer Marineattaché in Berlin präsentierte er Heinkel den besonderen Wunsch seiner Marineführung. Die Japaner wollten ihr neues 30 000-Tonnen-Schlachtschiff NAGATO mit einem Seeflugzeug für die Aufklärung ausstatten. Dieses sollte von einer auf dem 40,6 cm-Geschützturm vor der Brücke montierten Ablaufbahn aus starten. Dafür benötigte man neben der Ablaufbahn ein Wasserflugzeug mit besonders starkem Motor, um auf einer Schienenlänge von 20 Metern die notwendige Startgeschwindigkeit zu erreichen. Eine Aufgabe nach Ernst Heinkels Geschmack. Mit Energie und Gespür für nutzbare Technik dieser »Jugendjahre des Flugzeugbaus« ließ Ernst Heinkel seine Katapultgedanken in die Praxis umsetzen.

Anfang Juni 1925 erfolgte in Warnemünde auf dem Werksgelände der erste Start des motorkräftigen Schwimmer-Doppeldeckers HE 25 von einer an Land verankerten, stählernen Startbahn. Gern hätten sich die geheimnisbesorgten Japaner mit den ausführlichen Konstruktionszeichnungen zum Nachbauen begnügt, doch das Erprobungsrisiko der neuen Technik erschien ihnen zu hoch, und sie luden Heinkel im Herbst 1925 nach Japan ein. Zusammen mit Oberingenieur Karl Schwärzler, seiner rechten Hand in Warnemünde, und Erprobungspilot Carl Clemens Bücker reiste Heinkel über die USA nach Japan, und zwei Flugzeuge mit Ablaufbahn im Frachtraum eines Dampfers fuhren ihnen voraus. Nach einem Fehlversuch an Land mit einem japanischem Piloten am Steuerknüppel und dem Bruch einer der gelieferten Maschinen gelang der praktische Versuch auf der hohe Fahrt gegen den Wind laufenden NAGATO perfekt. Bücker zog nach seinem Vollgasstart die HE 25 von der Ablaufbahn auf dem mächtigen

Pressetermin. Kurz vor dem Schleuderstart des Dornier 10 t WAL D-AKER vom Heinkel-Großkatapult des Lufthansa-Schleuderschiffes FRIESENLAND.

Zwillingsturm hoch, umkreiste das Kriegsschiff mit seiner jubelnden Besatzung und landete auf den Schwimmern sicher neben dem seinerzeit größten Schlachtschiffneubau der Welt. Damit gelang der erste Flugzeugstart von einem fahrenden Schiff mittels mechanischer Hilfe auf 20 Meter Startweg. Heinkel fiel ein Stein vom Herzen, und seine Auftraggeber zeigten sich hochzufrieden. Ein wichtiger Schritt zur folgenden Entwicklung funktionstüchtiger Katapulte war getan.

Als weiterer wichtiger Aspekt für eine Umsetzung stellte sich die Idee von Dr. Ing. Wilhelm Stein dar, Pressluft als zusätzliche Kraftquelle neben der Motorkraft des Flugzeuges für die Starthilfe zu verwenden. Pressluft war jederzeit unproblematisch auf Dampfschiffen verfügbar und, noch wichtiger, nach Stand der Technik auch differenziert beherrschbar – also eine ideale Quelle notwendiger Schleuderkraft. Zukünftig starteten Wasserflugzeuge mittels luftdruckbetriebener Katapulte vom knapp bemessenen Schiffsraum der Kreuzer und Schlachtschiffe in Deutschland und Japan.

Die zivile Variante der erfolgreichen technischen Errungenschaft machte 1929 Furore. Mit dem Linienbetrieb der neuen Schnelldampfer BREMEN und EUROPA des Norddeutschen Lloyd (NDL) zwischen Bremerhaven und New York richteten

die Deutsche Luft Hansa, die Reichspost und der NDL einen Katapultflugdienst zur Postbeförderung von den Dampfern ein. Wasserflugzeuge, extra für das Schleudern vom Katapult konstruiert, flogen mit Post den Dampfern voraus und verkürzten so die Postlaufzeiten. Im eingespielten Betrieb, der bis 1935 aufrechterhalten wurde, ergab das in Richtung New York einen Vorsprung zur Schiffspost von rund 24 Stunden und in Richtung Europa von knapp 48 Stunden. Im Spätsommer 1928 erhielten die Heinkel-Werke den Auftrag zur Entwicklung der Flugzeugschleuderanlage und eines katapultfähigen Postflugzeugs für zwei Mann Besatzung für den Schnelldampfer BREMEN. Auf der Jungfernfahrt vom 16. bis 22. Juli 1929, auf der die BREMEN das »Blaue Band« für die schnellste Atlantiküberquerung nach 25 Jahren wieder nach Deutschland zurückholte, erfolgte der erste Katapultstart der Heinkel He 12 mit dem Kennzeichen D-1717 kurz vor New York. Gut ein Jahr später flog die He 58 D-1919 ihrem Dampfer EUROPA die Post voraus.
Konstruktion und Bau von Katapulten blieben ein Spezialgebiet der Heinkel-Werke. 1933 entstand mit dem K 6 ein Großkatapult, das Flugzeuge bis 14 Tonnen Gewicht abschießen konnte. Auf dem eigens dafür ausgerüsteten Katapultschiff WESTFALEN montiert, begann die Lufthansa mit Flugbooten vom Typ Dornier WAL die Erkundung für den Postliniendienst über den Atlantik im Herbst 1933. Damit und mit den Nachfolgemustern führte die Lufthansa den Postverkehr über den Südatlantik ab 1934 bis zum Beginn des Zweiten Weltkrieges durch.
Katapultstarts jeweils in der Nähe von Bathurst an der afrikanischen Küste und Natal auf brasilianischer Seite ersparten den eingesetzten Flugbooten der Typen Dornier Do 18 sowie Do 26 und später den viermotorigen Wasserflugzeugen von Blohm & Voss, Typ Ha 139, spritfressende Wasserstarts. Treibstoff, den sie für den Atlantiküberflug benötigten, blieb so in den Tanks. Weiterhin bot das Startverfahren Unabhängigkeit von Witterung und Seegang und erlaubte auch den Nachtstart. Gern hätte die Lufthansa den erprobten, fliegerisch anspruchsvollen Postliniendienst auch für den Nordatlantik eingerichtet. Durch viele Erprobungsflüge bewies sie die Machbarkeit der Luftpostbeförderung auf dieser Strecke, die letztendlich an der Verweigerung der notwendigen Postbeförderungskonzession durch die USA scheiterte.
In den Jahren von 1927 bis 1939 hat es rund 800 Überquerungen und Teilüberflüge des Atlantiks durch deutsche Flugzeuge gegeben, die hier erstmals geschlossen dokumentiert werden.

Erläuterungen zum Flugbuch Atlantik 1927 bis 1939

Aus einer Vielzahl originärer Daten in Form von maschinenschriftlichen Listen, Flugbuchblättern, Notizen von Besatzungsmitgliedern und niedergeschriebenen Erinnerungen entstand die folgende Liste der rund 800 Versuchs-, Teil- und Überflüge des Atlantiks durch deutsche Flugzeuge und Besatzungen. Bisher kaum erschlossene Akten des Lufthansa-Archivs in Frankfurt sowie Unterlagen aus den Firmenarchiven von Dornier in Friedrichshafen und Blohm & Voss in Hamburg ergaben den fast lückenlosen Überblick deutscher Atlantikflüge der Zwischenkriegszeit. Neben den reinen Flugdaten ist die Nennung aller Besatzungsmitglieder dieser Flüge besonders gewollt. Erst Technik und Mensch im Zusammenhang gesehen und bewertet ergeben die korrekte Einschätzung der Leistungen einer Epoche der deutschen Luftfahrt, in der der Transozean- (TO) Luftverkehr begann.
Alle Überflüge (Überfl.) und Teilflüge (Teilfl.) sind durchlaufend neu nummeriert, im Gegensatz zu den Versuchsflügen (Vers.) oder sonstigen Hinweisen zum Geschehen. Ursprünglich eigene Nummerierungen, wie zum Beispiel die der Lufthansa für ihre TO-Flüge über den Südatlantik, mussten der Übersicht geopfert werden. Die zeitliche Zuordnung erfolgt über das Datum des Abflugtages, und lediglich »Nord« für Nordatlantik und »Süd« für Südatlantik geben den geografischen Hinweis für die Flüge.
Im transozeanen Flugbetrieb der Lufthansa galt damals die Greenwich Mean Time (GMT), die mittlere Greenwich-Zeit, als Standard. Sie kam allerdings in einer Vielzahl hier aufgelisteter Flüge außerhalb der Lufthansa-Organisation nicht zum Einsatz. Dort vermerkte man in den Aufzeichnungen die Ortszeiten oder die Mitteleuropäische Zeit (MEZ). In der Liste sind diese Zeitangaben alle auf GMT umgerechnet. Eine Ausnahme bildet allein die New Yorker Zeit (NYZ), sie ist in der Liste unterstrichen. So ergeben sich für Europa, Afrika und Nordamerika fast Ortszeiten. Für südamerikanische, in unserem Fall brasilianische Ortszeiten, müssen immer vier Stunden von der GMT abgezogen werden.
Bei den Dienststellungs- und Berufsangaben der Besatzungsmitglieder wurde die zeitgenössische Bezeichnung aus den Quellen übernommen. Vom Flugkapitän über den 1. und 2. Flugzeugführer, Funkermaschinist oder Flugzeugfunker, um nur einige zu nennen, gab es seinerzeit sich verändernde Berufsbezeichnungen sowie Unterstellungsverhältnisse, die hier unberücksichtigt blieben. Im Anhang befindet sich die alphabetische Liste der Besatzungsmitglieder mit differenzierten Daten.

Seit dem 1. August 1922 gab es in Deutschland ein Luftverkehrsgesetz, das in den entsprechenden Verordnungen und Anlagen auch die Kennzeichnung der Luftfahrzeuge regelte, ihnen also eine Art Nummernschild verpasste. Jedes zugelassene Fluggerät sollte so für jedermann klar und deutlich erkennbar sein und seine Identität preisgeben. Da Deutschland bei der Verteilung von Hoheitsabzeichen im Zuge des Pariser Luftfahrtabkommens vom 13. Oktober 1919 nicht berücksichtigt wurde – man war der Meinung, in Deutschland würden nach dem Ersten Weltkrieg nie wieder Flugzeuge gebaut geschweige denn fliegen –, gaben sich die Deutschen ihr »D« als Hoheitszeichen. Die ersten deutschen Flugzeugkennzeichen begannen mit dem bekannten »D« und der laufenden Eintragungsnummer aus der Deutschen Luftfahrzeugrolle. Dass diese Nummerierung Grenzen hatte und sich im praktischen Gebrauch nicht bewährte, wurde zur Erfahrung der nächsten zwölf Jahre. Man war bei D-3466 angekommen, und wen interessierte eigentlich, wie viele Luftfahrzeuge am deutschen Himmel kreisten? Interessanter wären Hinweise auf die Art des Fluggerätes – vom Passagierflugzeug über Luftschiff, Sportflugzeug bis hin zum Gasballon – gewesen oder die Gewichte des Gerätes usw. Solche Klassifizierungsmerkmale waren nur mit Buchstabengruppen zu ordnen, wie es das Ausland vorausschauend seit 1919 praktizierte. Mit dem 20. März 1934 erfolgte die Umstellung der Flugzeugkennzeichen ziviler Maschinen. Jetzt folgte nach dem »D« mit Bindestrich eine vierstellige Buchstabengruppe, zum Beispiel D-ARYS für eine Junkers Ju 52/3m der Deutschen Lufthansa. Für die interne Lufthansa-Kennung malte man ihr mit »Hans Kirschstein« noch einen »Merknamen« auf den Rumpf (Hans Kirschstein [1896–1918], Jagdflieger des Ersten Weltkrieges und Träger des Ordens Pour le Mérite, fiel am 24. Juni 1918).

Zivile und militärische Fluggeräte sind seit dem 6. Juli 1933 zusätzlich zum Buchstabenkennzeichen »D« noch mit weiteren, aufgemalten Hoheitszeichen in der Form der Nationalflagge ausgestattet. Dies regelte erstmals in Deutschland die »Luftfahrtflaggenverordnung« von 1933. Kurz nach Hitlers Machtergreifung ging es bei dieser Verordnung nicht um die sinnvolle Kennzeichenergänzung der Luftfahrzeuge nach internationalen Gepflogenheiten, sondern um eine spezielle NS-Symboldemonstration am Himmel, die der Reichsminister der Luftfahrt anregte. So ließ Hermann Göring in den Text der Verordnung schreiben: »*... Flugzeuge führen die Hoheitsflaggen in Form von Farbstreifen am Seitenleitwerk, und zwar an der Steuerbordseite drei zu Flugzeuglängsachse gleichlaufende, gleich breite Querstreifen, oben schwarz, in der Mitte weiß, unten rot, an der Backbordseite einen roten Streifen mit runder weißer Scheibe, darin ein schwarzes, schräg gestelltes Hakenkreuz ...*« Mindestens die halbe Fläche des Seitenleitwerks war so zu bemalen, und bei Luftschiffen mussten das untere und das obere Seitenleitwerk sogar komplett mit dem Flaggenanstrich versehen werden. Ab 1935 prangte auf beiden Flächen des Seitenleitwerks der Seeflugzeuge und Flugboote das Hakenkreuz.

1927

lfd.Nr.		Datum	Flugzeug	Start	GMT NYZ	Landung	GMT NYZ	Flugzeit	Flugstrecke
	Vers.		Ju G 24 he D-1230						
	Nord	04.10.	(Junkers Werksnr. 923)	Norderney	--:--	Amsterdam	--:--	--:--	210 km
		05.10.		Amsterdam	04:40	Notlandung Cap Roca		--:--	2100 km
		06.10.		Cap Roca	--:--	Lissabon	--:--	--:--	30 km
		14.10.		Lissabon	--:--	Horta, Azoren	--:--	10:45 Std.	1800 km
			Besatzung: I. Pilot und Führer Loose – II. Pilot Starke – Navigator und Funker Löwe – Bordmonteur Flitzner und ein Fluggast. Wegen der schlechten Wetterlage bei den Azoren verzögerte sich der Überflug. Nach dem Bruch der D-1220 wurde das Überflugvorhaben aufgegeben. *Überflugversuch des Atlantiks in Ost-West-Richtung durch die Junkers-Werke Dessau unter Durchführung der Severa GmbH.*						
	Vers.		He 6 b D-1220 *HEINKEL*						
	Nord	12.10.	(Heinkel Werksnr. 286)	Warnemünde	12:21	Brunsbüttel	14:20	01:59 Std.	225 km
		13.10.		Brunsbüttel	09:34	Wilhelmshaven	10:18	00:44 Std.	98 km
		14.10.		Wilhelmshaven	10:58	Amsterdam	13:02	02:04 Std.	280 km
		16.10.		Amsterdam	08:05	Vigo	16:00	07:55 Std.	1575 km
		18.10.		Vigo	06:05	Lissabon	08:55	02:50 Std.	555 km
		04.11.		Lissabon	04:25	Horta, Azoren	14:10	09:45 Std.	1700 km
							Flugleistung	25:17 Std.	4430 km
		13.11.		Horta, Azoren	02:33	geplant: Harbour Grace, Neufundland			
			Besatzung: I. Pilot und Führer Merz – II. Pilot und Funker Bock – Packard-Mechaniker Rohde. Nach dem dritten Startversuch hatte sich die schwer beladene He 6 schon vom Wasser gelöst, sackte nochmals durch, unterschnitt mit einem Schwimmer einen Wellenkamm und überschlug sich. Die Besatzung wurde unverletzt gerettet. Die D-1220 konnte nur noch als Schrott geborgen werden. *Überflugversuch des Atlantiks in Ost-West-Richtung durch die Ernst Heinkel-Flugzeugwerke.*						

Triumph und Odyssee – deutsche Atlantikflüge, die die Welt bewegten

Nach Charles Lindberghs legendärem Nonstopflug von New York nach Paris am 20. Mai 1927 gab es auf beiden Seiten des Atlantiks reichliche Fliegerambitionen, hinterher oder in entgegengesetzter Richtung vorauszufliegen. Der erste Versuch von deutscher Seite, den Atlantik in Ost-West-Richtung zu überqueren, gehört zu den fast vergessenen Kapiteln der Luftfahrtgeschichte. Mit der Werksnummer 286 ließ Ernst Heinkel in seinem Warnemünder Flugzeugwerk ein Wasserflugzeug bauen, mit dem er einen »Paukenschlag« plante. Auf eigene Rechnung und eigenes Risiko entstand seine Heinkel He 6b, ein Tiefdecker als Wasserflugzeug mit Schwimmern und ringsum verglaster Kabine. Ausgerüstet mit dem stärksten damals für Heinkel erreichbaren Motor, einem Packard 3 A 250 mit 880 PS Leistung, und vollgestopft mit Treibstofftanks, sollte die Maschine möglichst weit, über 4000 Kilometer ununterbrochen fliegen können. »*... Die Geschwindigkeit war demgegenüber nicht von so großer Bedeutung. Trotzdem erreichte die Maschine 205 km/h. Mein Flugzeug sollte überraschend von Lissabon aus starten, während des ersten Fluges bei den Azoren zwischenlanden und dann Neufundland erreichen, in der Folgezeit aber den Atlantik einmal ohne Unterbrechung überwinden ...*«, vermerkt Ernst Heinkel in seinen Erinnerungen von 1955. Am 12. Oktober 1927 startete Luft Hansa-Flugkapitän Horst Merz, der spätere Flugzeugführer der DO-X, und seine Besatzung, bestehend aus Bordwart Bock sowie Funker Rohde mit der D-1220 in aller Stille in Warnemünde. Reichlich pannenbehaftet erreichten sie über Brunsbüttel, Wilhelmshaven, Amsterdam und Vigo am 18. Oktober Lissabon.

Nach dem Abwarten besseren Wetters und notwendiger Reparaturen erfolgte am 4. November der Flug nach Horta auf der Azoreninsel Faial, das man nach neun Stunden und 25 Minuten glücklich erreichte. Dann versuchte Horst Merz mit dem schwer beladenen Wasserflugzeug mehrmals aus dem Hafen heraus gegen die Atlantikdünung zu starten, was ihm nicht gelang. Ein letzter Versuch zum Weiterflug nach Harbour Grace (Neufundland) endete am 13. November im Fiasko. Bereits vom Wasser abgekommen, sackte die D-1220 noch einmal durch. Ein Schwimmer unterschnitt einen Wellenkamm, wurde abgerissen, und die He 6 überschlug sich. Alle Besatzungsmitglieder kamen schnell genug aus der geschlossenen Kabine heraus und konnten sich am aufschwimmenden Wrack halten, bis sie die Besatzung eines Motorbootes rettete. Damit war Heinkels Traum mit großem finanziellen Verlust vor Horta versenkt – gut fünf Monate nach dem Atlantik-Nonstopflug von Charles Lindbergh und

Mit Pilot Horst Merz am Steuer geht die Heinkel He 6 D-1220 vor Horta am 13. November 1927 zu Bruch. Merz wird später der Flugzeugführer des Flugschiffes DO-X.

Fotografisch undokumentiert und nur künstlerisch erfasst: Flug der D-1167 BREMEN *bei Nacht und Schneesturm über den Wellen des Nordatlantiks. Gouache von Marinemaler Claus Bergen.*

1928

lfd.Nr.		Datum	Flugzeug	Start	GMT NYZ	Landung	GMT NYZ	Flugzeit	Flugstrecke
001	Über-flug Nord	12.04.	Ju W 33 L D-1167 *BREMEN* (Junkers Werksnr. 2504)	Baldonnel	05:38	Greenly Island (13.04.)	18:08	36:30 Std.	etwa 6000 Überfl.-km
				Irland		**Kanada, Labrador**			
			Besatzung: Flugzeugführer Köhl – Kopilot Fitzmaurice – Begleiter v. Hünefeld *Erster Überflug des Nordatlantiks in Ost-West-Richtung.*						
002	Teil-flug Süd	28.06.	Do J bas *WAL* D-1443 LÜBECK (CMASA Werksnr. 106, Baujahr 1928. Erstzulassung I-AZDQ, ab Ende 1928 PP-CAI)	Marina de Pisa	03:37	Barcelona	09:00	05:23 Std.	850 km
				Barcelona	11:30	Cartagena	15:00	03:30 Std.	550 km
		29.06.		Cartagena	06:00	Cadiz	09:30	03:30 Std.	550 km
		06.07.		Cadiz	04:30	Las Palmas	11:30	07:00 Std.	1350 km
		12.07.		Las Palmas	07:20	Casablanca	13:50	06:30 Std.	1100 km
				Casablanca	16:30	Cadiz	19:10	02:40 Std.	360 km
		16.07.		Cadiz	07:00	Lissabon	10:00	03:00 Std	480 km
		18.07.		Lissabon	13:00	La Coruña	17:20	04:20 Std.	650 km
		20.07.		La Coruña	05:00	Southampton	12:00	07:00 Std.	1100 km
				Southampton	15:00	Norderney	19:05	04:05 Std.	730 km
		21.07.		Norderney	10:30	Travemünde	12:30	02:00 Std.	320 km
							Flugleistung	48:58 Std.	8040 km
			Besatzung: I. Flugzeugführer Kaspar – II. Flugzeugführer Hans Schiller – Navigator – Bordwart – Funker – (Spanier) *Erster Erkundungsflug für eine Südatlantikroute.*						

fünf Monate vor der ersten gelungenen deutschen Ost-West-Überquerung.
Hermann Köhl (1888–1938), Nachtflugleiter der Deutschen Luft Hansa, hatte den gleichen Traum wie Ernst Heinkel. Zur Verwirklichung des Ost-West-Fluges arrangierte er sich 1927 mit den Junkerswerken in Dessau, seinem früheren Arbeitgeber. Dort unterstützte man sein Vorhaben und baute im Auftrag von Ehrenfried Günther Freiherr von Hünefeld (1892–1929), Pressechef des NDL in Bremen und späterer Finanzier des Unternehmens, zwei Junkers W 33 für Langstreckenflüge um. Nach dem erfolgreichen Dauerflugrekord von 52 Stunden mit einer der Maschinen scheiterte ein erster Versuch der Überquerung beider Maschinen am 14. August 1927 am schlechten Wetter und endete mit der Bruchlandung der Junkers W 33 EUROPA.

Nach diesem Rückschlag gab es zunehmende Ressentiments gegenüber riskanten Rekordflügen – besonders von der Luft Hansa, die einen verlässlichen und sicheren Luftverkehr anstrebte. Sie entließ Hermann Köhl fristlos, nachdem dieser heimlich mit von Hünefeld und dem zweiten Flugzeugführer Spindler für die Atlantiküberquerung nach Irland flog. Als für den 12. April 1928 hinreichend gutes Wetter vorausgesagt wurde, starteten die beiden zusammen mit dem kurzfristig für Spindler eingesprungenen Flugplatzkommandanten von Baldonnel, Major James C. Fitzmaurice (1898–1965), mit ihrer Junkers W 33 BREMEN Richtung New York. Nach 37 Stunden Flugzeit landete die Maschine auf der kleinen Insel Greenly Island in der Nähe von Neufundland, Hunderte Kilometer vom Ziel New York entfernt. Die Rettung der Besatzung von der ab-

Heinkel He 6 mit runder Funkpeilantenne und 880 PS-Motor. Das »Kraftpaket« soll für Ernst Heinkel den Atlantik überwinden.

1929

lfd.Nr.		Datum	Flugzeug	Start	GMT NYZ	Landung	GMT NYZ	Flugzeit	Flugstrecke
	Vers. Nord		Do J *WAL* D-1422 (CMASA Werksnr. 37, ehemals norwegisch N-25 *AMUNDSEN WAL*, Baujahr 1925)						
		17.07.		List auf Sylt	02:27	Trangisvaag, Färöer	10:45	08:18 Std.	
				Trangisvaag, Färöer	15:55	Reykjavik, Island	21:15	05:20 Std.	
		22.07.		Reykjavik, Island	10:45	Trangisvaag, Färöer	16:25	05:40 Std.	
		23.07.		Trangisvaag, Färöer	09:22	Leith, Schottland	14:18	04:56 Std.	
		24.07.		Leith,Schottland	10:19	List auf Sylt	14:05	03:46 Std.	
							Flugleistung	28:00 Std	4609 km
			Besatzung: I. Führer v. Gronau – Navigator und Funker Niemann – II. Führer Selbstädt – Bordmonteur Wittmann *Abgebrochener Erkundungsflug für die Nordroute über den Atlantik.*						
003	Teilflug Nord	22.07.	Heinkel He 12 D-1717 (Heinkel Werksnr. 334)	Bremen auf See	13:05	New York	13:42	00:37 Std.	110 km
			Besatzung: Flugzeugführer v. Studnitz – Funkermaschinist Kirchhoff *Erster Katapultstart vom fahrenden Schiff.*						
004	Teilfl. Nord	01.08.	He 12 D-1717 *NEW YORK*	Bremen im Kanal	07:31	Blexen, Bremerhaven	11:34	04:03 Std.	940 km
			Besatzung: Flugzeugführer v. Studnitz – Funkermaschinist Kirchhoff						
005	Teilfl. Nord	20.08.	He 12 D-1717 *NEW YORK*	Bremen auf See	06:00	New York	07:50	01:50 Std.	275 km
			Besatzung: Flugzeugführer v. Studnitz – Funkermaschinist Kirchhoff						
006	Teilfl. Nord	28.08.	He 12 D-1717 *NEW YORK*	Bremen auf See	05:15	Blexen, Bremerhaven	10:15	05:00 Std.	250 km
			Besatzung: Flugzeugführer v. Studnitz – Funkermaschinist Kirchhoff						
007	Teilflug Nord	09.09.	He 12 D-1717 *NEW YORK*	Bremen auf See	14:43	Rückkehr zur Bremen wegen dichten Nebels.			
			Besatzung: Flugzeugführer v. Studnitz – Funkermaschinist Kirchhoff						
008	Teilflug Nord	19.09.	He 12 D-1717 *NEW YORK*	Bremen, Norderney	06:10	Köln	10:10	04:00 Std.	450 km
			Besatzung: Flugzeugführer v. Studnitz – Funkermaschinist Kirchhoff						

geschiedenen Leuchtturminsel zog sich über mehrere Tage hin und endete dann glücklich mit einer großen Konfettiparade in New York.
Doch der Deutschen Luft Hansa – sie schrieb sich erst ab 1933 als »Lufthansa« in einem Wort – passten Rekord- und Sensationsflüge nicht ins Luftverkehrskonzept. Betriebssicherheit und Verlässlichkeit sowie die Fähigkeit zum Nutzlasttransport, seien es Fluggäste oder Lasten wie zum Beispiel Luftpost, standen als Forderungen an das technische Gerät Flugzeug an oberster Stelle. So ging das Interesse nicht dahin, wer zum ersten Mal mit einer fliegerischen Ausnahmeleistung glänzte, sondern inwieweit der neue Weg für den Luftverkehr der Zukunft eine Richtung wies. Und da ging der Blick nach Friedrichshafen am Bodensee. Dort entstand am Zeichentisch von Claude Dornier seit 1924 ein sensationelles Fluggerät: ein Schiff, das fliegen sollte, die zwölfmotorige DO-X. Seit Anfang des Jahres 1927 wusste die Luft Hansa-Führung vom Entwicklungsauftrag des Reichsverkehrsministeriums. Man machte sich Gedanken über den Einsatz der DO-X im Luftverkehr über den Atlantik. Luft Hansa-Direktor Erhard Milch (1892–1972) unterrichtete seinerzeit Oberstleutnant Helmut Wilberg (1880–1941), zuständig für Luftfahrtfragen im Heeres-

Die erfolgreichen Ost-West-Überflieger Köhl, Fitzmaurice und von Hünefeld (v. l. n. r.) auf dem Rückweg nach Deutschland an Bord des NDL-Dampfers COLUMBUS.

Truppenamt, über die Berechnungen der Luft Hansa, mit sechs Flugschiffen vom Typ DO-X den Luftverkehr über den Atlantik einzurichten. Als Landepunkte der Flugroute waren Lissabon – Flores (Azoren) – St. Johns – New York vorgesehen. Genau auf diesem Weg flog die DO-X im Mai 1932 von New York nach Deutschland zurück. Das Ergebnis der Studie »Schema einer Rentabilitätsberechnung für den Luftverkehr zwischen Lissabon und New York« kam zu einem positiven Urteil für die Einrichtung. Man rechnete mit 2,3 Millionen Mark Anschaffungskosten pro Flugschiff einschließlich der Motoren und kam auf einen Gesamtkapitalbedarf für die Einrichtung des Linienbetriebes von 30 Millionen Mark. Als besonders attraktiv wurden mögliche Erlöse aus dem Posttransport dargestellt.

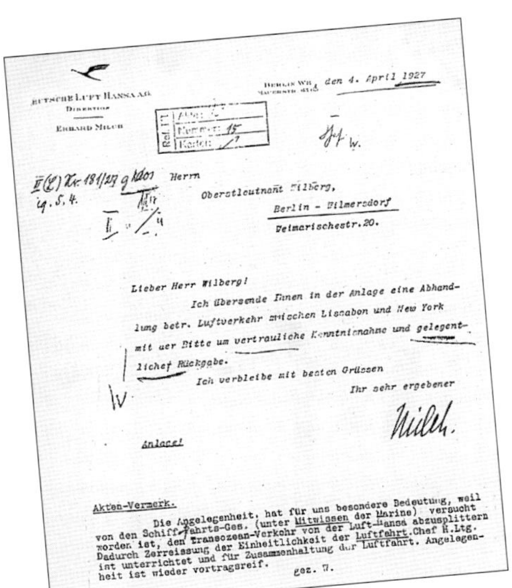

Erhard Milch

den 4. April 1927

Herrn
Oberstleutnant Wilberg,
Berlin - Wilmersdorf
Weimarischestr. 20.

Lieber Herr Wilberg!
Ich übersende Ihnen in der Anlage eine Abhandlung betr. Luftverkehr zwischen Lissabon und New York mit der Bitte um vertrauliche Kenntnisnahme und gelegentliche Rückgabe.
Ich verbleibe mit besten Grüssen
Ihr sehr ergebener
Milch.

Anlage!

Akten-Vermerk.
Die Angelegenheit, hat für uns besondere Bedeutung, weil von den Schiffahrts-Ges. (unter Mitwissen der Marine) versucht worden ist, den Transozean-Verkehr von der Luft-Hansa abzusplittern. Dadurch Zerreissung der Einheitlichkeit der Luftfahrt. Chef H.Ltg. ist unterrichtet und für Zusammenhaltung der Luftfahrt. Angelegenheit ist wieder vortragsreif.
gez. W.

Die Luft Hansa verschickt ihre Abhandlung über den Luftverkehr mit dem Flugschiff Dornier DO-X über den Atlantik.

lfd.Nr.		Datum	Flugzeug	Start	GMT NYZ	Landung	GMT NYZ	Flugzeit	Flugstrecke
009	Teilfl.	01.10.	He 12 D-1717 *NEW YORK*	BREMEN auf See	07:05	New York	07:50	00:45 Std.	113 km
	Nord		Besatzung: Flugzeugführer v. Studnitz – Funkermaschinist Kirchhoff						
010	Teilfl.	10.10.	He 12 D-1717 *NEW YORK*	BREMEN im Kanal	06:05	Köln	09:50	03:45 Std.	560 km
	Nord		Besatzung: Flugzeugführer v. Studnitz – Funkermaschinist Kirchhoff						
		16.10.	He 12 D-1717 *NEW YORK*	Wegen ungünstiger Witterung ausgefallen.					

Ein Stück Zukunft im Jahre 1929: DO-X, die »Great Eastern« des Luftverkehrs

Im Sommer 1929 öffneten sich die mächtigen Tore der Montagehalle der Aktiengesellschaft für Dornier-Flugzeuge in Altenrhein, einem kleinen Ort am schweizerischen Bodensee-Ufer. Herausgeschoben wurde, im wahrsten Sinne des Wortes, ein Schiff mit Flügeln. 40,05 Meter lang, mit einer Spannweite von 48 Metern und einem Leergewicht von 28,25 Tonnen sollte dieses Gerät, das alle Dimensionen damaliger Flugzeuge sprengte, nicht nur schwimmen, sondern auch fliegen können, was die Skeptiker stark bezweifelten. Am 12. Juli 1929 kam der Tag der Wahrheit, und Dornier-Einflieger Richard Wagner (1893–1935) zeigte, wie unproblematisch er die DO-X vom Schwimmen zum Fliegen brachte.

Nach der Baufreigabe des Flugschiffes begannen am 19. Dezember 1927 die Ausführungsarbeiten. In genau 570-tägiger Bauzeit entstand in der neuen Werft mit zwei Werkstatt-, einer Fertigungs- und einer Montagehalle das erste Flugschiff des Typs DO-X. In einem Zeitungsartikel hieß es: *»... am 12. Juli 1929 konnte der Stapellauf des fertigen Flugschiffes stattfinden. In den frühen Morgenstunden des denkwürdigen Tages wurde das Schiff auf dem extra dafür konstruierten Bootswagen zu Wasser gelassen. Sofort ging es mit Erprobungsflugzeugführer Richard Wagner*

Dornier-Chefeinflieger Richard Wagner hinter dem Steuerrad der DO-X beim Erstflug im Juli 1929.

am Steuerrad an die Rollversuche, die so zufriedenstellend ausfielen, daß man sich entschloß, das Flugschiff mit Vollgas auf Stufe laufen zu lassen. Dabei hob es sich unbeabsichtigt aus dem Wasser und flog ... Eine Leistung, die viel zu wenig berücksichtigt wurde. Es ist ein

Dornier DO-X, der erste »Jumbo« der Luftfahrtgeschichte, hatte drei Decks; von unten nach oben: das Betriebsdeck mit Benzintanks, das Fluggastdeck mit geräumiger Kabine für die Passagiere und das Kommandodeck mit Führer-, Navigations- und Funkraum – hier während der Erprobung im Herbst 1929 auf dem Bodensee (linke Seite).

1930

lfd.Nr.		Datum	Flugzeug	Start	GMT NYZ	Landung	GMT NYZ	Flugzeit	Flugstrecke
011	Teilfl.	29.04.	He 12 D-1717 *NEW YORK*	Bremen auf See	06:05	New York	09:12	03:07 Std.	650 km
	Nord		Besatzung: Flugzeugführer v. Studnitz – Funkermaschinist Kirchhoff						
012	Teilfl.	07.05.	He 12 D-1717 *NEW YORK*	Bremen auf See	10:03	Southampton	15:50	05:47 Std.	925 km
	Nord		Besatzung: Flugzeugführer v. Studnitz – Funkermaschinist Kirchhoff						
013	Teilfl.	19.05.	He 12 D-1717 *NEW YORK*	Bremen auf See	06:00	New York	09:12	03:12 Std.	500 km
	Nord		Besatzung: Flugzeugführer v. Studnitz – Funkermaschinist Kirchhoff						
014	Teilfl.	25.05.	He 12 D-1717 *NEW YORK*	Bremen auf See	08:30	Southampton	15:10	06:40 Std.	1130 km
	Nord		Besatzung: Flugzeugführer v. Studnitz – Funkermaschinist Kirchhoff						
015	Teilfl.	05.06.	He 12 D-1717 *NEW YORK*	Bremen auf See	13:00	Boston	18:37	05:37 Std.	740 km
	Nord		Besatzung: Flugzeugführer v. Studnitz – Funkermaschinist Kirchhoff						
016	Teilfl.	16.06.	He 12 D-1717 *NEW YORK*	Bremen auf See	05:05	Southampton	07:25	02:20 Std.	352 km
	Nord		Besatzung: Flugzeugführer v. Studnitz – Funkermaschinist Kirchhoff						
017	Teilfl.	25.06.	He 12 D-1717 *NEW YORK*	Bremen auf See	06:00	New York	07:55	01:55 Std.	314 km
	Nord		Besatzung: Flugzeugführer v. Studnitz – Funkermaschinist Kirchhoff						
018	Teilfl.	02.07.	He 12 D-1717 *NEW YORK*	Bremen auf See	14:00	Southampton	17:27	03:27 Std.	690 km
	Nord		Besatzung: Flugzeugführer v. Studnitz – Funkermaschinist Kirchhoff						
019	Teilfl.	14.07.	He 12 D-1717 *NEW YORK*	Bremen auf See	06:00	New York	07:45	01:45 Std.	232 km
	Nord		Besatzung: Flugzeugführer Simon – Funkermaschinist v. Hagen						
020	Teilfl.	21.07.	He 12 D-1717 *NEW YORK*	Bremen auf See	11:30	Southampton	15:50	04:20 Std.	781 km
	Nord		Besatzung: Flugzeugführer Simon – Funkermaschinist v. Hagen						
021	Teilfl.	31.07.	He 12 D-1717 *NEW YORK*	Bremen auf See	06:05	New York	07:38	01:33 Std.	235 km
	Nord		Besatzung: Flugzeugführer Simon – Funkermaschinist v. Hagen						
022	Teilfl.	06.08.	He 12 D-1717 *NEW YORK*	Bremen auf See	11:30	Southampton	15:30	04:00 Std.	834 km
	Nord		Besatzung: Flugzeugführer Simon – Funkermaschinist v. Hagen						

hervorragendes Zeugnis für die gewissenhafte Arbeit der Ingenieure und Konstrukteure; es ist die beste Anerkennung für den Schöpfer, daß ein solcher Koloß, eine solche gewaltige Flugmaschine, beim ersten Versuch das leistete, was die Erbauer erwartet hatten. Ja das Schiff übertraf zum Teil die Erwartungen. Die Welt war begeistert und überrascht … aber nicht überzeugt.«

Die Kritiker waren tatsächlich nicht überzeugt und unkten, das Flugschiff könne gerade sich selbst in die Luft heben und schon gar keine Nutzlast transportieren. Claude Dornier war über die Ignoranz der errechneten und umgesetzten Größen seines Entwurfs regelrecht verärgert und entschloss sich zu einer spektakulären Aktion. Zum 70. Erprobungsflug am 21. Oktober 1929 ließ er das Flugschiff mit leichtem Korbgestühl ausstatten. Werksangehörige mit ihren Frauen und Kindern nahmen erwartungsvoll und durchaus noch bequem Platz. Zusammen mit zehn Mann Besatzung, dem Flugversuchspersonal, einigen Pressevertretern und zwei blinden Passagieren startete die DO-X mit 169 Menschen an Bord zu einem Rekordflug, der über 30 Jahre Bestand haben sollte. Mit einem Fluggewicht von 44,768 Tonnen zog das Flugschiff 40 Minuten lang seinen Kurs über dem Bodensee. Einerseits überzeugend und auf der anderen Seite auch ein mutiges Unternehmen, denn die DO-X war für den Flugverkehr mit Passagieren noch nicht zugelassen und hatte noch nicht einmal ein Kennzeichen. Die berühmte Kennung D-1929 wurde der DO-X erst im September 1930 zugeteilt.

Claude Dornier (1884–1969) stand mit seiner Konstruktion der DO-X, einem Meilenstein deutscher Luftfahrttechnik und -geschichte, am Anfang der Entwicklung des Luftverkehrs. Sein Flugschiff, der erste »Jumbo« am Himmel, war am Ende der 20er-Jahre des 20. Jahrhunderts ein Technologiesprung, wie wir ihn aktuell mit dem Airbus A 380 erleben, auch mit den zeitspezifischen Problemen. Nach Dorniers Überzeugung würden zukünftig nur große Flugzeuge mit hoher Zuladekapazität von Passagieren und Fracht wirtschaftlich fliegen können. Seine Visionen des Luftverkehrs entsprachen durchaus der Realität von heute – mit einem bemerkenswerten Irrtum: Dem Landflugzeug mit Räderfahrwerk gab er keine Chance für den Transatlantikverkehr zwischen Europa und Amerika. Die Flugzeugmotoren der Zeit hatten ihre Probleme, und die Sicherheit einer möglichen Wasserlandung musste auf den Atlantikrouten gewährleistet sein. Also kamen nur Flugschiffe oder -boote für Dornier infrage. Das blieb auch viele Jahre die Einstellung der Lufthansa zu diesem Thema.

103 Erprobungsflüge mit den zwölf luftgekühlten Siemens-Jupiter-Sternmotoren, darunter der Rekordflug mit 169 Personen an Bord, zeigten ein Motorenfiasko. Sie waren für den Dauerbetrieb stundenlanger Flüge zu schwach, und die hintere Motorenreihe hatte erhebliche Kühlprobleme. In Deutschland durften die notwendigen Triebwerke nicht gebaut werden. Die Amerikaner halfen, und Curtiss lieh zwölf seiner nagelneuen flüssigkeitsgekühlten Conqueror-Reihenmotoren an Dornier. Damit konnte das Flugschiff ab dem 5. November 1930 zu seinem Überführungsflug in die USA starten. Nur auf dem amerikanischen Markt sah Dornier eine Chance für sein Flugschiff, und der Beweis der Tauglichkeit für den Transatlantikflug musste angetreten werden. Der ersten Flugetappe vom Bodensee nach Amsterdam sollten dann als weitere Ziele Southampton, Le Havre, La Coruña, Lissabon, Azoren, Bermudas und das Endziel New York folgen. Keiner ahnte, dass aus dem geplanten Flug von etwa drei

lfd.Nr.		Datum	Flugzeug	Start	GMT NYZ	Landung	GMT NYZ	Flugzeit	Flugstrecke
023	Überflug Nord	18.08.	Do J *WAL* D-1422 (CMASA W.Nr.37 ex N-25 »Amundsen WAL« Baujahr 1925)	List auf Sylt	10:20	Trangisvaag, Färöer	17:00	06:40 Std.	1120 km
		19.08.		Trangisvaag, Färöer	13:25	Reykjavik, Island	20:00	06:35 Std.	925 km
		22.08.		Reykjavik, Island	06:30	Ivigtut, Grönland	15:30	09:00 Std.	1430 km
		23.08.		Ivigtut, Grönland	07:15	Cartwright, Kanada	14:25	07:10 Std.	1 Überfl. km
		24.08.		Cartwright, Kanada	06:20	Queensport, Kanada	14:30		
		25.08.		Queensport, Kan.	10:20	Mary-Joseph, Kan.	10:40		
				Mary-Joseph, Kan.	13:20	Halifax, Nova Scotia	14:30	09:40 Std.	1350 km
		26.08.		Halifax, Kanada	10:45	New York	16:35	05:50 Std.	960 km
							Flugleistung	44:55 Std.	6785 km
			Besatzung: I. Führer v. Gronau – II. Führer Zimmer – Bordwart Hack – Funkmeister Albrecht *Erster Erkundungsflug für die Nordroute über den Nordatlantik.*						
024	Teilfl. Nord	19.08.	He 12 D-1717 *NEW YORK*	Bremen auf See	06:15	New York	07:28	01:13 Std.	223 km
			Besatzung: Flugzeugführer Simon – Funkermaschinist v. Hagen						
025	Teilfl. Nord	26.08.	He 12 D-1717 *NEW YORK*	Bremen im Kanal	05:30	Amsterdam	09:00	04:30 Std.	550 km
			Besatzung: Flugzeugführer Simon – Funkermaschinist v. Hagen						
026	Teilflug Nord	28.08.	He 58 D-1919 *ATLANTIK* (Heinkel Werksnr. 365)	Europa auf See	--:--	New York	--:--	--:-- Std.	120 km
			Besatzung: Flugzeugführer v. Studnitz – Funkermaschinist Kirchhoff *Erprobungsflug ohne Postbeförderung.*						
027	Teilfl. Nord	03.09.	He 12 D-1717 *NEW YORK*	Bremen auf See	13:05	New York	21:40	08:35 Std.	1036 km
			Besatzung: Flugzeugführer Simon – Funkermaschinist v. Hagen						
028	Teilflug Nord	04.09.	He 58 D-1919 *ATLANTIK*	Europa auf See	--:--	Amsterdam	--:--	--:-- Std.	900 km
			Besatzung: Flugzeugführer v. Studnitz – Funkermaschinist Kirchhoff *Erprobungsflug ohne Postbeförderung.*						
029	Teilfl. Nord	10.09.	He 12 D-1717 *NEW YORK*	Bremen auf See	13:00	Southampton	17:15	04:15 Std.	740 km
			Besatzung: Flugzeugführer Simon – Funkermaschinist v. Hagen						
030	Teilflug Nord	15.09.	He 58 D-1919 *ATLANTIK* (Heinkel Werksnr. 365)	Europa auf See	06:00	New York	08:55	02:55 Std.	305 km
			Besatzung: Flugzeugführer v. Studnitz – Funkermaschinist Kirchhoff						

Wochen eine anderthalbjährige Odyssee werden würde.
Bis zur Rückkehr auf den Müggelsee bei Berlin am 24. Mai 1932 erlebten die Beteiligten eine abgebrannte Tragfläche in Lissabon, die Havarie mit den Atlantikwellen in der Gando-Bucht auf Gran Canaria, über 20 verzweifelte Startversuche im schwülen Klima der westafrikanischen Küste bei Bolama und die glückliche Überquerung des Südatlantiks von den Kapverden nach Natal. Die Auswirkungen der Weltwirtschaftskrise brachten das Unternehmen mehrmals in die Nähe des Scheiterns. Nach dem Hopping an der südamerikanischen Küste und in der Karibik von Rio de Janeiro bis Antilla di Cuba kam endlich Nordamerika und dann New York in Sicht. Am 27. August 1931 die Landung vor der Battery von Manhattan: riesiger Jubel der Amerikaner und Ehrungen der DO-X-Besatzung mit vielen Höhepunkten. Man war am Ziel und hoffte nun auf die Charter- und Bauaufträge für die Flugschiffsflotten der Zukunft. Doch nichts geschah. Vom Souvenirverkauf und Besichtigungseintritt konnte die Besatzung in New York nicht leben, und sie fuhr schließlich mit dem Dampfer nach Hause. Nach dem Winterlager begann der Rückflug von New York nach Deutschland am 19. Mai 1932, diesmal über den Atlantik mit den Statio-

Bei Ebbe trockengefallene DO-X – zum Reinigen des Schiffsbodens in einer Lagunenbucht auf Bubaque an der westafrikanischen Küste.

lfd.Nr.		Datum	Flugzeug	Start	GMT NYZ	Landung	GMT NYZ	Flugzeit	Flugstrecke
031	Teilfl. Nord	22.09.	He 58 D-1919 *ATLANTIK*	Europa auf See	10:10	Amsterdam	12:50	02:40 Std.	500 km
			Besatzung: Flugzeugführer v. Studnitz – Funkermaschinist Kirchhoff						
032	Teilfl. Nord	22.09.	He 12 D-1717 *NEW YORK*	Bremen auf See	08:05	New York	09:40	01:35 Std.	250 km
			Besatzung: Flugzeugführer Simon – Funkermaschinist Germann						
033	Teilfl. Nord	28.09.	He 12 D-1717 *NEW YORK*	Bremen auf See	07:00	Amsterdam	10:45	03:45 Std.	550 km
			Besatzung: Flugzeugführer Simon – Funkermaschinist Germann						
034	Teilfl. Nord	01.10.	He 58 D-1919 *ATLANTIK*	Europa auf See	05:30	New York	06:40	02:55 Std.	200 km
			Besatzung: Flugzeugführer v. Studnitz – Funkermaschinist Fahrenbruch						
		03.10.	He 12 D-1717 *NEW YORK*	Bremen auf See, Katapultstart und Flug nach New York.					
				Wegen Beschädigung der He 12 ausgefallen.					
035	Teilfl. Nord	08.10.	He 58 D-1919 *ATLANTIK*	Europa auf See	07:05	Amsterdam	12:10	05:05 Std.	900 km
			Besatzung: Flugzeugführer v. Studnitz – Funkermaschinist Fahrenbruch						
		16.10.	He 12 D-1717 *NEW YORK*	Bremen auf See, Katapultstart und Flug nach New York.					
				Wegen Beschädigung der He 12 ausgefallen.					
		25.10.	He 58 D-1919 *ATLANTIK*	Europa auf See, Katapultstart und Flug nach Amsterdam.					
				Wegen Beschädigung der He 58 ausgefallen.					
036	Teil-flug Süd	05.11.	Dornier Do-X 1 b D-1929 DO-X (Aktiengesellschaft für Dornier-Flugzeuge, Doflug Werksnr. 1)	Altenrhein	09:30	Amsterdam	15:05	05:35 Std.	768 km
		06.11.		Amsterdam	10:57	Amsterdam	11:47		
				Rundflug mit 27 Fluggästen.					
		10.11.		Amsterdam	10:28	Calshot	14:36	04:08 Std.	554 km
				Streckenflug mit 21 Fluggästen, u. a. Claude Dornier mit Frau.					
		11.11.		Calshot	13:01	Calshot	13:35		
				Rundflug mit 35 Fluggästen, u. a. Prince of Wales mit Gefolge.					
		14.11.		Calshot	11:47	Les Barges	17:03	05:16 Std.	755 km
				Streckenflug mit 12 Fluggästen, Zwischenlandung wegen Dunkelheit.					
		15.11.		La Rochelle	11:44	Roc de Thau	13:02	01:18 Std.	152 km
		16.11.		Blaye	10:02	Blaye	10:14		
				Rundflug mit 41 Fluggästen.					

Nach der Landung in New York: DO-X vor der Skyline von Manhattan am 27. August 1931.

nen Neufundland, Azoren, Vigo, Carlshot bei Southampton und Berlin. Zweimal überquerte die DO-X den Atlantik mit jeweils 13 bzw. 14 Besatzungsmitgliedern an Bord.

Die Berliner, begeistert wie die New Yorker, bereiteten ihrer DO-X einen rauschenden Empfang. Der folgende »Deutschlandflug« sorgte dafür, dass Großeltern noch heute über das dröhnende Flugschiff mit glänzenden Augen berichten können. Fast eine Millionen Menschen an 26 Reisestationen besichtigten die technische Sensation der Zeit. Unter der Regie der Deutschen Lufthansa sollte der Trubel 1933 weitergehen. Ein Landeunfall in Passau riss jedoch dem Flugschiff das Leitwerk ab. Dorniers Flugschiffsidee schien sich überlebt zu haben.

In der Diskussion über Kosten und Nutzen stellte sich die DO-X als zu groß geraten, technisch zu anspruchsvoll sowie im Flugdienst zu personalintensiv und damit zu teuer für einen wirtschaftlichen Betrieb heraus. So landete die DO-X in der Deutschen Luftfahrt-Sammlung in Berlin, wo sie ein Bombenangriff im Frühjahr 1944 zerstörte.

lfd.Nr.		Datum	Flugzeug	Start	GMT NYZ	Landung	GMT NYZ	Flugzeit	Flugstrecke
				Blaye	11:00	Blaye	11:19		
				Rundflug mit 40 Fluggästen.					
				Blaye	11:39	Pouillac	14:05		
				Umkehr wegen schlechter Bodensicht beim Streckenflug nach Hourtin mit 6 Fluggästen.					
		19.11.		Bordeaux	10:06	Santander	13:43	03:37 Std.	475 km
				Streckenflug mit 11 Fluggästen.					
		23.11.		Santander	10:29	La Coruña	13:15	02:41 Std.	426 km
				Streckenflug mit 7 Fluggästen.					
		27.11.		La Coruña	10:23	Lissabon	15:19	04:14 Std.	619 km
				Streckenflug mit 9 Fluggästen.					
							Europaflug	26:32 Std.	3749 km
		29.11.		Um 14:40 Uhr bricht Feuer an Bord aus und vernichtet die Flächenbespannung des Backbordtragflügels.					
			Besatzung: Kommandant Christiansen – Navigationsoffizier Niemann – I. Führer Merz – II. Führer Schildhauer – Funkoffizier Kiel – Bordingenieur Eitel – Motoreningenieur Brewton – Monteur Bautz – Monteur Brombeis – Monteur Godi – Monteur Jaeger – Monteur Lang – Monteur Schmid – Monteur Schuster – Pressechef Tilgenkamp – Aerodynamiker Kämmer bis Amsterdam – Aerodynamiker Stagnet ab Amsterdam.						

Das zwölfmotorige Dornier-Flugschiff DO-X vor dem Start des Europafluges auf dem Bodensee vor der Dornier-Werft von Manzell im Oktober 1930.

Erkundung neuer Wege über den Nordatlantik

Am Freitag, den 17. Juli 1929 startete Wolfgang von Gronau (1893–1977), Vorstandsmitglied der Deutschen Verkehrsfliegerschule (DVS) und Leiter der Schulen in Warnemünde und in List auf Sylt, mit einem Dornier WAL-Flugboot zu einem vermeintlich alltäglichen Erkundungsflug. Insgeheim plante die Besatzung, den deklarierten Probeflug nach Bergen zum Atlantiküberflug nach New York auszuweiten. Er endete mit dem Dornier *WAL* D-1422 in Reykjavik auf Island. Schwierigkeiten bei der Treibstoffversorgung auf den nächsten Etappen über Grönland nach Kanada und große Probleme mit der Funktelegrafie beendeten den Überflugversuch, der daraufhin zum »Übungsflug nach Island« wurde. Als Navigator ist Wilhelm Niemann (1892–1935), späterer Navigations- und Postoffizier der DO-X mit an Bord. Zur vierköpfigen Besatzung gehörten weiterhin Flugzeugführer Selbstaedt als Kopilot und Funkermaschinist Wittmann.

Nach dem Scheitern des Versuchs von 1929 startete Gronau am 18. August 1930 den zweiten Anlauf zum Flug nach New York auf der Nordroute, wiederum unter strikter Geheimhaltung und mit List auf Sylt als Startpunkt. Gronau und seine Besatzung waren mit einem legendären Fluggerät unterwegs: Mit dem Dornier *WAL*-Flugboot D-1422 versuchte bereits Roald Amundsen (1872–1928) am 21. Mai 1925 den Nordpol zu erreichen. Allerdings mussten die zwei Dornier-*WALE* der Expedition damals auf einer Wasserrinne in der Eiswüste, rund 250 Kilometer vor dem Ziel, heruntergehen. Ein *WAL* schlug dabei leck. Nach drei Wochen mühevollen Planierens

Wilhelm Niemann, Navigator des ersten Gronauschen Erkundungsfluges für die Nordroute über den Atlantik.

1931

lfd.Nr.		Datum	Flugzeug	Start	GMT NYZ	Landung	GMT NYZ	Flugzeit	Flugstrecke
037	Teil-	31.01.	Do-X 1 b D-1929 DO-X	Lissabon	08:05	Puerto de la Luz	15:15	07:10 Std.	1334 km
	flug		*Streckenflug mit 6 Fluggästen und 250 kg Post.*						
	Süd		Besatzung: Kommandant Christiansen – Navigationsoffizier Niemann – I. Führer Merz – II. Führer Schildhauer – Funkoffizier Kiel – Bordingenieur Eitel – Motoreningenieur Brewton – Monteur Fischer – Monteur Marquardt – Monteur Brombeis – Monteur Jaeger – Monteur Schmid – Elektriker Dabernig						
		03.02.	Nach misslungenem Startversuch in der Gando-Bucht von Gran Canaria muss die DO-X mit Strukturschäden nach Puerto de la Luz in den Hafen von Las Palmas zurückrollen, um dort auf einer provisorischen Slipanlage repariert zu werden.						
038	Teil-	01.05.	Do-X 1 b D-1929 DO-X	Gando-Bucht	11:25	Villa Cisneros	14:46	03:21 Std.	490 km
	flug		*Streckenflug mit 2 Fluggästen und über 200 kg Post.*						
	Süd	03.05.		Villa Cisneros	09:03	Bolama	17:45	08:42 Std.	1550 km
		07.05.	Die DO-X rollt zur vorgelagerten Insel Bubaque, um von dort den Start über den Südatlantik zu versuchen. Bis zum 29. Mai werden 21 Startversuche unternommen. Bei den tropischen Klimaverhältnissen ist die voll beladene DO-X nicht aus dem Wasser zu bekommen.						
			Besatzung: Kommandant Christiansen – Navigationsoffizier Niemann – I. Führer Merz – II. Führer Cramer von Clausbruch – Funkoffizier Kiel – Bordingenieur Eitel – Motoreningenieur Brewton – Monteur Fischer – Monteur Marquardt – Monteur Brombeis – Monteur Jaeger – Monteur Schmid – Elektriker Dabernig – Expeditionsleiter Berner – Pressechef Maurice Dornier						
039	Teilfl.	10.05.	He 12 D-1717 *NEW YORK*	Bremen auf See	14:30	New York	15:45	01:15 Std.	112 km
	Nord		Besatzung: Flugzeugführer Simon – Funkermaschinist Wagenknecht						
040	Teilfl.	16.05.	He 58 D-1919 *BREMEN*	Europa auf See	11:00	New York	18:05	07:05 Std.	715 km
	Nord		Besatzung: Flugzeugführer v. Studnitz – Funkermaschinist Kirchhoff						
041	Teilfl.	17.05.	He 12 D-1717 *NEW YORK*	Bremen auf See	13:00	Southampton	17:00	04:00 Std.	760 km
	Nord		Besatzung: Flugzeugführer Simon – Funkermaschinist Wagenknecht						
042	Teilfl.	24.05.	He 58 D-1919 *BREMEN*	Europa auf See	05:00	Amsterdam	12:20	07:20 Std.	880 km
	Nord		Besatzung: Flugzeugführer Blankenburg – Funkermaschinist Kirchhoff						
043	Teilfl.	27.05.	He 12 D-1717 *NEW YORK*	Bremen auf See	06:00	New York	07:20	01:20 Std.	220 km
	Nord		Besatzung: Flugzeugführer Simon – Funkermaschinist Wagenknecht						

Schnappschuss aus Ivigtut, Grönland. Die Besatzung der D-1422 nach der Wasserung am 22. August 1930.

einer Eispiste startete N 25, die spätere D-1422, voll beladen von dort aus. Das Flugboot brachte die verschollen geglaubten sechs Expeditionsmitglieder am 17. Juni 1925 wieder nach Hause. 1928 wurde die N 25 von der DVS GmbH erworben und mit zwei BMW VI-Motoren umgerüstet.

Auf die erwiesene Robustheit des Flugbootes setzten Wolfgang von Gronau, Eduard Zimmer als 2. Flugzeugführer, Funkmeister Fritz Albrecht und Bordmonteur Franz Hack. Sie flogen mit ihrem *AMUNDSEN-WAL* mit mehreren Zwischenlandungen von Sylt nach New York. In acht Tagen mit 45 Flugstunden werden von der D-1422 und ihrer Besatzung rund 6800 Kilometer über den nördlichen Atlantik zurückgelegt. Fast genau ein Jahr vor der DO-X am 26. August 1930 um 16.35 Uhr wasserte von Gronau mit seinem *WAL* an der gleichen Stelle wie die große Schwester 364 Tage später – vor der Battery im Hafen von New York.

Der erste Gronausche »Amerikawal«» hatte eine Telefunken-Flugzeugfunkstation Stat. 262 F mit Notsendeanlage und eine Funkpeilanlage an Bord, und Gronau wusste, bei wem er sich zu bedanken hatte. Über die Funkanlage äußerte er sich in der »Telefunken-Zeitung« Nr. 55 vom Oktober 1930: *»Die erzielten Reichweiten sind als außerordentlich gut zu bezeichnen, besonders unter Be-*

lfd.Nr.		Datum	Flugzeug	Start	GMT NYZ	Landung	GMT NYZ	Flugzeit	Flugstrecke
044	Teilfl. Süd	30.05.	Do-X 1 b D-1929 DO-X	Bubaque	06:40	Porto Praia	13:37	06:57 Std.	1163 km
				Guinea-Bissau		Kapverden			
			Besatzung: Kommandant Christiansen – Navigationsoffizier Niemann – I. Führer Merz – II. Führer Cramer v. Clausbruch – Funkoffizier Kiel – Bordingenieur Eitel – Motoreningenieur Brewton – Monteur Fischer – Monteur Marquardt – Monteur Brombeis – Monteur Jaeger – Monteur Schmid – Elektriker Dabernig – Expeditionsleiter Berner – Pressechef Maurice Dornier						
045	Teilfl. Nord	02.06.	He 58 D-1919 *BREMEN*	Europa auf See	03:00	New York	6:35	03:35 Std.	481 km
			Besatzung: Flugzeugführer v. Studnitz – Funkermaschinist Kirchhoff						
046	Teilfl. Nord	03.06.	He 12 D-1717 *NEW YORK*	Bremen auf See	15:00	Southampton	19:20	04:20 Std.	670 km
			Besatzung: Flugzeugführer Simon – Funkermaschinist Wagenknecht						
047	Über-flug Süd	04.06.	Do-X 1 b D-1929 DO-X	Porto Praia Kapverden	12:52	Fernando de Noronha (05.06.)	02:05	13:13 Std.	2324 km
		05.06		Fern. de Noranha		Natal		02:20 Std.	
			Besatzung: Kommandant Christiansen – Navigationsoffizier Niemann – I. Führer Cramer v. Clausbruch – II. Führer Merz – Funkoffizier Kiel – Bordingenieur Eitel – Motoreningenieur Brewton – Monteur Brombeis – Monteur Jaeger – Monteur Schmid – Elektriker Dabernig – Fluggäste: Major Brenta , Admiral Coutinho – 2 Fluggäste und 4 Mann, reduzierte Besatzung wegen Gewichtsentlastung. *Erster deutscher Überflug des Südatlantiks.*						
048	Teilfl. Nord	08.06.	He 58 D-1919 *BREMEN*	Europa auf See	11:45	Southampton	16:40	04:55 Std.	869 km
			Besatzung: Flugzeugführer Blankenburg – Funkermaschinist Kirchhoff						
049	Teilfl. Nord	11.06.	He 12 D-1717 *NEW YORK*	Bremen auf See	13:00	New York	18:35	05:35 Std.	956 km
			Besatzung: Flugzeugführer Simon – Funkermaschinist Wagenknecht						
050	Teilfl. Nord	18.06.	He 12 D-1717 *NEW YORK*	Bremen auf See	12:00	Southampton	16:10	04:10 Std.	809 km
			Besatzung: Flugzeugführer Simon – Funkermaschinist Wagenknecht						
		17.06.	He 58 D-1919 *BREMEN*	Europa auf See, Katapultstart und Flug nach New York wegen Beschädigung der He 58 ausgefallen.					
051	Teilfl. Nord	24.06.	He 58 D-1919 *BREMEN*	Europa auf See	11:00	Southampton	17:10	06:10 Std.	918 km
			Besatzung: Flugzeugführer Blankenburg – Funkermaschinist Kirchhoff						
052	Teilfl. Nord	28.06.	He 12 D-1717 *NEW YORK*	Bremen auf See	06:30	New York	10:00	03:30 Std.	576 km
			Besatzung: Flugzeugführer Simon – Funkermaschinist Wagenknecht						

rücksichtigung, daß das Funkgerät auf diesem alten WAL *einen sehr ungünstigen und gänzlich gegen Schall ungeschützten Aufstellungsort hatte. Ich bin überzeugt, daß bei richtiger Aufstellung und Schalldämpfung die Reichweiten noch um 30 % größer gewesen wären. Dieses ist nebst der Tüchtigkeit unseres Funkmeisters Albrecht vor allem Ihrer vorzüglichen Anlage zu verdanken. Da ohne Funktelegrafie die Durchführung derartiger Flüge wie der unsrige zum Glücksspiel wird, bin ich Ihrem Werke zu großem Dank verpflichtet. Die Anlage hat stets einwandfrei gearbeitet, trotzdem das Boot bei Start und Landung bisweilen sehr starke Stöße auszuhalten hatte. Es ist mir eine ganz besondere Freude, Ihnen dies mitteilen zu können …«*

Für die zukünftigen Teil- und Überflüge des Atlantiks spielte die Funktechnik und -ausrüstung

Nach der Wasserung in New York.* AMUNDSEN-WAL *D-1422 vor der Battery des Hafens und der Skyline von Manhattan am 26. August 1930.

lfd.Nr.		Datum	Flugzeug	Start	GMT NYZ	Landung	GMT NYZ	Flugzeit	Flugstrecke
053	Teilfl. Nord	03.07.	He 58 D-1919 *BREMEN*	EUROPA auf See	11:00	New York	16:45	05:45 Std.	1084 km
			Besatzung: Flugzeugführer Blankenburg – Funkermaschinist Kirchhoff						
		04.07.	He 12 D-1717 *NEW YORK*	BREMEN auf See, Katapultstart und Flug nach Southampton wegen Beschädigung der He 12 beim Start ausgefallen. Für die nächsten geplanten Starts am 9., 18. und 26. Juli sowie am 4. August wird die He 12 D-1717 von Bord gegeben und bei Heinkel in Warnemünde repariert. Die BREMEN fährt in der Zeit zwei Reisen über den Atlantik ohne Schleuderflugzeug an Bord.					
054	Teilfl. Nord	11.07.	He 58 D-1919 *BREMEN*	EUROPA auf See	11:00	Southampton	16:35	05:35 Std.	1088 km
			Besatzung: Flugzeugführer Blankenburg – Funkermaschinist Kirchhoff						
055	Teilfl. Nord	20.07.	He 58 D-1919 *BREMEN*	EUROPA auf See	11:00	New York	18:30	07:30 Std.	1158 km
			Besatzung: Flugzeugführer Blankenburg – Funkermaschinist Kirchhoff						
056	Teilfl. Nord	27.07.	He 58 D-1919 *BREMEN*	EUROPA auf See	06:30	Southampton	12:00	05:30 Std.	1110 km
			Besatzung: Flugzeugführer Blankenburg – Funkermaschinist Kirchhoff						
057	Teilfl. Nord	05.08.	He 58 D-1919 *BREMEN*	EUROPA auf See	10:00	New York	18:00	07:00 Std.	1132 km
			Besatzung: Flugzeugführer Blankenburg – Funkermaschinist Kirchhoff						
058	Überflug Nord	08.08	Do J II Bos D-2053 *GRÖNLAND-WAL* (Dornier Werksnr. 223, Baujahr 1931)	List auf Sylt	10:35	Trangisvaag, Färöer	19:20	08:45 Std.	1120 km
		09.08		Trangisvaag, Färöer	12:20	Reykjavik, Island	18:34	06:14 Std.	880 km
		13.08.		Reykjavik, Island	14:40	Skoresbysund, Grönl.	19:45	05:05 Std.	880 km
		15.08.		Skoresbysund, Grönland	12:20	Sukkertoppen, Grönl.	22:15	09:55 Std.	1670 km
		16.08.		Sukkertoppen, Grönland	14:10	Godthaab, Grönland	15:20	01:10 Std.	170 km
		18.08.		Godthaab, Grönland	10:15	Ivigtut, Grönland	13:05	02:50 Std.	400 km
		19.08.		Ivigtut, Grönland	08:30	Godthaab, Grönland	11:40	03:10 Std.	400 km
				Ein Erkundungsflug am 19. August mit Start um 14:30 Uhr Ortszeit endete mit Kolbenfresser des hinteren Motors und Notwassern an der Küste. Nach dem Erreichen von Godthaab mit einem Motor erfolgte die Reparatur mit Bordmitteln und drei Probeflügen am 26. und 27. August.					

Empfang durch New Yorks Bürgermeister Jimmy Walker auf der Treppe der City Hall am 28. August 1930. V. l. n. r.: Franz Hack, Fritz Albrecht, Eduard Zimmer, Wolfgang von Gronau.

der eingesetzten Wasserflugzeuge und Flugboote eine überlebenswichtige Rolle. Nur sie boten die Orientierungssicherheit auf stundenlangen Flügen über trostloser Wasserödnis. Das galt ganz besonders für den Südatlantik, auf dem ab 1933 die Dornier-*WALE* ihre Robustheit und Zuverlässigkeit viele Jahre unter Beweis stellten. Doch davor gehörte die Aufmerksamkeit der Welt kleinen einmotorigen Wasserflugzeugen, die Pressluftkatapulte von den mondänsten und größten Passagierschiffen der Zeit in den Himmel schleuderten.

lfd.Nr.		Datum	Flugzeug	Start	GMT NYZ	Landung	GMT NYZ	Flugzeit	Flugstrecke
		28.08.		Godthaab, Grönland	11:45	Povungnituk, Kanada	21:30	09:45 Std.	1650 km
				Weil die Karte nicht stimmt, ist der Standort nicht feststellbar. Landung bei einsetzender Dunkelheit.					
		29.08.		Povungnituk, Kanada	10:42	Hudson-Bay Lager	11:15	00:33 Std.	85 km
		29.08.		Hudson-Bay Lager	15:30	Port Harrison	16:58	01:28 Std.	170 km
		31.08.		Port Harrison	11:35	Long Lake	20:05	08:30 Std.	1180 km
		01.09.		Long Lake	12:00	Chicago	18:00	06:00 Std.	1030 km
							Flugleistung	63:25 Std.	9635 km
		06.09.		Chicago	11:10	Cleveland	16:37	05:27 Std.	680 km
		07.09.		Cleveland	12:00	New York	18:10	06:10 Std.	1100 km
			Besatzung: I. Führer v. Gronau – II. Führer Zimmer – Bordwart Hack – Funkmeister Albrecht						
059	Teilfl. Nord	12.08.	He 58 D-1919 *BREMEN*	Europa auf See	05:29	Southampton	12:05	06:36 Std.	1132 km
			Besatzung: Flugzeugführer Blankenburg – Funkermaschinist Kirchhoff						
060	Teilfl. Nord	18.08.	He 12 D-1717 *NEW YORK*	Bremen auf See	10:25	Boston	20:00	09:35 Std.	1182 km
			Besatzung: Flugzeugführer Simon – Funkermaschinist Wagenknecht						
061	Teilfl. Nord	23.08.	He 58 D-1919 *BREMEN*	Europa auf See	10:00	New York	15:45	05:45 Std.	1221 km
			Besatzung: Flugzeugführer Blankenburg – Funkermaschinist Kirchhoff						
062	Teilfl. Nord	27.08.	He 12 D-1717 *NEW YORK*	Bremen auf See	06:05	Amsterdam	10:10	04:05 Std.	556 km
			Besatzung: Flugzeugführer Simon – Funkermaschinist Wagenknecht						
063	Teilfl. Nord	30.08.	He 58 D-1919 *BREMEN*	Europa auf See	07:00	Southampton	14:35	06:36 Std.	1037 km
			Besatzung: Flugzeugführer Blankenburg – Funkermaschinist Kirchhoff						
064	Teilfl. Nord	04.09.	He 12 D-1717 *NEW YORK*	Bremen auf See	10:00	New York	18:00	08:00 Std.	1180 km
			Besatzung: Flugzeugführer Simon – Funkermaschinist Wagenknecht						
065	Teil-flug Nord	08.09.	He 58 D-1919 *BREMEN*	Europa auf See	10:50	New York (09.09.)	08:45	31:55 Std.	2487 km
			Besatzung: Flugzeugführer Blankenburg – Funkermaschinist Kirchhoff Mit Zwischenlandung in Sydney, Nova Scotia zum Auftanken und mit mehreren Stunden Ruhezeit sowie Nachtflug nach New York.						
066	Teilfl. Nord	11.09.	He 12 D-1717 *NEW YORK*	Bremen auf See	11:00	Southampton	16:10	05:10 Std.	865 km
			Besatzung: Flugzeugführer Simon – Funkermaschinist Wagenknecht						

Erste Starts vom Katapult des Schnelldampfers BREMEN

»Im ungetrübten Glanz, der neuen Schiffen eigen ist«, lag der Schnelldampfer **BREMEN** an der Columbuskaje in Bremerhaven und vor Dr. Ernst Heinkel (1888–1958). Am 8. Juli 1929, einem Montag, wollte er den überhaupt ersten Flugzeugkatapultstart von Bord eines deutschen Schiffes miterleben. Gut ein halbes Jahr hatte der Bau seines Heinkel-Katapults K 2 und des dazugehörenden Postflugzeuges He 12 gedauert, und seit zehn Tagen montierten und erprobten Heinkels Mitarbeiter aus Warnemünde die Katapultanlage auf dem Dach des Sonnendeckrestaurants zwischen

Geschäftiges Treiben bei den Startvorbereitungen auf dem Dach des Sonnendeckrestaurants der BREMEN am 8. Juli 1929.

lfd.Nr.		Datum	Flugzeug	Start	GMT NYZ	Landung	GMT NYZ	Flugzeit	Flugstrecke
		13.09	Ju W 33 b D-2072 ESA (Junkers Werksnr. 2516, Eigentümer: W. Rody, Bad Ems)	Lissabon	--:--	Ziel Halifax, Notwasserung		35:00 Std	
			Besatzung: Flugzeugführer Johannsen – Kopilot Rody – Begleiter da Costa Veiga Nach 158 Stunden auf dem Wasser treibend geborgen vom norwegischen Frachter Belmoira. Die D-2072 ging verloren. Die Besatzung wurde an den Dampfer Stavangerfjord übergeben mit Ankunft in New York am 25.09.1931.						
067	Teilfl. Nord	18.09.	He 58 D-1919 *BREMEN*	Europa auf See	06:45	Southampton	10:50	04:05 Std.	604 km
			Besatzung: Flugzeugführer Blankenburg – Funkermaschinist Kirchhoff						
068	Teilfl. Nord	21.09.	He 12 D-1717 *NEW YORK*	Bremen auf See	07:45	New York	10:20	08:00 Std.	409 km
			Besatzung: Flugzeugführer Simon – Funkermaschinist Wagenknecht						
069	Teilfl. Nord	27.09.	He 12 D-1717 *NEW YORK*	Bremen auf See	11:00	Southampton	16:20	06:20 Std.	963 km
			Besatzung: Flugzeugführer Simon – Funkermaschinist Wagenknecht						
070	Teilfl. Nord	27.09.	He 58 D-1919 *BREMEN*	Europa auf See	08:15	New York	10:35	02:20 Std.	370 km
			Besatzung: Flugzeugführer Blankenburg – Funkermaschinist Kirchhoff						
071	Teil-flug Nord	03.10.	He 58 D-1919 *BREMEN*	Europa auf See	08:00	Southampton	13:35	05:35 Std.	1100 km
		04.10		Southampton		Travemünde		04:20 Std.	1100 km
			Besatzung: Flugzeugführer Blankenburg – Funkermaschinist Kirchhoff Nach Ende der Flugsaison Überführungsflug zur Wartung und zum Winterlager nach Warnemünde.						
072	Teil-flug Nord	05.10.	He 12 D-1717 *NEW YORK*	Bremen auf See	09:36	Sydney, Nova Scotia	19:30	09:54 Std.	1200 km
				Sydney	23:15	Absturz, Cobequid Bay (06.10)	02:30		290 km
			Flugzeugführer Simon und Funkermaschinist Wagenknecht werden nach einem Motorschaden bei einer missglückten Notwasserung im Watt aus ihrem Wasserflugzeug geschleudert und ertrinken. *Erster Unfall mit Totalverlust im Katapultflugdienst.*						

den orangegelben Schornsteinen des mächtigen Liners. Nach der grandiosen Überführungsfahrt von der Werft A. G. Weser der Deschimag in Bremen zur Columbuskaje, dem nagelneuen Liegeplatz des Flaggschiffs der deutschen Handelsflotte in Bremerhaven und vor der angekündigten Jungfernfahrt, waren noch Ausrüstungs- und Nacharbeiten nötig. So gehörten in erster Linie Werft- und Reedereimitarbeiter und zahlreiche geladene Pressevertreter an diesem Montagvormittag zu den neugierigen Beobachtern der Vorbereitungen auf dem Sonnendeck.

Über den vorgesehenen Start eines Postflugzeugs auf dem Atlantik und den Flug vom Schiff zum Land – über rund 400 Kilometer nach New York – berichtete die Presse seinerzeit sehr umfangreich. Während der Jungfernfahrt am 22. Juli, dem Ankunftstag in den USA, sollte die He 12 am frü-

Von geladenen Gästen und Pressevertretern beobachtet, erfolgen die letzten Startvorbereitungen in Bremerhaven vor dem ersten Katapultstart der Heinkel He 12 D-1717.

1932

lfd.Nr.		Datum	Flugzeug	Start	GMT NYZ	Landung	GMT NYZ	Flugzeit	Flugstrecke
073	Teilfl. Nord	09.05.	Ju 46 fi D-2244 *EUROPA* (Junkers Werksnr. 2715)	EUROPA auf See	10:40	Boston	17:20	06:40 Std.	1050 km
			Besatzung: Flugzeugführer Blankenburg – Funkermaschinist Kirchhoff						
074	Teilfl. Nord	16.05.	Ju 46 fi D-2244 *EUROPA*	EUROPA auf See	07:40	Southampton	13:45	06:05 Std.	1166 km
			Besatzung: Flugzeugführer Blankenburg – Funkermaschinist Kirchhoff						
075	Teilfl. Nord	19.05.	He 58 D-1919 *BREMEN*	BREMEN auf See	05:05	New York	07:15	02:10 Std.	380 km
			Besatzung: Flugzeugführer v. Studnitz – Funkermaschinist Zimmermann						
076	Über-flug Nord	19.05.	Do-X 1 b D-1929 DO-X	New York	05:10	Dildo, Neufundland	17:19	12:09 Std.	2037 km
		20.05.		Dildo	07:49	Harbour Grace	07:51	00:02 Std.	10 km
				Harbour Grace	08:20	Holyrood	08:50	00:30 Std.	83 km
		21.05.		Holyrood, Neufundland	04:50	Horta, Azoren	19:26	14:36 Std.	2324 km
		22.05.		Horta, Azoren	06:24	Vigo	17:45	11:21 Std.	1861 km
		23.05.		Vigo	09:29	Calshot	16:15	07:44 Std.	1351 km
		24.05.		Calshot	10:15	Berlin, Müggelsee	17:27	07:12 Std.	1250 km
							Flugleistung	53:34 Std.	8916 km
			Besatzung: Kommandant Christiansen – Navigationsoffizier Niemann – I. Führer Merz – II. Führer Diele – Funkoffizier Kiel – Bordingenieur Eitel – Monteur Brombeis – Monteur Marquardt – Monteur Fischer – Monteur Jaeger – Monteur Schmid – Elektriker Dabernig – Motoreningenieur Brewton – Hilfspilotin Antonie Straßmann 1 Passagier bis Dildo, ab Calshot Claude Dornier und Frau. *Erster deutscher Überflug des Nordatlantiks in West-Ost-Richtung.*						
077	Teilfl. Nord	25.05.	He 58 D-1919 *BREMEN*	BREMEN auf See	15:00	Southampton	19:02	04:02 Std.	666 km
			Besatzung: Flugzeugführer Grütering – Funkermaschinist Zimmermann						
078	Teilfl. Nord	25.05.	Ju 46 fi D-2244 *EUROPA*	EUROPA auf See	10:00	Boston	18:30	08:30 Std.	1165 km
			Besatzung: Flugzeugführer Blankenburg – Funkermaschinist Kirchhoff						
079	Teilfl. Nord	01.06.	Ju 46 fi D-2244 *EUROPA*	EUROPA auf See	13:00	Southampton	19:05	06:05 Std.	873 km
			Besatzung: Flugzeugführer Blankenburg – Funkermaschinist Kirchhoff						
080	Teilfl. Nord	05.06.	He 58 D-1919 *BREMEN*	BREMEN auf See	06:02	New York	07:24	01:22 Std.	220 km
			Besatzung: Flugzeugführer Grütering – Funkermaschinist Zimmermann						

hen Morgen katapultiert werden. Doch würde der Start vom fahrenden Schiff auch funktionieren? Eine bange Frage, die sich einige der Verantwortlichen stellten. Doch jetzt war der Tag der »Trockenübung«, der Funktionstest von Katapult und Flugzeug. Von der an der Pier vertäuten BREMEN zeigte der 27 Meter lange Schienenträger der Katapultanlage in Richtung Weser, als Heinkels Chefeinflieger Rolf Starke in den Führersitz der He 12 kletterte und Luft Hansa-Flugkapitän Jobst von Studnitz auf dem hinteren Sitz Platz nahm. Noch vom Sliphaken gehalten, ließ Starke die 450 Pferdestärken des Pratt & Whitney-Hornet-Motors mit Vollgas aufheulen, und dann setzte sich der Schlitten mit dem leicht angestellt aufgesetzten, einmotorigen Tiefdecker mit Schwimmern schlagartig in Bewegung nach vorn. Kein Beben der Decks, wie später häufiger kolportiert, war zu spüren. Unter Zischen aus dem Pressluftzylinder und mit dröhnendem Motor flog das Flugzeug ab. Ernst Heinkel höchstpersönlich betätigte den Hebel am Schaltkasten für den Katapultstart. Starke drehte einige Runden für die Pressefotografen und wasserte dann neben dem Schiff.

Nichts Aufsehenerregendes, keine große Sensation – nur der gelungene Test einer offenbar ausgereiften und erprobten Technik. *»Können wir vor*

Das hat geklappt! Über der Katapultschiene mit abgebremstem Startwagen im Vordergrund fliegt Erprobungspilot Rolf Starke mit der D-1717 über der Weser am Schnelldampfer BREMEN entlang. Im Hintergrund ist Nordenham zu erkennen.

lfd.Nr.		Datum	Flugzeug	Start	GMT NYZ	Landung	GMT NYZ	Flugzeit	Flugstrecke
081	Teilfl.	11.06.	He 58 D-1919 *BREMEN*	Bremen auf See	07:00	Southampton	13:05	06:05 Std.	1140 km
	Nord		Besatzung: Flugzeugführer Grütering – Funkermaschinist Zimmermann						
082	Teilfl.	12.06.	Ju 46 fi D-2244 *EUROPA*	Europa auf See	10:00	New York	19:00	09:00 Std.	1350 km
	Nord		Besatzung: Flugzeugführer Blankenburg – Funkermaschinist Kirchhoff						
083	Teilfl.	01.06.	Ju 46 fi D-2244 *EUROPA*	Europa auf See	07:15	Southampton	16:25	06:05 Std.	1323 km
	Nord		Besatzung: Flugzeugführer Blankenburg – Funkermaschinist Kirchhoff						
084	Teilfl.	21.06.	He 58 D-1919 *BREMEN*	Bremen auf See	09:05	New York	09:25	00:20 Std.	50 km
	Nord		Besatzung: Flugzeugführer Grütering – Funkermaschinist Zimmermann						
085	Teilfl.	27.06.	He 58 D-1919 *BREMEN*	Bremen auf See	07:00	Southampton	14:40	07:40 Std.	1064 km
	Nord		Besatzung: Flugzeugführer Grütering – Funkermaschinist Zimmermann						
086	Teilfl.	28.06.	Ju 46 fi D-2244 *EUROPA*	Europa auf See	12:00	New York	20:15	08:15 Std.	1110 km
	Nord		Besatzung: Flugzeugführer Blankenburg – Funkermaschinist Kirchhoff						
087	Teilfl.	05.07.	Ju 46 fi D-2244 *EUROPA*	Europa auf See	06:12	Southampton	12:06	05:54 Std.	1184 km
	Nord		Besatzung: Flugzeugführer Blankenburg – Funkermaschinist Kirchhoff						
088	Teilfl.	07.07.	He 58 D-1919 *BREMEN*	Bremen auf See	05:35	New York	07:15	01:30 Std.	260 km
	Nord		Besatzung: Flugzeugführer Grütering – Funkermaschinist Zimmermann						
089	Teilfl.	13.07.	He 58 D-1919 *BREMEN*	Bremen auf See	08:00	Southampton	14:05	06:05 Std.	978 km
	Nord		Besatzung: Flugzeugführer Grütering – Funkermaschinist Zimmermann						
090	Teilfl.	15.07.	Ju 46 fi D-2244 *EUROPA*	Europa auf See	10:00	New York	18:00	08:00 Std.	1165 km
	Nord		Besatzung: Flugzeugführer Blankenburg – Funkermaschinist Kirchhoff						
091	Über-flug Nord		Do J II Bos D-2053 *GRÖNLAND-WAL* (Dornier Werksnr. 223,						
		22.07.	Baujahr 1931)	List auf Sylt	10:00	Seydisfjord, Island	19:50	09:50 Std.	1800 km
		23.07.		Seydisfjord, Island	12:50	Reykjavik, Island	16:05	03:15 Std.	590 km
		24.07.		Reykjavik, Island	11:25	Ivigtut, Grönland	19:20	07:55 Std.	1415 km
		25.07.		Ivigtut, Grönland	14:25	Cartwright, Kanada	20:15	05:50 Std.	1 Überfl. km
		26.07.		Cartwright, Kanada	13:50	Montreal, Kanada	23:50	10:00 Std.	1700 km
							Flugleistung	36:50 Std.	6505 km

Nach dem ersten erfolgreichen Katapultstart in Bremerhaven gab es Blumen für den Flugzeugführer. Hinter Jobst von Studnitz stehen von links nach rechts: Ernst Heinkel, Dr. Schurig vom Lloyd-Luftdienst und Luft Hansa-Direktor Erhard Milch.

der Jungfernfahrt auf weitere Probestarts verzichten? Sind Sie Ihrer Sache so sicher, dass wir ohne weitere Tests den Start nach New York zum erstenmal vom fahrenden Schiff machen können?« Flugkapitän Hans Schiller von der Luft Hansa stellte diese Fragen an den Katapult- und Flugzeugkonstrukteur, und eine gewisse Anspannung war ihm anzumerken. Der Bezirksleiter See des aufstrebenden Luftverkehrsunternehmens war für die Abwicklung des Katapultflugdienstes auf der Bremen zuständig. Ernst Heinkel überlegte nicht lange: *»Ich wünschte, alle Dinge wären für mich so sicher!«* Schiller schien erleichtert. *»Wissen Sie, das Verhältnis zwischen dem Norddeutschen Lloyd und der Luft Hansa ist leider etwas gespannt. Ich habe den Eindruck, dass die Direktion nicht gern den Wünschen des Verkehrsministeriums gefolgt ist und Katapult und Flugzeug für die Jungfernfahrt an Bord genommen hat. Man betrachtet uns irgendwie als lästig und ich möchte jetzt keine unnötigen Anforderungen auf Probefahrten stellen. Wenn es ohne das geht, machen wir es so. Ach ja, Sie und Ihre Katapultmitarbeiter werden als Gäste für die erste Fahrt an Bord erwartet. Bis dahin …«*
Einem Akteur des Geschehens muss hier noch

lfd.Nr.		Datum	Flugzeug	Start	GMT NYZ	Landung	GMT NYZ	Flugzeit	Flugstrecke
			Besatzung: I. Führer v. Gronau – II. Führer v. Roth – Bordwart Hack – Funkmeister Albrecht						
			Nordatlantiketappe des Weltrundfluges. Rückkehr in List am 23. November.						
092	Teilfl. Nord	23.07.	Ju 46 fi D-2244 *EUROPA*	EUROPA auf See	05:20	Southampton	11:40	06:20 Std.	1113 km
			Besatzung: Flugzeugführer Blankenburg – Funkermaschinist Kirchhoff						
093	Teilfl. Nord	24.07.	He 58 D-1919 *BREMEN*	BREMEN auf See	10:00	New York	18:00	08:00 Std.	1092 km
			Besatzung: Flugzeugführer Grütering – Funkermaschinist Zimmermann						
		01.08.	He 58 D-1919 *BREMEN*	BREMEN auf See		Richtung Southampton. Umkehr wegen Motorschadens.			
			Besatzung: Flugzeugführer Grütering – Funkermaschinist Zimmermann						
094	Teilfl. Nord	02.08.	Ju 46 fi D-2244 *EUROPA*	EUROPA auf See	10:00	New York	19:00	09:00 Std.	1332 km
			Besatzung: Flugzeugführer Blankenburg – Funkermaschinist Kirchhoff						
095	Teilfl. Nord	10.08.	Ju 46 fi D-2244 *EUROPA*	EUROPA auf See	00:40	Southampton	12:40	12:00 Std.	1425 km
			Besatzung: Flugzeugführer Blankenburg – Funkermaschinist Kirchhoff						
096	Teilfl. Nord	11.08.	He 58 D-1919 *BREMEN*	BREMEN auf See	08:00	New York	10:45	02:45 Std.	380 km
			Besatzung: Flugzeugführer Grütering – Funkermaschinist Zimmermann						
097	Teilfl. Nord	17.08.	He 58 D-1919 *BREMEN*	BREMEN auf See	15:00	Southampton	18:40	03:40 Std.	600 km
			Besatzung: Flugzeugführer Grütering – Funkermaschinist Zimmermann						
098	Teilfl. Nord	20.08.	Ju 46 fi D-2244 *EUROPA*	EUROPA auf See	10:00	New York	18:30	08:30 Std.	1341 km
			Besatzung: Flugzeugführer Blankenburg – Funkermaschinist Kirchhoff						
099	Teilfl. Nord	27.08.	He 58 D-1919 *BREMEN*	BREMEN auf See	05:40	New York	06:50	01:10 Std.	168 km
			Besatzung: Flugzeugführer Grütering – Funkermaschinist Zimmermann						
100	Teilfl. Nord	28.08.	Ju 46 fi D-2244 *EUROPA*	EUROPA auf See	08:11	Southampton	14:44	06:33 Std.	1019 km
			Besatzung: Flugzeugführer Blankenburg – Funkermaschinist Kirchhoff						
101	Teilfl. Nord	03.09.	He 58 D-1919 *BREMEN*	BREMEN auf See	15:00	Southampton	18:30	03:30 Std.	620 km
			Besatzung: Flugzeugführer Grütering – Funkermaschinist Zimmermann						
102	Teilfl. Nord	06.09.	Ju 46 fi D-2244 *EUROPA*	EUROPA auf See	08:00	New York	17:00	09:00 Std.	1300 km
			Besatzung: Flugzeugführer Blankenburg – Funkermaschinist Kirchhoff						
103	Teilfl. Nord	13.09.	He 58 D-1919 *BREMEN*	BREMEN auf See	07:15	New York	10:45	03:30 Std.	518 km
			Besatzung: Flugzeugführer Grütering – Funkermaschinist Zimmermann						

Aufgebockt, gesichert und mit Flächenschutz gegen den Fahrtwind. Die Heinkel He 12 während der mehrere Tage dauernden Überfahrt hinter dem vorderen Schornstein der BREMEN. Über die schräge Schienenrampe zog man die D-1717 mit dem Schlitten vor dem Start auf das Katapult.

Aufmerksamkeit gezollt werden. Zwischen den vielen fotografierenden Pressevertretern blieb er diesmal dezent im Hintergrund, denn er fotografierte den ersten Katapultstart im Auftrag des Norddeutschen Lloyds als zukünftiger Bordfotograf der BREMEN. Richard Fleischhut (1881–1951) begann sein Dienstverhältnis an Bord erst mit Beginn der Jungfernfahrt, doch für diese besondere Situation bat ihn die Reederei um entsprechende Fotos. Seine auf Zelluloid und Fotoglasplatten erhaltenen Begegnungen mit den Katapultflugzeugen der BREMEN in den nächsten Jahren und den Fliegern, Konstrukteuren, Machern sowie begeisterten Zuschauern dokumentieren heute auf faszinierende Weise diese Ära der Atlantikfliegerei. Dem herausragenden Chronisten mit der Kamera verdanken wir einmalige, in den letzten Jahren erst wiederentdeckte Fotos von der BREMEN und der D-1717. Sie spiegeln atmosphärischen Zeitgeist von Menschen, Maschinen und der Lebensart auf den Luxuslinern am Anfang der 1930er-Jahre wider.

Am späten Nachmittag des 16. Juli 1929, bei herrlichem Sommerwetter, begann die Jungfernfahrt

lfd.Nr.		Datum	Flugzeug	Start	GMT NYZ	Landung	GMT NYZ	Flugzeit	Flugstrecke
104	Teilfl.	13.09.	Ju 46 fi D-2244 *EUROPA*	Europa auf See	08:00	Southampton	16:30	08:30 Std.	1360 km
	Nord		Besatzung: Flugzeugführer Blankenburg – Funkermaschinist Kirchhoff						
105	Teilfl.	20.09.	He 58 D-1919 *BREMEN*	Bremen auf See	06:15	Amsterdam	10:30	04:15 Std.	543 km
	Nord		Besatzung: Flugzeugführer Grütering – Funkermaschinist Zimmermann						
106	Teilfl.	22.09.	Ju 46 fi D-2244 *EUROPA*	Europa auf See	08:00	New York	14:35	06:35 Std.	1240 km
	Nord		Besatzung: Flugzeugführer Blankenburg – Funkermaschinist Kirchhoff						
107	Teilfl.	28.09.	He 58 D-1919 *BREMEN*	Bremen auf See	10:00	New York	17:20	07:20 Std.	1040 km
	Nord		Besatzung: Flugzeugführer Grütering – Funkermaschinist Zimmermann						
108	Teilfl.	29.09.	Ju 46 fi D-2244 *EUROPA*	Europa auf See	09:00	Southampton	17:00	08:00 Std.	960 km
	Nord		Besatzung: Flugzeugführer Blankenburg – Funkermaschinist Kirchhoff						
109	Teilfl.	05.10.	He 58 D-1919 *BREMEN*	Bremen auf See	04:10	Southampton	14:35	10:25 Std.	980 km
	Nord		Besatzung: Flugzeugführer Grütering – Funkermaschinist Zimmermann						

Akteure an Bord der BREMEN; von links nach rechts: Oberregierungsrat Adolf Baeumker vom Reichsverkehrsministerium, Hans Schiller von der Luft Hansa, Ernst Heinkel und seine Frau Maida, Sportfliegerin Thea Rasche, Flugzeugführer Jobst von Studnitz und Heinkel-Ingenieur Karl Schwärzler.

Interessantes Objekt für ein Urlaubsfoto: Posieren bei der verpackten und aufgebockten He 12 während der fünftägigen Überfahrt.

der BREMEN ab Bremerhaven. Ernst Heinkel erinnerte sich: *»... ich stand mit Schwärzler, unserem Spezialmonteur Hünemörder und meiner Frau Maida an der Reling der BREMEN, als sie in die Nordsee hinausglitt. Das Schiff war vollbesetzt mit einem verwöhnten Publikum. Mehr als dreitausend Menschen waren an Bord und führten ein Leben, wie es nicht glanzvoller zu denken war. Wir hatten einen Tisch in der 1. Klasse zusammen mit Luft Hansa-Bezirksleiter Schiller und Flugkapitän von Studnitz ... Schiller stellte mich Generaldirektor Glässel vom Norddeutschen Lloyd und dem Kapitän der BREMEN, Ziegenbein vor. In dem Augenblick war plötzlich wieder der ungewisse Schatten da, den ich beim Probestart in Bremerhaven so flüchtig empfunden hatte. Während Ziegenbein mir mit offener Herzlichkeit entgegenkam und brennend interessiert nach der Entstehung des Katapultes und nach meinen Ansichten über den bevorstehenden Flug fragte, hüllte sich Glässel in einen Mantel der Zurückhaltung, die sich kaum hinter äußerlicher Freundlichkeit verbarg.«*

Die Begründung für diese Haltung erhielt Heinkel, als bei heiterer Abendgesellschaft ein kleines Stückchen Putz von der Decke des strahlend erleuchteten Speisesaals auf ihren »Fliegertisch«

1933

lfd.Nr.		Datum	Flugzeug	Start	GMT NYZ	Landung	GMT NYZ	Flugzeit	Flugstrecke
110	Teilfl. Nord	12.05.	Ju 46 D-2244 *EUROPA*	Europa auf See	03:00	New York	07:15	04:15 Std.	526 km
			Besatzung: Flugzeugführer Schwilden – Funkermaschinist v. Hagen						
		13.05.	Ju 46 D-2271 *BREMEN*	Geplanter Katapultstart von Bord der Bremen Richtung New York fällt wegen Motorschadens der D-2271 aus.					
111	Teilfl. Nord	18.05.	Ju 46 D-2244 *EUROPA*	Europa auf See	06:50	Southampton	13:30	06:40 Std.	1130 km
			Besatzung: Flugzeugführer Schwilden – Funkermaschinist v. Hagen						
		19.05.	Das Lufthansa-Schleuderschiff Westfalen trifft vor Bathurst, Gambia ein. An Bord sind die beiden 8-Tonnen-Dornier-*WAL*-Flugboote *MONSUN* und *PASSAT*.						
		21.05.	Ju 46 D-2271 *BREMEN*	Geplanter Katapultstart von Bord der Bremen Richtung Southampton fällt wegen Motorschadens der D-2271 aus.					
112	Teilfl. Nord	28.05.	Ju 46 D-2244 *EUROPA*	Europa auf See	09:00	New York	17:30	07:30 Std.	1280 km
			Besatzung: Flugzeugführer Schwilden – Funkermaschinist v. Hagen						
		29.05.	Do J *WAL* D-2068 *PASSAT* (Dornier Werksnr. 185, Do J 8 to *WAL* D-2068 *PASSAT* wurde 1934 D-ALOX)	Westfalen auf See	--:--	auf See bei Westfalen	--:--	--:-- Std.	
			Besatzung: I. Führer Blankenburg *Erster Schleuderstart auf dem Südatlantik, Probestart und Landung.*						
113	Überflug Süd	02.06.	Do J *WAL* D-2069 *MONSUN* (Dornier Werksnr. 210, Do J 8 to *WAL* D-2069 *MONSUN* wurde 1934 D-ABIR)	Westfalen auf See	--:--	Bathurst	--:--	--:-- Std.	
			Besatzung: I. Führer v. Studnitz – II. Führer Ernst – Maschinist Gruschwitz – Funker Fechner						
114	Teilfl. Nord	04.06.	Ju 46 D-2244 *EUROPA*	Europa auf See	08:00	Southampton	16:27	07:27 Std.	1411 km
			Besatzung: Flugzeugführer Schwilden – Funkermaschinist v. Hagen						

Drehpunkt der Kraft: 24 Tonnen Gewicht des Katapultes plus 2,6 Tonnen Wasserflugzeug drehten sich hier um mögliche 360 Grad. Aus dem 990 Liter Presslufttank (oben) schoss die Schleuderkraft in den Arbeitszylinder (unten). Sie stieß den Kolben heraus, der mit Seilzug und Flaschenzugeffekt den Schlitten mit dem Postflugzeug nach vorn schleuderte.

herunterfiel. Hans Schiller nahm es auf: »*Der Kasten vibriert*«, sagte er vieldeutig. »*Sie fahren ununterbrochen 28 Seemeilen Geschwindigkeit und mehr.*« Heinkels Frage nach dem Grund der Eile beantwortete Schiller mit einer Vermutung: »*Ich schätze, die* BREMEN *fährt um das Blaue Band!*«. Und dann zog der Morgen des 22. Juli 1929 herauf: der Tag der Ankunft in New York mit der Gewissheit, dem britischen Cunard-Liner MAURETANIA nach 20 Jahren das »Blaue Band des Ozeans« abgenommen zu haben – und mit dem Beginn einer neuen Luftpostära.

Gut 500 Kilometer vor der Küste sollte das vermeintliche Abenteuer Katapultstart vom fahrenden Schiff stattfinden. So hatte es zumindest in den Mitteilungen der Reichspost und in der Presse geheißen. Über die Startvorbereitungen mit Überraschung am Montag dem 22. Juli berichtete Karl Schwärzler (1901–1974) in einem Zeitschriftenartikel: »*... In aller Frühe gingen wir daran, unser Katapult startfertig zu machen. Aber was war das? Auf unseren in den Maschinenraum gegebenen Befehl, Pressluft heraufzugeben, erhielten wir keine Antwort. Hin und her wurde versucht, kein noch so schwaches Zischen wurde hörbar, wenn wir die Ventile öffneten. Es musste ein Defekt in der Pressluftleitung, die vom Sonnendeck in den 11 Stock tiefer gelegenen Maschinenraum führte, eingetreten sein. Das war verteufelt unangenehm. Erst hatten wir dem Misstrauen der Seeleute unseren Willen entgegengesetzt und nun mussten wir damit rechnen, dass der Start wegen fehlender Pressluft fürs erste abgeblasen wurde. Selbstverständlich würde jeder annehmen, dass die Anlage nicht in Ordnung wäre, oder dass uns das Herz in die Hose gerutscht sei. Das musste auf*

lfd.Nr.		Datum	Flugzeug	Start	GMT NYZ	Landung	GMT NYZ	Flugzeit	Flugstrecke
115	Überfl.	04.06.	Do J *WAL* D-2069 *MONSUN*	Bathurst	--:--	Westfalen auf See	--:--	--:-- Std.	
	Süd		Besatzung: I. Führer v. Studnitz – II. Führer Ernst – Maschinist Gruschwitz – Funker Fechner						
116	Überfl.	06.06.	Do J *WAL* D-2069 *MONSUN*	Westfalen auf See	--:--	Natal	--:--	--:-- Std.	
	Süd		Besatzung: I. Führer v. Studnitz – II. Führer Ernst – Maschinist Gruschwitz – Funker Fechner						
117	Teilfl.	06.06.	Ju 46 D-2271 *BREMEN*	Bremen auf See	11:00	New York	18:15	07:15 Std.	1200 km
	Nord		Besatzung: Flugzeugführer Grütering – Funkermaschinist Zimmermann						
118	Teilfl.	13.06.	Ju 46 D-2271 *BREMEN*	Bremen auf See	08:00	Southampton	13:25	05:25 Std.	970 km
	Nord		Besatzung: Flugzeugführer Grütering – Funkermaschinist Zimmermann						
119	Teilfl.	14.06.	Ju 46 D-2244 *EUROPA*	Europa auf See	08:30	New York	16:20	07:50 Std.	1260 km
	Nord		Besatzung: Flugzeugführer Schwilden – Funkermaschinist v. Hagen						
120	Teilfl.	21.06.	Ju 46 D-2244 *EUROPA*	Europa auf See	01:40	Southampton	09:10	07:30 Std.	1330 km
	Nord		Besatzung: Flugzeugführer Schwilden – Funkermaschinist v. Hagen						
121	Überfl.	23.06.	Do J *WAL* D-2068 *PASSAT*	Natal	08:12	Westfalen auf See	15:52	07:40 Std.	
	Süd		Besatzung: I. Führer Blankenburg – II. Führer Pohl – Maschinist Wiencke – Funker Schiller						
122	Teilfl.	23.06.	Ju 46 D-2271 *BREMEN*	Bremen auf See	05:25	New York	06:45	01:20 Std.	252 km
	Nord		Besatzung: Flugzeugführer Grütering – Funkermaschinist Zimmermann						
123	Überfl.	24.06.	Do J *WAL* D-2068 *PASSAT*	Westfalen auf See	09:00	Bathurst	15:50	06:50 Std.	
	Süd		Besatzung: I. Führer Blankenburg – II. Führer Pohl – Maschinist Wiencke – Funker Schiller						
		28.06.	Westfalen trifft aus Natal kommend mit *MONSUN* an Bord in Bathurst ein, *PASSAT* wird aufgenommen, und am 29. Juni fährt Westfalen mit den Flugbooten an Bord zurück nach Deutschland, damit Reparaturen und Verbesserungen der Technik vorgenommen werden können.						
124	Teilfl.	29.06.	Ju 46 D-2271 *BREMEN*	Bremen auf See	08:00	Southampton	12:47	04:47 Std.	870 km
	Nord		Besatzung: Flugzeugführer Grütering – Funkermaschinist Zimmermann						
125	Teilfl.	01.07.	Ju 46 D-2244 *EUROPA*	Europa auf See	06:00	New York	15:30	09:30 Std.	1259 km
	Nord		Besatzung: Flugzeugführer Schwilden – Funkermaschinist v. Hagen						
126	Teilfl.	08.07.	Ju 46 D-2244 *EUROPA*	Europa auf See	04:50	Southampton	13:25	08:35 Std.	1320 km
	Nord		Besatzung: Flugzeugführer Schwilden – Funkermaschinist v. Hagen						

alle Fälle verhindert werden. Dr. Heinkel, den ich von meiner Entdeckung in Kenntnis setzte, gab Anweisung, unter allen Umständen die Fehlerstelle ausfindig zu machen und das Katapult rechtzeitig startfertig zu bekommen. Die Schiffsoffiziere zuckten die Achseln, als wir ihnen den Schaden meldeten. Sie schienen unsere Aufregung nicht im geringsten zu teilen, sondern waren offensichtlich mit dem Gang der Dinge recht zufrieden. Ohne Pressluft kein Katapultstart und damit keine Gefährdung des heißersehnten Blauen Bandes, mochten ihre Überlegungen gewesen sein. Von Seiten der Schiffsleitung wurde ein Ingenieur beauftragt, den Fehler zu suchen und für Behebung desselben zu sorgen. Diese Bemühungen verliefen jedoch erfolglos, so dass wir uns entschlossen, die ganze Leitung selber zu untersuchen. Während sich auf den oberen Decks bereits die Passagiere zu dem seltenen Schauspiel einfanden, streiften ich und der im Katapultbetrieb allen bekannte Monteur Wanke Arbeitskleidung über die schönen Reiseanzüge, um den Gang in die Eingeweide des Schiffes anzutreten. Bald krochen wir über steile Stiegen, durch Luftschächte und Eisentüren der Rohrleitung nach, die vom Katapult zu der Pressluftanlage im Schiffsinnern führte. Zuerst war die Arbeit nicht allzu mühsam. Jede Verschraubung wurde nachgezogen, die Leitung abgeklopft – kein Fehler war zu bemerken. Immer tiefer mussten wir hinabsteigen. Je mehr wir uns den Kesselräumen näherten, desto schwieriger wurde unser Gang. Die Luft wurde glühend heiß. Rußgeschwärzt und schwitzend krochen wir weiter. Hände und Knie umwickelten wir mit Lappen, um sie gegen Verbrennung zu schützen. Unzählige Verbindungen hatten wir geprüft und in Ordnung befunden, aber wir durften nicht ruhen, ehe nicht die undichte Stelle gefunden war. Schließlich blieb nur noch der Maschinenraum selber übrig. Die Leitung führte unter der Decke dicht über den Kesseln entlang. Es schien bald so, als sollten wir auch noch auf die Kessel heraufsteigen müssen und uns graute vor dieser Aussicht. Unsere Freude war daher groß, als wir hier, dicht vor den eine furchtbare Hitze ausstrahlenden Kesseln, eine gelöste Verschraubung in der Leitung entdeckten. Der klassische Ausspruch ›Da hat doch einer dran gedreht!‹ lag in diesem Augenblick natürlich nahe. Der Schaden war bald behoben, und schneller als wir hinuntergelangt waren, kamen wir wieder an Deck …« Schwärzler berichtete seinem Chef die Sabotagevermutung, was Luft Hansa-Bezirksleiter Schiller, der gespannt zuhörte, den Kragen platzen ließ. Wütend eilte er mit Ernst Heinkel zur vom Sonnendeck nur wenige Schritte entfernten Brücke der BREMEN. Dort erwarteten sie bereits Kapitän Ziegenbein (1874–1950) und Direktor Ernst Glässel (1878–1950) vom Norddeutschen Lloyd.

lfd.Nr.		Datum	Flugzeug	Start	GMT NYZ	Landung	GMT NYZ	Flugzeit	Flugstrecke
127	Teilfl.	09.07.	Ju 46 D-2271 *BREMEN*	Bremen auf See	10:00	New York	17:50	07:50 Std.	1190 km
	Nord		Besatzung: Flugzeugführer Grütering – Funkermaschinist Zimmermann						
128	Teilfl.	16.07.	Ju 46 D-2271 *BREMEN*	Bremen auf See	07:00	Southampton	12:20	05:20 Std.	1020 km
	Nord		Besatzung: Flugzeugführer Grütering – Funkermaschinist Zimmermann						
129	Teilfl.	19.07.	Ju 46 D-2244 *EUROPA*	Europa auf See	08:00	New York	16:10	08:10 Std.	1296 km
	Nord		Besatzung: Flugzeugführer Schwilden – Funkermaschinist v. Hagen						
130	Teilfl.	25.07.	Ju 46 D-2271 *BREMEN*	Bremen auf See	09:50	New York	17:05	07:15 Std.	1190 km
	Nord		Besatzung: Flugzeugführer Grütering – Funkermaschinist Zimmermann						
131	Teilfl.	26.07.	Ju 46 D-2244 *EUROPA*	Europa auf See	03:20	Southampton	11:15	07:55 Std.	1296 km
	Nord		Besatzung: Flugzeugführer Schwilden – Funkermaschinist v. Hagen						
132	Teilfl.	01.08.	Ju 46 D-2271 *BREMEN*	Bremen auf See	07:00	Southampton	12:45	05:45 Std.	1 Überfl. km
	Nord		Besatzung: Flugzeugführer Grütering – Funkermaschinist Zimmermann						
133	Teilfl.	06.08.	Ju 46 D-2244 *EUROPA*	Europa auf See	08:00	New York	15:30	07:30 Std.	1294 km
	Nord		Besatzung: Flugzeugführer Schwilden – Funkermaschinist v. Hagen						
134	Teilfl.	13.08.	Ju 46 D-2271 *BREMEN*	Bremen auf See	05:45	New York	07:10	01:55 Std.	200 km
	Nord		Besatzung: Flugzeugführer Grütering – Funkermaschinist Zimmermann						
135	Teilfl.	13.08.	Ju 46 D-2244 *EUROPA*	Europa auf See	03:20	Southampton	11:10	07:50 Std.	1193 km
	Nord		Besatzung: Flugzeugführer Schwilden – Funkermaschinist v. Hagen						
136	Teilfl.	20.08.	Ju 46 D-2271 *BREMEN*	Bremen auf See	06:00	Southampton	10:55	04:55 Std.	1030 km
	Nord		Besatzung: Flugzeugführer Grütering – Funkermaschinist Zimmermann						
137	Teilfl.	22.08.	Ju 46 D-2244 *EUROPA*	Europa auf See	08:00	New York	14:40	06:40 Std.	1310 km
	Nord		Besatzung: Flugzeugführer Schwilden – Funkermaschinist v. Hagen						
138	Teilfl.	28.08.	Ju 46 D-2244 *EUROPA*	Europa auf See	23:00	Southampton (29.08.)	07:05	08:05 Std.	1468 km
	Nord		Besatzung: Flugzeugführer Schwilden – Funkermaschinist v. Hagen						
139	Teilfl.	29.08.	Ju 46 D-2271 *BREMEN*	Bremen auf See	09:00	New York	16:00	07:00 Std.	1180 km
	Nord		Besatzung: Flugzeugführer Grütering – Funkermaschinist Kober						
140	Teilfl.	05.09.	Ju 46 D-2271 *BREMEN*	Bremen auf See	06:00	Southampton	13:15	07:15 Std.	1055 km
	Nord		Besatzung: Flugzeugführer Grütering – Funkermaschinist Zimmermann						

Katapultstart mit Hindernissen

Die folgende Auseinandersetzung schilderten Chronisten als reichlich lautstark. Schiller empörte sich über die offensichtliche Startbehinderung durch Mitglieder der Besatzung und forderte von der Schiffsleitung eine definitive Aussage zur Starterlaubnis des Postflugzeugs mit einem klaren Ja oder Nein. Er wünsche kein Zwielicht, sondern endgültige Klarheit, damit er sein Verhalten als Vertreter der Luft Hansa darauf einstellen könne. Kapitän Ziegenbein wies mit entschuldigendem Schulterzucken auf Direktor Glässel, dem wirklichen Herrn der BREMEN auf dieser wichtigen Fahrt. *»Sie wollen mein Ja oder Nein?«*, fragte Glässel kühl, beherrscht, in jedem Wort ein Mann,

Postsäcke werden im Frachtraum der D-1717 verstaut. Um die 200 Kilogramm konnte die He 12 mitnehmen.

lfd.Nr.		Datum	Flugzeug	Start	GMT NYZ	Landung	GMT NYZ	Flugzeit	Flugstrecke
141	Teilfl.	07.09.	Ju 46 D-2244 *EUROPA*	EUROPA auf See	08:00	New York	16:30	08:30 Std.	1358 km
	Nord		Besatzung: Flugzeugführer Schwilden – Funkermaschinist v. Hagen						
142	Teilfl.	14.09.	Ju 46 D-2244 *EUROPA*	EUROPA auf See	03:20	Southampton	11:45	08:25 Std.	1260 km
	Nord		Besatzung: Flugzeugführer Schwilden – Funkermaschinist v. Hagen						
143	Teilfl.	14.09.	Ju 46 D-2271 *BREMEN*	BREMEN auf See	08:00	New York	14:35	06:35 Std.	1184 km
	Nord		Besatzung: Flugzeugführer Grütering – Funkermaschinist Kober						
144	Teilfl.	21.09.	Ju 46 D-2271 *BREMEN*	BREMEN auf See	10:30	Southampton (22.09)	11:35	über 10 Std.	1380 km
	Nord		Besatzung: Flugzeugführer Grütering – Funkermaschinist Zimmermann Außenlandung wegen Kraftstoffmangels und Einbruch der Dunkelheit in der Nähe der Isle of Wight im Englischen Kanal. Über Nacht im Schlepp eines französischen Fischdampfers. Wasserstart und Weiterflug am nächsten Morgen.						
145	Teilfl.	23.09.	Ju 46 D-2244 *EUROPA*	EUROPA auf See	09:00	New York	18:50	09:50 Std.	1361 km
	Nord		Besatzung: Flugzeugführer Schwilden – Funkermaschinist v. Hagen						
146	Teilfl.	01.10.	Ju 46 D-2244 *EUROPA*	EUROPA auf See	08:10	Southampton	15:30	07:20 Std.	1015 km
	Nord		Besatzung: Flugzeugführer Schwilden – Funkermaschinist v. Hagen						
147	Teilfl.	02.10.	Ju 46 D-2271 *BREMEN*	BREMEN auf See	05:50	New York	6:30	00:40 Std.	130 km
	Nord		Besatzung: Flugzeugführer Grütering – Funkermaschinist Zimmermann						
148	Teilfl.	10.10.	Ju 46 D-2271 *BREMEN*	BREMEN auf See	07:30	Amsterdam	10:15	02:45 Std.	540 km
	Nord		Besatzung: Flugzeugführer Grütering – Funkermaschinist Zimmermann						
		31.10.–03.11	Das Lufthansa-Schleuderschiff WESTFALEN trifft vor Bathurst, Gambia ein. Das-8-Tonnen-Dornier-*WAL* -Flugboot *MONSUN* erreicht mit Rudolf Cramer v. Clausbruch als I. Flugzeugführer über Cadiz, Las Palmas, Cape Juby, Bathurst. Es wird von der WESTFALEN aufgenommen und auf eine Schleuderposition in den Südatlantik gebracht.						
149	Überfl.	05.11.	Do J *WAL* D-2069 *MONSUN*	WESTFALEN auf See	--:--	Bathurst	--:--	--:-- Std.	
	Süd		Besatzung: I. Führer Cramer v. Clausbruch – II. Führer Ernst – Maschinist Schneider – Funker Küppers						
150	Überfl.	07.11.	Do J *WAL* D-2069 *MONSUN*	Bathurst	08:30	WESTFALEN auf See	14:45	06:15 Std.	
	Süd		Besatzung: I. Führer Cramer v. Clausbruch – II. Führer v. Gablenz – Maschinist Schneider – Funker Küppers – als Navigator Ernst Ein erster Wasserstart misslingt. Bei Glattsee kann der Sogeffekt nicht überwunden werden. Für den nächsten Start wird weniger Treibstoff getankt, und ein Motorboot muss die See der Startstrecke »aufrauen«.						

der sich seiner Leistung für den Norddeutschen Lloyd und seiner Macht bewusst war. *»Das können Sie erfahren. Ich habe Ihnen nach nochmaliger eingehender Überlegung zu sagen: ›Nein!‹*, und in die sprachlose Stille der sich aufladenden Stimmung hinein: *»Ich trage die Verantwortung für dieses Schiff und meine Gesellschaft, nicht Sie. Wir fahren, um dies klar zu sagen, um das ›Blaue Band‹. Da Sie kein Gott sind und mir nicht garantieren können, dass kein Startunfall Ihrer Maschine unsere Fahrt so dicht vor dem Ziel unterbricht, wird Ihr Flug nicht stattfinden. Das ›Blaue Band‹ ist für Deutschland wichtiger als Ihr Flug!«*

Schiller protestierte energisch. Vor der sich ausbreitenden Diskussion, in der Glässel und Schil-

Wo bleibt die Pressluft? Mit startbereitem Postflugzeug warten die großen Luftdruckzylinder im Schienenträger auf ihren dynamisierenden Inhalt.

lfd.Nr.		Datum	Flugzeug	Start	GMT NYZ	Landung	GMT NYZ	Flugzeit	Flugstrecke
151	Überfl. Süd	08.11.	Do J *WAL* D-2069 *MONSUN*	Westfalen auf See	09:05	Natal	17:55	08:50 Std.	
			Besatzung: I. Führer Cramer v. Clausbruch – II. Führer v. Gablenz – Maschinist Schneider – Funker Küppers – als Navigator Ernst						
		12.11.	Nach Kühlerproblemen in Cadiz erreicht das 8-Tonnen-Dornier-*WAL*-Flugboot *PASSAT* mit Joachim Blankenburg als I. Flugzeugführer auf der gleichen Strecke wie *MONSUN* Bathurst.						
		17.11	Als letztes Flugboot der Erkundungsgruppe erreicht das 10-Tonnen-*WAL*-Flugboot *TAIFUN* Bathurst, mit Jobst von Studnitz als Flugzeugführer. Eine Kollision mit einer Fähre in Southampton, Ende Oktober, hatte einen Reparaturaufenthalt zur Folge. *PASSAT* und *TAIFUN* werden von der Westfalen in Bathurst an Bord genommen und auf eine Position im Südatlantik gebracht.						
152	Überflug Süd	18.11.	10 to *WAL* D-2399 *TAIFUN* (Dornier, Manzell Werks-nr. 237, Do J 10 to *WAL* ab September 1934 mit Kennzeichen D-AKER)	Westfalen auf See	--:--	Bathurst	--:--	--:-- Std.	
			Besatzung: I. Führer v. Studnitz – II. Führer Grautoff – Maschinist Gruschwitz – Funker Fechner						
153	Überfl. Süd	20.11.	8 to *WAL* D-2068 *PASSAT*	Westfalen auf See	--:--	Bathurst	--:--	--:-- Std.	
			Besatzung: I. Führer Blankenburg – II. Führer Blume – Maschinist Wiencke – Funker Günther						
154	Überfl. Süd	21.11.	8 to *WAL* D-2068 *PASSAT*	Bathurst	09:30	Westfalen auf See	17:20	07:50 Std.	
			Besatzung: I. Führer Blankenburg – II. Führer Blume – Maschinist Wiencke – Funker Günther						
155	Überfl. Süd	24.11.	8 to *WAL* D-2068 *PASSAT*	Westfalen auf See	17:40	Natal (25.11.)	02:30	08:50 Std.	
			Besatzung: I. Führer Blankenburg – II. Führer Blume – Maschinist Wiencke – Funker Günther						
		22.11.	10 to *WAL* D-2399 *TAIFUN*	Bathurst	--:--	Bathurst	--:--	--:-- Std.	
			Besatzung: I. Führer v. Studnitz – II. Führer Grautoff – Maschinist Gruschwitz – Funker Fechner						
156	Überfl. Süd	24.11.	10 to *WAL* D-2399 *TAIFUN*	Bathurst	10:00	Westfalen auf See	16:37	06:37 Std.	
			Besatzung: I. Führer v. Studnitz – II. Führer Grautoff – Maschinist Gruschwitz – Funker Fechner						
		03.12	Die Westfalen läuft Recife an und nimmt das Flugboot *PASSAT* an Bord.						
157	Überfl. Süd	09.12.	8 to *WAL* D-2068 *PASSAT*	Westfalen auf See	08:10	Bathurst	17:30	09:20 Std.	1333 km
			Besatzung: I. Führer Blankenburg – II. Führer Blume – Maschinist Wiencke – Funker Günther						
		10.12.	Nach dem letzten Teilflug kehrt die Westfalen mit den Flugbooten *TAIFUN* und *PASSAT* an Bord nach Deutschland zurück. *MONSUN* wird an das Condor Syndicat abgegeben.						

ler immer lauter wurden, zog sich Ernst Heinkel aus dem Brückenhaus zurück auf die Nock des Schnelldampfers. Nach reichlich Zeit trat Stille ein, und dann stand der tief durchatmende Schiller mit gerötetem Gesicht neben ihm. *»Wir starten frühestens gegen 13 Uhr New Yorker Zeit, lange nachdem wir das Nantucket-Feuerschiff passiert haben. Auf unserer Route und in Küstennähe ist dann soviel Schiffsverkehr, dass andere zur Hilfe eilen können, wenn der Vogel in den Bach fällt. Glässel wird volle Kraft durchfahren und die* BREMEN *auch bei einer Notwasserung nicht stoppen lassen. Er muss die Fahrt von über 28 Knoten bis zum Ambrose Channel-Feuerschiff durchhalten, um das ›Blaue Band‹ zu bekommen. Das ist zwar alles nur ein Kompromiss, aber so ist unsere Post wenigstens ein paar Stunden vor der* BREMEN *in New York.«* Von den Auseinandersetzungen auf der Brücke bekamen die Passagiere nichts mit. Die Startverschiebung auf die Mittagszeit erschien ihnen nicht besonders bemerkenswert, bot sie doch die Möglichkeit, noch schnell einen Brief an Bekannte in New York beim Seepostamt des Schiffes aufzugeben. Wer wusste schon, wie wertvoll ein solcher Brief mit den Sonderstempeln einmal werden würde, und eine schöne Erinnerung an das Ereignis war es allemal. Kurz vor der Startzeit verstauten Mitarbeiter der Luft Hansa die Postsäcke im Laderaum des Wasserflugzeuges – im Rumpf hinter dem Sitz des Funkermaschinisten. Rund 11 000 Poststücke, mit Briefmarken im Wert von 6800 Reichsmark beklebt, traten ihre kurze Flugreise nach New York an. Es war nicht die höchstmögliche Postzuladung der D-1717. Um die 200 Kilogramm Poststücke konnte die He 12 transportieren, also ungefähr 15 000 Briefe und Postkarten. Die größte vermerkte Zuladung eines Katapultflugs von der BREMEN in den Jahren 1929 und 1930 bestand aus über 18 000 Poststücken.

Flugzeugführer Jobst von Studnitz im Ledermantel bekommt einen Händedruck mit »Hals- und Beinbruch« von einem amerikanischen Passagier vor dem ersten Katapultstart mit der He 12.

Um 13.05 Uhr, Bord- und New Yorker Zeit, erlebten die Zuschauer auf dem Sonnendeck, die sich reichlich eingefunden hatten, den ersten Katapultstart vom fahrenden Schiff. Flugzeugführer Jobst von Studnitz, Hamburger und 28-jähriger Held des Augenblicks, und sein Funkermaschinist Karl Kirchhoff (1901–1938) kletterten in

1934

lfd.Nr.		Datum	Flugzeug	Start	GMT <u>NYZ</u>	Landung	GMT <u>NYZ</u>	Flugzeit	Flugstrecke
		20.01.	Das Lufthansa-Schleuderschiff Westfalen trifft vor Bathurst, Gambia ein.						
		22.01.	Über Las Palmas kommend erreicht das Flugboot *TAIFUN* Bathurst nach einer Flugzeit von 16:49 Stunden. Die Westfalen nimmt *TAIFUN* an Bord und läuft in die Mitte des Südatlantiks auf Position 9°7' N 20°55' W.						
158	Überfl. Süd	24.01.	10 to *WAL* D-2399 *TAIFUN*	Westfalen auf See	03:02	Natal	16:32	13:50 Std.	2500 km
			Besatzung: I. Führer Blankenburg – II. Führer Blume – Maschinist Gruschwitz – Funker Fechner						
159	Teilfl. Süd	28.01.	Do J *WAL* D-2069 *MONSUN*	Natal	17:05	Westf. Fern. Noranha	19:06	02:21 Std.	
			Besatzung: I. Führer Cramer v. Clausbruch – II. Führer Grautoff – Maschinist Hein – Funker Küppers						
160	Überfl. Süd	28.01.	10 to *WAL* D-2399 *TAIFUN*	Natal	16:40	Westf. Fern. Noranha	19:00	02:20 Std.	
			Besatzung: I. Führer Blankenburg – II. Führer Blume – Maschinist Gruschwitz – Funker Fechner						
161	Teilfl. Süd	29.01.	Do J *WAL* D-2069 *MONSUN*	Westf. Fern. Noran.	11:00	Natal	14:20	03:20 Std.	
			Besatzung: I. Führer Cramer v. Clausbruch – II. Führer Grautoff – Maschinist Hein – Funker Küppers						
162	Überfl. Süd	31.01.	10 to *WAL* D-2399 *TAIFUN*	Westf. Fern. Noran.	06:06	Bathurst	16:45	10:39 Std.	
			Besatzung: I. Führer Blankenburg – II. Führer Blume – Maschinist Gruschwitz – Funker Fechner						
		05.02.	Die Westfalen erreicht Bathurst. Von Fernando de Noranha, Position 2°25' N 27°02' W, kommend nimmt sie in Bathurst mit *TAIFUN* die erste offizielle Flugpost der neuen Südamerikalinie der Lufthansa an Bord und fährt auf die Schleuderposition in den Atlantik zurück.						
163	Überflug Süd	07.02.	10 to *WAL* D-2399 *TAIFUN*	Westfalen auf See	04:05	Natal	17:05	13:00 Std.	2400 km
			Besatzung: I. Führer Blankenburg – II. Führer Blume – Maschinist Gruschwitz – Funker Fechner *Beginn des Lufthansa-Postliniendienstes zwischen Südamerika und Europa.*						
164	Überfl. Süd	09.02.	10 to *WAL* D-2399 *TAIFUN*	Natal	08:40	Westfalen auf See	17:12	08:32 Std.	1420 km
			Besatzung: I. Führer Blankenburg – II. Führer Blume – Maschinist Gruschwitz – Funker Fechner						
165	Überfl. Süd	10.02.	10 to *WAL* D-2399 *TAIFUN*	Westfalen auf See	07:15	Bathurst	16:32	09:17 Std.	1440 km
			Besatzung: I. Führer Blankenburg – II. Führer Blume – Maschinist Gruschwitz – Funker Fechner – 1 Fluggast						
166	Überfl. Süd	20.02.	10 to *WAL* D-2399 *TAIFUN*	Westfalen auf See	03:46	Natal	17:36	13:50 Std.	2529 km
			Besatzung: I. Führer Blankenburg – II. Führer Blume – Maschinist Gruschwitz – Funker Fechner						
167	Überfl. Süd	23.02.	10 to *WAL* D-2399 *TAIFUN*	Natal	08:30	Westfalen auf See	18:16	09:46 Std.	1720 km
			Besatzung: I. Führer Blankenburg – II. Führer Blume – Maschinist Gruschwitz – Funker Fechner – 1 Fluggast						

ihre bei der Heinkel He 12 hintereinander angeordneten Sitze. Studnitz bremste den Motor nach dem Warmlaufen auf Startumdrehungen ab. Das Katapult zeigte nach Steuerbord schräg vorn des volle Kraft laufenden Schnelldampfers, und alles verharrte einen kurzen Augenblick in Anspannung. Am Instrumentenbrett der He 12 leuchtete ein Lämpchen, das »alles klar zum Schuss« signalisierte. Studnitz musste nun von sich aus den Druckknopf am Steuerknüppel betätigen, der die Katapultierbereitschaft der Besatzung zum Steuerkasten der Anlage übermittelte.

Jetzt war es wichtig, während der Beschleunigung den Knüppel leicht gezogen und still zu halten: *»Was am besten durch Anpressen der Ellenbogen an den Körper geschieht, da sonst der Knüppel beim Start schnell nach hinten schlägt und das Flugzeug mit hart nach oben gezogenem Höhensteuer die Startbahn verlässt«*, so Jobst von Studnitz in einem Erfahrungsbericht aus Pilotensicht. *»Durch den Anstellwinkel von etwa acht Grad, mit dem die Maschine auf dem Katapultschlitten steht, wird ein Durchsacken nach dem Verlassen des Katapultes verhindert. Alles ist so eingerichtet und erprobt, dass der Flugzeugführer während der 2 bis 2½ Sekunden Katapultbeschleunigung nicht auch noch Steuerbewegungen ausführen muss.«* 110 Kilometer oder rund 60 Seemeilen vor New York blinkte die grüne Signallampe im Steuerkasten des Flugzeugkatapults der Bremen, und Oberingenieur Schwärzler legte den Starthebel auf »Ab«.

Schlagartig schoss Pressluft aus dem Druckbehälter der Anlage in den vorgespannten Arbeitszylin-

Gleich geht es los! Der Motor der D-1717 läuft warm, das Katapult ist ausgerichtet, und die Zuschauer haben sich eingefunden. Vorbereitungen zum ersten Katapultstart von der fahrenden Bremen am Montag, den 22. Juli 1929, kurz vor 13 Uhr.

lfd.Nr.		Datum	Flugzeug	Start	GMT NYZ	Landung	GMT NYZ	Flugzeit	Flugstrecke
168	Überfl.	24.02.	8 to *WAL* D-2068 *PASSAT*	Westfalen auf See	08:10	Bathurst	14:53	06:35 Std.	1110 km
	Süd		Besatzung: I. Führer Palm – II. Führer Blume – Maschinist Wiencke – Funker Günther						
169	Überfl.	07.03.	10 to *WAL* D-2399 *TAIFUN*	Westfalen auf See	05:05	Natal	17:46	12:41 Std.	2320 km
	Süd		Besatzung: I. Führer Cramer v. Clausbruch – II. Führer Blankenburg – Maschinist Gruschwitz – Funker Fechner						
170	Überfl.	09.03.	10 to *WAL* D-2399 *TAIFUN*	Natal	09:13	Westfalen auf See	17:52	08:39 Std.	1700 km
	Süd		Besatzung: I. Führer Blankenburg – II. Führer Alisch – Maschinist Gruschwitz – Funker Fechner						
171	Überfl.	10.03.	8 to *WAL* D-2068 *PASSAT*	Westfalen auf See	08:14	Bathurst	16:24	08:10 Std.	1348 km
	Süd		Besatzung: I. Führer Blankenburg – II. Führer Alisch – Maschinist Wiencke – Funker Günther						
172	Überfl.	21.03.	10 to *WAL* D-2399 *TAIFUN*	Westfalen auf See	05:10	Natal	18:30	13:20 Std.	2369 km
	Süd		Besatzung: I. Führer Blankenburg – II. Führer Alisch – Maschinist Gruschwitz – Funker Fechner						
173	Überfl.	23.03.	10 to *WAL* D-2399 *TAIFUN*	Natal	09:25	Westfalen auf See	17:35	08:10 Std.	1480 km
	Süd		Besatzung: I. Führer Blankenbg. – II. Führer C. v. Clausbruch – Maschinist Gruschwitz – Funker Fechner – 1 Fluggast						
174	Überfl.	24.03.	10 to *WAL* D-2399 *TAIFUN*	Westfalen auf See	08:48	Bathurst	17:32	08:44 Std.	1389 km
	Süd		Besatzung: I. Führer Cramer v. Clausbruch – II. Führer Jensen – Maschinist Gruschwitz – Funker Fechner						
175	Überfl.	03.04.	10 to *WAL* D-2399 *TAIFUN*	Westfalen auf See	04:35	Natal	19:58	15:23 Std.	2835 km
	Süd		Besatzung: I. Führer Cramer v. Clausbruch – II. Führer Jensen – Maschinist Gruschwitz – Funker Fechner						
176	Überfl.	06.04.	10 to *WAL* D-2399 *TAIFUN*	Natal	09:14	Westfalen auf See	18:49	09:35 Std.	1720 km
	Süd		Besatzung: I. Führer Alisch – II. Führer Jensen – Maschinist Hein – Funker Küppers – 1 Fluggast						
177	Überfl.	07.04.	8 to *WAL* D-2068 *PASSAT*	Westfalen auf See	00:58	Bathurst	09:29	08:31 Std.	1385 km
	Süd		Besatzung: I. Führer Blankenburg – II. Führer Schmidt – Maschinist Wiencke – Funker Günther						
178	Überfl.	18.04.	10 to *WAL* D-2399 *TAIFUN*	Westfalen auf See	06:45	Natal	19:26	12:41 Std.	2333 km
	Süd		Besatzung: I. Führer Alisch – II. Führer Schmidt – Maschinist Hein – Funker Küppers						
179	Überfl.	20.04.	10 to *WAL* D-2399 *TAIFUN*	Natal	08:30	Westfalen auf See	17:34	09:04 Std.	1565 km
	Süd		Besatzung: I. Führer Blankenburg – II. Führer Schmidt – Maschinist Gruschwitz – Funker Fechner						
180	Überfl.	21.04.	8 to *WAL* D-2068 *PASSAT*	Westfalen auf See	07:20	Bathurst	15:05	07:45 Std.	1270 km
	Süd		Besatzung: I. Führer Grautoff – II. Führer C. v. Clausbruch – Maschinist Wiencke – Funker Günther – 1 Fluggast						
181	Überfl.	02.05.	10 to *WAL* D-2399 *TAIFUN*	Westfalen auf See	07:04	Natal	20:00	12:56 Std.	2317 km
	Süd		Besatzung: I. Führer Grautoff – II. Führer Jensen – Maschinist Gruschwitz – Funker Günther						

Gut erkennbar ist hier der Anstellwinkel der He 12 von ungefähr 8 Grad auf dem Schlitten des Katapults. So gab es bei 110 km/h Geschwindigkeit genügend Auftrieb zum Abheben.

der und drückte den Arbeitskolben mit dem daran befestigten Stahlseil heraus. Dieses lief über sechs Seilrollen eines Flaschenzuges und schleuderte den Schlitten auf der Schienenbahn nach vorn. Die Dynamik des Arbeitskolbens wirkte durch den Flaschenzug im Verhältnis 1:6 auf den Katapultschlitten. Eine Schienenlänge von 22 Metern reichte aus, um dem Flugzeug mit laufendem Motor die nötige Startgeschwindigkeit zu geben. Fast enttäuschend einfach für die Zuschauer auf dem Sonnendeck ging der Katapultstart vor sich. Als die Pressluft in den Arbeitszylinder schoss und die dröhnende He 12 auf dem Schlitten nach vorn schleuderte, zischte es nur kräftig. Insgesamt konnte die Sache von wenigen Sekunden ereignisverwöhnte Passagiere der BREMEN kaum zu Beifallsstürmen motivieren, und so blieb es bei angemessenem Geklatsche. Nach einer guten Minute verschwand das Postflugzeug hinter dem Sichthorizont Richtung New York. In den nächsten 37 Minuten, länger dauerte dieser erste Flug nicht, funkte Kirchhoff in regelmäßigen Abständen die BREMEN an und gab Peilzeichen. Von dort aus konnte so die Flugroute mitgekoppelt werden.

Es war ein unproblematischer Flug; es gab zwar einige Nebelfelder unter bedecktem Himmel, aber insgesamt hatten von Studnitz und Kirchhoff

lfd.Nr.		Datum	Flugzeug	Start	GMT NYZ	Landung	GMT NYZ	Flugzeit	Flugstrecke
182	Überfl. Süd	04.05.	10 to *WAL* D-2399 *TAIFUN*	Natal	10:13	Westfalen auf See	19:53	09:40 Std.	1370 km
			Besatzung: I. Führer Alisch – II. Führer Jensen – Maschinist Gruschwitz – Funker Günther – 1 Fluggast						
183	Überfl. Süd	06.05.	8 to *WAL* D-2068 *PASSAT*	Westfalen auf See	07:15	Bathurst	15:43	08:28 Std.	1352 km
			Besatzung: I. Führer C. v. Clausbruch – II. Führer Alisch – Maschinist Dielewicz – Funker Küppers – 1 Fluggast						
184	Teilflug Nord	07.05.	Ju 46 D-UHYL *BREMEN* (Junkers Werksnr. 2745. Als D-2491 *SIRIUS* Erstzulassung im Juni 1933 für die Deutsche Luft Hansa AG.)	Bremen auf See	--:--	New York	--:--	--:-- Std.	
			Besatzung: Flugzeugführer Graf Schack – Funkermaschinist Dierberg Nach Umbau zum Wasserflugzeug im Frühjahr 1933 mit Schwimmern. Ab Stichtag 20. März 1934 mit neuer Buchstabenkennung D-UHYL.						
185	Teilflug Nord	13.05.	Ju 46 D-UBUS *EUROPA* (Junkers Werksnr. 2773. Als D-3411 Erstzulassung im März 1934 für die Deutsche Luft Hansa AG)	Europa auf See	--:--	New York	--:--	--:-- Std.	
			Besatzung: Flugzeugführer Diele – Funkermaschinist v. Hagen Ab Stichtag 20. März 1934 mit neuer Buchstabenkennung D-UBUS .						
186	Teilfl. Nord	14.05.	Ju 46 D-UHYL *BREMEN*	Bremen auf See	--:--	Southampton	--:--	--:-- Std.	
			Besatzung: Flugzeugführer Graf Schack – Funkermaschinist Dierberg						
187	Überfl. Süd	16.05.	10 to *WAL* D-2399 *TAIFUN*	Westfalen auf See	06:05	Natal	18:22	09:40 Std.	2335 km
			Besatzung: I. Führer C. v. Clausbruch – II. Führer Alisch – Maschinist Gruschwitz – Funker Günther – 1 Fluggast						
188	Überfl. Süd	18.05.	10 to *WAL* D-2399 *TAIFUN*	Natal	08:15	Westfalen auf See	17:29	09:14 Std.	1555 km
			Besatzung: I. Führer Grautoff – II. Führer Schmidt – Maschinist Gruschwitz – Funker Günther						
189	Überfl. Süd	19.05.	10 to *WAL* D-2399 *TAIFUN*	Westfalen auf See	08:01	Bathurst	16:08	08:07 Std.	1222 km
			Besatzung: I. Führer Grautoff – II. Führer Schmidt – Maschinist Gruschwitz – Funker Küppers – 1 Fluggast						
190	Teilfl. Nord	20.05.	Ju 46 D-UBUS *EUROPA*	Europa auf See	--:--	Southampton	--:--	--:-- Std.	
			Besatzung: Flugzeugführer Diele – Funkermaschinist v. Hagen						
191	Teilfl. Nord	23.05.	Ju 46 D-UHYL *BREMEN*	Bremen auf See	--:--	New York	--:--	--:-- Std.	
			Besatzung: Flugzeugführer Graf Schack – Funkermaschinist Dierberg						

Bodensicht, respektive Wassersicht und flogen auf die Küste zu. Sie passierten das Feuerschiff von Fire Island und steuerten über Rockaway, Jamaica Bay und Flatbush den East River hoch nach New York.

»Einiges zur Katapulfliegerei« betitelte Seeflugkapitän Jobst von Studnitz seinen längeren Artikel in der Zeitschrift »Der Flugkapitän« vom Dezember 1930. Knapp anderthalb Jahre Katapulterfahrung fanden dort ihren Niederschlag. Zum Fliegen und Navigieren vor der Ostküste der USA und auf dem Atlantik Richtung Europa schrieb er: *»... unsere verwendeten Flugzeuge, Heinkelmaschinen von Typ He 12 und He 58, fliegen bei einer Reisegeschwindigkeit von etwa 175 km/h gut 1600 Kilometer weit. Neben der üblichen Seeausrüstung gibt es ein Gummiboot an Bord und einen Mast zum Heißen einer Antenne für den Notsendebetrieb ... Nicht ganz einfach ist das Navigieren auf den Seestrecken, für die es keine Wettermeldungen gibt, sondern nur Prognosen. Meteorologisch kann man die Gegenden, in denen die Flüge stattfinden, nicht zu den besten rechnen. Hauptsächlich zeichnen sie sich in den Frühsommermonaten durch unerfreuliche Nebelhäufigkeit aus. Während des Fluges steht das Flugzeug in konstanter funktelegraphischer Verbindung mit dem Schiff. Es hat sich herausgestellt, dass es das Beste ist, ungefähr alle halbe Stunde Peilzeichen, und wenn Bodensicht vorhanden, die geschätzte Fahrt über Grund zu geben und eventuell das Passieren eines größeren Dampfers, dessen Reedereizeichen man erkennen kann, zu melden. Auf Grund dieser Meldungen gibt das Schiffskommando dem Flugzeug den ungefähren Standort in Länge und Breite, und ferner bei Abdrift den neuen Kurs zum Ansteuerungspunkt an der Küste ... Auf amerikanischer Seite wird das Nantucket-Feuerschiff, das etwa 390 Kilometer vor New York liegt, angesteuert, da hier alle Dampferrouten zusammenlaufen und man dann gut dem häufig befahrenen Schiffahrtsweg folgen kann. Auf europäischer Seite werden die Scilly-Inseln angesteuert. Einigen Anhalt für den Standort hat man durch die Fischerflottillen, die auf ungefähr acht Grad westlicher Länge auf den Sandbänken fischen. Bei einer nördlichen Abdrift hat man einen guten Anhalt an den Querläufern, die aus der Irischen See in den Kanal wollen.«*

Es lag die Frage nahe, und sie wurde seinerzeit häufig gestellt, inwieweit die beim Start auftretende augenblickliche Beschleunigung die Besatzung eines katapultierten Flugzeuges in Mitleidenschaft zog: *»... Man kann einen solchen Start etwa mit einem Stoß vergleichen, den man verspüren würde, wenn ein ungeschickter Autofahrer beim Anfahren die Kupplung seines Wagens bei eingeschaltetem Getriebe plötzlich einfallen ließe. Man spürt also weiter nichts als einen kurzen Ruck, der auf die körperliche Verfassung der Besatzung wenig oder gar keinen Einfluss hat. Steht man während des Starts neben dem Katapult, so gewinnt man den Eindruck, als ob ein solcher Start mit einer viel geringeren Geschwindigkeit vor sich gehen würde, wie es tatsächlich der Fall ist ...«*, schrieb Kurt Kayssner in seinen Ausführungen »Die Bedeutung des Schleuderfluges, Technisches und Aerophilatelistisches« von 1933.

lfd.Nr.		Datum	Flugzeug	Start	GMT NYZ	Landung	GMT NYZ	Flugzeit	Flugstrecke
192	Teilfl. Nord	30.05.	Ju 46 D-UBUS *EUROPA*	Europa auf See	--:--	New York	--:--	--:-- Std.	
			Besatzung: Flugzeugführer Diele – Funkermaschinist v. Hagen						
193	Teilfl. Nord	31.05.	Ju 46 D-UHYL *BREMEN*	Bremen auf See	--:--	Southampton	--:--	--:-- Std.	
			Besatzung: Flugzeugführer Graf Schack – Funkermaschinist Dierberg						
194	Teilfl. Nord	06.06.	Ju 46 D-UBUS *EUROPA*	Europa auf See	--:--	Southampton	--:--	--:-- Std.	
			Besatzung: Flugzeugführer Diele – Funkermaschinist v. Hagen						
195	Teilfl. Nord	10.06.	Ju 46 D-UHYL *BREMEN*	Bremen auf See	--:--	New York	--:--	--:-- Std.	
			Besatzung: Flugzeugführer Graf Schack – Funkermaschinist Dierberg						
196	Teilfl. Nord	15.06.	Ju 46 D-UBUS *EUROPA*	Europa auf See	--:--	New York	--:--	--:-- Std.	
			Besatzung: Flugzeugführer Diele – Funkermaschinist v. Hagen						
197	Teilfl. Nord	17.06.	Ju 46 D-UHYL *BREMEN*	Bremen auf See	--:--	Southampton	--:--	--:-- Std.	
			Besatzung: Flugzeugführer Graf Schack – Funkermaschinist Dierberg						
198	Teilfl. Nord	23.06.	Ju 46 D-UBUS *EUROPA*	Europa auf See	--:--	Southampton	--:--	--:-- Std.	
			Besatzung: Flugzeugführer Diele – Funkermaschinist v. Hagen						
199	Teilfl. Nord	27.06.	Ju 46 D-UHYL *BREMEN*	Bremen auf See	--:--	New York	--:--	--:-- Std.	
			Besatzung: Flugzeugführer Graf Schack – Funkermaschinist Dierberg						
200	Teilfl. Nord	04.07.	Ju 46 D-UBUS *EUROPA*	Europa auf See	--:--	New York	--:--	--:-- Std.	
			Besatzung: Flugzeugführer Diele – Funkermaschinist v. Hagen						
201	Teilfl. Nord	05.07.	Ju 46 D-UHYL *BREMEN*	Bremen auf See	--:--	Southampton	--:--	--:-- Std.	
			Besatzung: Flugzeugführer Graf Schack – Funkermaschinist Dierberg						
202	Überfl. Süd	11.07.	10 to *WAL* D-2399 *TAIFUN*	Westfalen auf See	06:23	Natal	19:58	13:35 Std.	2202 km
			Besatzung: I. Führer Grautoff – II. Führer Blume – Maschinist Gruschwitz – Funker Günther						
203	Teilfl. Nord	12.07.	Ju 46 D-UBUS *EUROPA*	Europa auf See	--:--	Southampton	--:--	--:-- Std.	
			Besatzung: Flugzeugführer Diele – Funkermaschinist v. Hagen						
204	Überfl. Süd	13.07.	10 to *WAL* D-2399 *TAIFUN*	Natal	08:26	Westfalen auf See	16:43	08:17 Std.	1465 km
			Besatzung: I. Führer Grautoff – II. Führer Alisch – Maschinist Gruschwitz – Funker Günther						
205	Überflug Süd	14.07.	10 to *WAL* D-AFAR *SAMUM* (Dornier, Manzell Werksnr. 297 wurde später an Dänemark verkauft. Kennzeichen: 50 PERSSUAK)	Westfalen auf See	07:38	Bathurst	14:32	06:54 Std.	1324 km
			Besatzung: I. Führer Blankenburg – II. Führer Alisch – Maschinist Wiencke – Funker Küppers – 1 Fluggast						

Jubel in New York und ein begeisterter Bürgermeister

Um 13.42 Uhr wasserte die D-1717 im Hafen von New York, und gut drei Stunden später, gegen 17 Uhr des 22. Juli 1929, machte die BREMEN an ihrem Kai fest. Mit seinem zügigen Anlegemanöver begeisterte Kapitän Ziegenbein Tausende von Zuschauern am Pier 4 in Süd-Brooklyn, den der Norddeutsche Lloyd extra für die BREMEN hatte einrichten lassen. Aus dem Gewühl wurden Briefe und Postkarten geschwenkt, die dem Schiff vorausflogen und schon zugestellt waren.

Bereits das Wassern des Postflugzeuges hatten viele Menschen beobachtet, und die Presse berichtete am nächsten Tag euphorisch: *»Vom grau verhangenen Himmel über den Narrows stach gestern Nachmittag gegen halbzwei Uhr ein dunkles Pünktchen ab. Ehe man sich's versah, waren die Umrisse eines kleinen Flugzeuges erkennbar, im Nu schwirrte es dröhnend über die Bay hin, flog stromaufwärts bis zur Freiheitsstatue, um sie einige Male zu umfliegen. Dann wandte es sich südwärts Brooklyn zu und kreiste über dem von einer ungeheuren Menschenmenge umlagerten Pier 4 und ließ sich in etwa 800 Yards Entfernung von dem Dock, graziös wie eine Möwe auf dem Wasser nieder …«*

Studnitz flog seinerzeit nicht fünf Minuten im Kreis wegen der Zuschauer, sondern weil er sich um seine Schwimmer aus Sperrholz sorgte. Er musste für das Wassern im Hafen nach einer treibholzfreien Landefläche Ausschau halten. Das für stählerne Schiffe unproblematische Treibholz gehörte in Zukunft zum Sorgenpotenzial beim Wassern im Hafen. Sofort erfolgte das Umladen der vorsortierten Poststücke in den fünf großen und zwei kleinen Säcken. Erst landeten sie in einer Barkasse und danach in einem Extrakraftwagen der New Yorker Post. Von der Polizei eskortiert, hatte die Katapultpost freie Fahrt im nachmittäglichen Verkehrsgewühl. Nach schnellstmöglicher Verteilung in den General Post Offices in der 31st

Nach dem Wassern bugsiert Funkermaschinist Kirchhoff seinen Flugzeugführer durch den New Yorker Hafen in die Nähe des Pier 4 des Norddeutschen Lloyds in Süd-Brooklyn.

lfd.Nr.		Datum	Flugzeug	Start	GMT NYZ	Landung	GMT NYZ	Flugzeit	Flugstrecke
206	Teilfl.	15.07.	Ju 46 D-UHYL *BREMEN*	Bremen auf See	--:--	New York	--:--	--:-- Std.	
	Nord		Besatzung: Flugzeugführer Graf Schack – Funkermaschinist Dierberg						
207	Teilfl.	22.07.	Ju 46 D-UHYL *BREMEN*	Bremen auf See	--:--	Southampton	--:--	--:-- Std.	
	Nord		Besatzung: Flugzeugführer Graf Schack – Funkermaschinist Dierberg						
208	Teilfl.	22.07.	Ju 46 D-UBUS *EUROPA*	Europa auf See	--:--	New York	--:--	--:-- Std.	
	Nord		Besatzung: Flugzeugführer Diele – Funkermaschinist v. Hagen						
209	Teilfl.	29.07.	Ju 46 D-UBUS *EUROPA*	Europa auf See	--:--	Southampton	--:--	--:-- Std.	
	Nord		Besatzung: Flugzeugführer Diele – Funkermaschinist v. Hagen						
210	Überfl.	01.08.	10 to *WAL* D-AFAR *SAMUM*	Westfalen auf See	05:16	Natal	18:49	13:33 Std.	2306 km
	Süd		Besatzung: I. Führer Grautoff – II. Führer Hemptenmacher – Maschinist Wiencke – Funker Küppers						
211	Teilfl.	01.08.	Ju 46 D-UHYL *BREMEN*	Bremen auf See	--:--	New York	--:--	--:-- Std.	
	Nord		Besatzung: Flugzeugführer Graf Schack – Funkermaschinist Dierberg						
212	Überfl.	05.08.	10 to *WAL* D-AFAR *SAMUM*	Natal	08:22	Westfalen auf See	18:36	10:14 Std.	1759 km
	Süd		Besatzung: I. Führer Grautoff – II. Führer Hemptenmacher – Maschinist Wiencke – Funker Küppers – 1 Fluggast						
213	Überfl.	06.08.	10 to *WAL* D-2399 *TAIFUN*	Westfalen auf See	06:51	Cisneros	18:48	11:57 Std.	1985 km
	Süd		Besatzung: I. Führer Grautoff – II. Führer Hemptenmacher – Maschinist Gruschwitz – Funker Günther – 1 Fluggast						
214	Teilfl.	08.08.	Ju 46 D-UBUS *EUROPA*	Europa auf See	--:--	New York	--:--	--:-- Std.	
	Nord		Besatzung: Flugzeugführer Diele – Funkermaschinist v. Hagen						
215	Teilfl.	09.08.	Ju 46 D-UHYL *BREMEN*	Bremen auf See	--:--	Southampton	--:--	--:-- Std.	
	Nord		Besatzung: Flugzeugführer Graf Schack – Funkermaschinist Dierberg						
216	Überfl.	15.08.	10 to *WAL* D-2399 *TAIFUN*	Westfalen auf See	06:42	Natal	20:30	13:48 Std.	2303 km
	Süd		Besatzung: I. Führer Grautoff – II. Führer Hemptenmacher – Maschinist Gruschwitz – Funker Günther						
217	Teilfl.	16.08.	Ju 46 D-UBUS *EUROPA*	Europa auf See	--:--	Southampton	--:--	--:-- Std.	
	Nord		Besatzung: Flugzeugführer Diele – Funkermaschinist v. Hagen						
218	Überfl.	17.08.	10 to *WAL* D-2399 *TAIFUN*	Natal	08:28	Westfalen auf See	18:35	10:07 Std.	1939 km
	Süd		Besatzung: I. Führer Grautoff – II. Führer Hemptenmacher – Maschinist Gruschwitz – Funker Günther						
219	Überfl.	18.08.	10 to *WAL* D-AFAR *SAMUM*	Westfalen auf See	08:00	Bathurst	15:00	07:00 Std.	1213 km
	Süd		Besatzung: I. Führer Blankenburg – II. Führer Hemptenmacher – Maschinist Wiencke – Funker Küppers						

und 8th Avenue brachten Motorradboten die Katapultbriefe und -karten zu ihren Adressaten in der Weltstadt.
Ein wohlwollender Beobachter des Geschehens hatte es besonders eilig, sofort nach dem Anlegen der Bremen an Bord zu kommen. Jimmy Walker (1881–1946), irischer Abstammung und gerade wiedergewählter Bürgermeister von New York City, den deutschstämmigen Amerikanern seiner Stadt sehr verbunden, stürmte die Gangway hinauf. Er wollte Kapitän Ziegenbein als Erster zum grandiosen Erfolg des Schnelldampfers gratulieren. Für Kapitän, Schiff und Flugzeug gab es danach eine ganze Reihe von Feierlichkeiten anlässlich der Erringung des »Blauen Bandes«. Neben der New Yorker Ehrenbürgerschaft für Ziegenbein, Konfettiparade und Empfang im Brooklyner Rathaus für die Schiffsführung stand

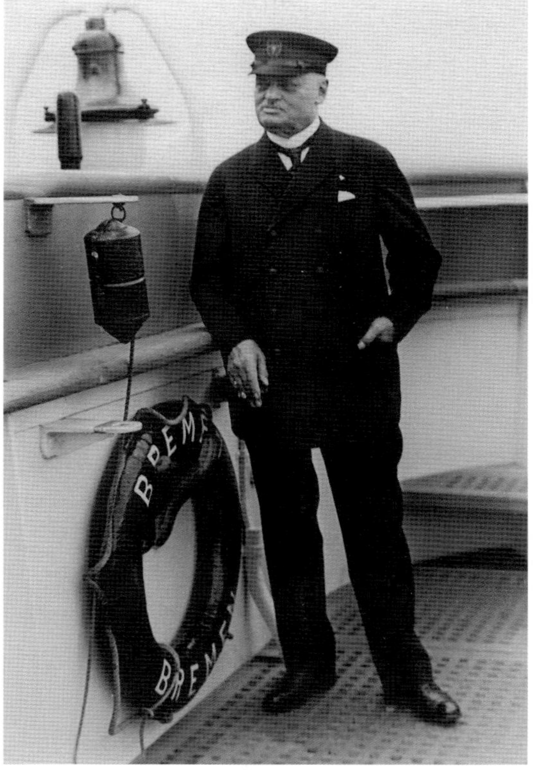

Philipp Heineken: In den Jahren vor und während des Ersten Weltkrieges von 1909 bis 1921 Generaldirektor des Norddeutschen Lloyds und danach Vorsitzender des Aufsichtsrates bis April 1933.

bereits am nächsten Vormittag eine besondere Taufe auf dem Programm.
Inzwischen mit dem Bordkran aus dem Hafenbecken auf das Katapult zurückgehievt, präsentierte sich die D-1717 im Flaggenschmuck. Über dem linken Schwimmer war sie mit den Stars and Stripes drapiert, und rechts breitete sich die schwarz-weiß-rote deutsche Handelsflagge mit schwarz-rot-gelbem Obereck aus. Das Kopfende des Schienenträgers zierte die Reedereiflagge des Norddeutschen Lloyds. In blütenweißer Sommeruniform und in honorigem Schwarz lauschten Kapitän Ziegenbein und NDL-Präsident Philipp Heineken (1860–1947) den ehrenden Ausführungen von Jimmy Walker neben dem

Jimmy Walker, Bürgermeister von New York, und Kapitän Leopold Ziegenbein von der Bremen.

lfd.Nr.		Datum	Flugzeug	Start	GMT NYZ	Landung	GMT NYZ	Flugzeit	Flugstrecke
220	Teilfl. Nord	22.08.	Ju 46 D-UHYL *BREMEN*	Bremen auf See	--:--	New York	--:--	--:-- Std.	
			Besatzung: Flugzeugführer Graf Schack – Funkermaschinist Dierberg						
221	Überfl. Süd	29.08.	10 to *WAL* D-AFAR *SAMUM*	Westfalen auf See	04:24	Natal	18:34	14:10 Std.	2440 km
			Besatzung: I. Führer Blankenburg – II. Führer Hemptenmacher – Maschinist Wiencke – Funker Küppers						
222	Teilfl. Nord	29.08.	Ju 46 D-UBUS *EUROPA*	Europa auf See	--:--	New York	--:--	--:-- Std.	
			Besatzung: Flugzeugführer Diele – Funkermaschinist v. Hagen						
223	Teilfl. Nord	30.08.	Ju 46 D-UHYL *BREMEN*	Bremen auf See	--:--	Southampton	--:--	--:-- Std.	
			Besatzung: Flugzeugführer Graf Schack – Funkermaschinist Dierberg						
224	Überfl. Süd	31.08.	10 to *WAL* D-AFAR *SAMUM*	Natal	08:50	Westfalen auf See	17:44	08:54 Std.	1670 km
			Besatzung: I. Führer Blankenburg – II. Führer Hemptenmacher – Maschinist Wiencke – Funker Küppers – 1 Fluggast						
225	Überfl. Süd	01.09.	10 to *WAL* D-AKER *TAIFUN*	Westfalen auf See	07:05	Bathurst	14:57	07:52 Std.	1472 km
			Besatzung: I. Führer Grautoff – II. Führer Blume – Maschinist Gruschwitz – Funker Günther						
226	Teilfl. Nord	05.09.	Ju 46 D-UBUS *EUROPA*	Europa auf See	--:--	Southampton	--:--	--:-- Std.	
			Besatzung: Flugzeugführer Diele – Funkermaschinist v. Hagen						
227	Teilfl. Nord	09.09.	Ju 46 D-UHYL *BREMEN*	Bremen auf See	--:--	New York	--:--	--:-- Std.	
			Besatzung: Flugzeugführer Graf Schack – Funkermaschinist Dierberg						
228	Überfl. Süd	12.09.	10 to *WAL* D-AKER *TAIFUN*	Schwabenl. auf See	06:21	Natal	19:26	13:05 Std.	2185 km
			Besatzung: I. Führer Grautoff – II. Führer Blume – Maschinist Gruschwitz – Funker Günther						
229	Teilfl. Nord	14.09.	Ju 46 D-UBUS *EUROPA*	Europa auf See	--:--	New York	--:--	--:-- Std.	
			Besatzung: Flugzeugführer Diele – Funkermaschinist v. Hagen						
230	Überfl. Süd	15.09.	10 to *WAL* D-AFAR *SAMUM*	Westfalen auf See	05:07	Bathurst	17:15	12:08 Std.	2297 km
			Besatzung: I. Führer Blankenburg – II. Führer Blume – Maschinist Ruhnke – Funker Küppers						
231	Teilfl. Nord	16.09.	Ju 46 D-UHYL *BREMEN*	Bremen auf See	--:--	Southampton	--:--	--:-- Std.	
			Besatzung: Flugzeugführer Graf Schack – Funkermaschinist Dierberg						
232	Teilfl. Nord	23.09.	Ju 46 D-UBUS *EUROPA*	Europa auf See	--:--	Southampton	--:--	--:-- Std.	
			Besatzung: Flugzeugführer Diele – Funkermaschinist v. Hagen						
233	Überflug Süd	26.09.	10 to *WAL* D-AGAT *BOREAS* (Dornier, Manzell Werks-nr. 298, Do J 10 to *WAL*)	Schwabenland auf See	05:07	Natal	17:52	12:45 Std.	2239 km
			Besatzung: I. Führer Alisch – II. Führer Wilhelm – Maschinist Dielewicz – Funker Mohr – 1 Fluggast						

Taufe der D-1717 auf den Namen NEW YORK. *In blütenweißer Sommeruniform und in honorigem Schwarz lauschten Kapitän Ziegenbein und NDL-Präsident Philipp Heineken den ehrenden Ausführungen von New Yorks Bürgermeister Jimmy Walker.*

Katapult auf dem Dach des Sonnendeckrestaurants. Unter großer Pressebeteiligung taufte Bürgermeister Walker das Heinkel-Postflugzeug He 12 auf den Namen seiner Stadt – natürlich mit dem Inhalt einer Flasche Limonade, denn der klassische Champagner oder Sekt zu solchen Anlässen kam zu Zeiten der Prohibition nicht infrage. D-1717 *NEW YORK* lautete die Kennung des Bordflugzeuges der BREMEN seit dem 23. Juli 1929.

lfd.Nr.		Datum	Flugzeug	Start	GMT NYZ	Landung	GMT NYZ	Flugzeit	Flugstrecke
234	Teilfl.	26.09.	Ju 46 D-UHYL *BREMEN*	Bremen auf See	--:--	New York	--:--	--:-- Std.	
	Nord		Besatzung: Flugzeugführer Graf Schack – Funkermaschinist Dierberg						
235	Überfl.	29.09.	10 to *WAL* D-AKER *TAIFUN*	Westfalen auf See	05:08	Bathurst	17:53	12:45 Std.	2308 km
	Süd		Besatzung: I. Führer Grautoff – II. Führer Hemptenmacher – Maschinist Gruschwitz – Funker Günther – 1 Fluggast						
236	Teilfl.	03.10.	Ju 46 D-UBUS *EUROPA*	Europa auf See	--:--	New York	--:--	--:-- Std.	
	Nord		Besatzung: Flugzeugführer Diele – Funkermaschinist v. Hagen						
237	Teilfl.	03.10.	Ju 46 D-UHYL *BREMEN*	Bremen auf See	--:--	Southampton	--:--	--:-- Std.	
	Nord		Besatzung: Flugzeugführer Graf Schack – Funkermaschinist Dierberg						
238	Überfl.	10.10.	10 to *WAL* D-AKER *TAIFUN*	Schwabenl. auf See	05:47	Natal	19:36	13:49 Std.	2328 km
	Süd		Besatzung: I. Führer Grautoff – II. Führer v. Engel – Maschinist Gruschwitz – Funker Günther						
239	Teilfl.	10.10.	Ju 46 D-UBUS *EUROPA*	Europa auf See	--:--	Southampton	--:--	--:-- Std.	
	Nord		Besatzung: Flugzeugführer Diele – Funkermaschinist v. Hagen						
240	Überfl.	13.10.	10 to *WAL* D-AGAT *BOREAS*	Westfalen auf See	07:06	Bathurst	19:20	12:14 Std.	2248 km
	Süd		Besatzung: I. Führer Alisch – II. Führer v. Engel – Maschinist Hein – Funker Wittrock						
241	Überfl.	23.10.	10 to *WAL* D-AGAT *BOREAS*	Schwabenl. auf See	17:04	Natal (24.10.)	06:46	13:42 Std.	2519 km
	Süd		Besatzung: I. Führer Alisch – II. Führer v. Engel – Maschinist Hein – Funker Küppers						
242	Überfl.	27.10.	10 to *WAL* D-AKER *TAIFUN*	Westfalen auf See	06:08	Bathurst	19:20	13:12 Std.	2285 km
	Süd		Besatzung: I. Führer Grautoff – II. Führer v. Engel – Maschinist Gruschwitz – Funker Günther						
243	Überfl.	07.11.	10 to *WAL* D-AFAR *SAMUM*	Schwabenland Bath.	02:20	Natal	17:56	15:36 Std.	2874 km
	Süd		Besatzung: I. Führer Blankenburg – II. Führer Führer – Maschinist Wiencke – Funker Günther						
244	Über- flug Süd	10.11.	10 to *WAL* D-AGAT *BOREAS*	Westfalen auf See	05:30	Bathurst	18:47	13:17 Std.	2324 km
			Besatzung: I. Führer Alisch – II. Führer Führer – Maschinist Hein – Funker Günther Sekunden nach dem Blindstart kommt es zur Wasserberührung mit erheblichen Beschädigungen des *BOREAS*. Berthold Alisch führt den Flug trotzdem erfolgreich aus.						
245	Über- flug Süd	14.11.	10 to *WAL* D-ADYS *TORNADO* (Dornier, Manzell Werks-nr. 299, Do J 10 to *WAL*)	Schwabenland auf See	06:30	Fernd. de Noronha	19:08	12:38 Std.	2324 km
			Besatzung: I. Führer Alisch – II. Führer v. Buddenbrock – Maschinist Mischur – Funker Wittrock						

Verkürzung der Postlaufzeiten zum Zweck des Ganzen und zur Freude der Philatelisten

Die offizielle Ankündigung eines geplanten Katapultfluges mit Postbeförderung erfolgte durch die Reichspost seinerzeit knapp zehn Tage vor dem ersten Katapultstart: *»Mit der am 16. Juli in Bremerhaven beginnenden ersten Ausfahrt des Dampfers* BREMEN *des Norddeutschen Lloyds wird versuchsweise der Flug eines Katapultflugzeuges vom Dampfer nach New York verbunden werden. Der Flug soll am 22. Juli etwa 500 km vor Erreichung der amerikanischen Küste angetreten werden. Das Flugzeug wird gewöhnliche Briefsendungen jeder Art nach den Vereinigten Staaten von Amerika und nach Ländern über die Vereinigten Staaten hinaus befördern …«* Zwei Inhaltsteile in der betriebsdienstlichen Bekanntmachung der Reichspost vom 12. Juli 1929 waren bemerkenswert: »Versuchsweise« deutete auf eine gewisse Skepsis in Richtung Erfolgserwartung hin und mit »etwa 500 km vor Erreichung der amerikanischen Küste« wurde ein Entfernungsmaß für den Startpunkt des ersten Fluges manifestiert, das sich bis heute in vielen Literaturquellen wiederfindet. Geschriebenes im Amtsblatt Nr. 57 des Reichspostministeriums wird schon stimmen – so die Meinung vieler Autoren. Wie hier zu lesen ist, sah das reale Geschehen dieses denkwürdigen Montags etwas anders aus.

»Versuchsweise« ließ die Philatelisten aufhorchen, besonders diejenigen, die sich dem Spezialgebiet der Aero-Philatelie zuwandten. Luftpostsammler witterten Sensationelles, und so ergab der Anlass reichlich Sammlerpost zum Bestempeln. In der bereits zitierten Bekanntmachung hieß es weiter, unter welchen Bedingungen Briefe und Postkarten für den Flug aufgeliefert werden konnten. Neben der Anschrift musste sich außen ein Klebezettel »Mit Luftpost – Par avion« und der auffällige Vermerk »Mit Katapultflug« befinden. Weiterhin war neben dem Auslandsporto ein stattlicher Luftpostzuschlag von 50 Pfennig pro 20 Gramm Gewicht fällig. Stattlich, weil ein Auslandsnormalbrief 30 Pfennige und eine Drucksache 5 Pfennige kostete. Für den Luftpostzuschlag versprach die Reichspost *»… Durch den Katapultflug wird die Beförderung um einen halben Tag und die Zustellung unter Umständen noch mehr beschleunigt. Die Sendungen, die mit dem Katapultflug befördert werden, erhalten einen Sonderstempel mit der Inschrift ›Erster deutscher Katapultflug Dampfer Bremen – New York 22.7.1929.«* Und so war es!

Neben dem 35 x 25 mm ovalen schwarzen Sonderstempel, wohl besser Flugbestätigungsstempel, bekamen die Poststücke an Bord der BREMEN noch den Sonderstempel des Schiffes in roter Farbe aufgedrückt. Im 71 x 55 mm großen rechteckigen Doppellinienrahmen prangte: Schnelldampfer »BREMEN«, gefolgt von Schlüssel und Anker, den Symbolen der Reederei und zur Erläuterung die abschließenden Zeilen – Norddeutscher Lloyd

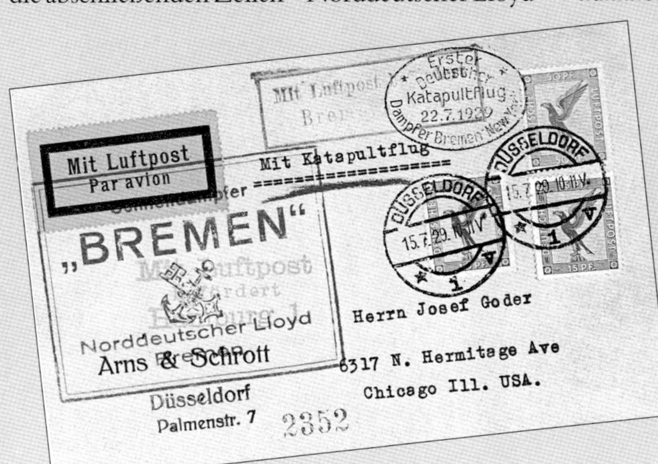

Brief Nr. 2352 der ersten Katapultpost vom Schnelldampfer BREMEN; ein typischer Katapultbrief des Erstfluges. Nur bei den ersten beiden Flügen wurden die Briefe und Postkarten durchnummeriert.

lfd.Nr.		Datum	Flugzeug	Start	GMT NYZ	Landung	GMT NYZ	Flugzeit	Flugstrecke
246	Überfl.	16.11.	10 to *WAL* D-AFAR *SAMUM*	Westfalen auf See	18:56	Porto Praia (17.11.)	08:25	13:29 Std.	2191 km
	Süd		Besatzung: I. Führer Blankenburg – II. Führer v. Gronau – Maschinist Wiencke – Funker Küppers						
247	Überfl.	21.11.	10 to *WAL* D-AKER *TAIFUN*	Schwabenl. auf See	07:29	Natal	18:25	10:56 Std.	2013 km
	Süd		Besatzung: I. Führer Grautoff – II. Führer Führer – Maschinist Gruschwitz – Funker Günther						
248	Überfl. Süd	23.11.	10 to *WAL* D-ADYS *TORNADO*	Westfalen auf See	18:03	Porto Praia (15.11.)	06:57	12:54 Std.	2208 km
			Besatzung: I. Führer Alisch – II. Führer Wilhelm – Maschinist Mischur – Funker Wittrock						
249	Überfl.	28.11.	10 to *WAL* D-AFAR *SAMUM*	Schwabenl. auf See	04:22	Natal	17:23	13:01 Std.	2467 km
	Süd		Besatzung: I. Führer Blankenburg – II. Führer Hemptenmacher – Maschinist Wiencke – Funker Küppers						
250	Überfl.	01.12.	10 to *WAL* D-AKER *TAIFUN*	Westfalen auf See	05:06	Bathurst	19:18	14:12 Std.	2330 km
	Süd		Besatzung: I. Führer Grautoff – II. Führer Führer – Maschinist Gruschwitz – Funker Günther						
251	Über-flug	04.12.	10 to *WAL* D-ADYS *TORNADO*	Schwabenland auf See	06:37	Natal	20:41	14:04 Std.	2835 km
	Süd		Besatzung: I. Führer Führer – II. Führer Wilhelm – Maschinist Dielewicz – Funker Röpert						
252	Überfl.	08.12.	10 to *WAL* D-AFAR *SAMUM*	Westfalen auf See	03:05	Bathurst	17:24	14:19 Std.	2465 km
	Süd		Besatzung: I. Führer Blankenburg – II. Führer v. Buddenbrock – Maschinist Wiencke – Funker Küppers						
253	Überfl.	19.12.	10 to *WAL* D-AKER *TAIFUN*	Schwabenl. auf See	06:16	Natal	20:35	14:19 Std.	2295 km
	Süd		Besatzung: I. Führer Grautoff – II. Führer Klein – Maschinist Mischur – Funker Günther						
254	Über-flug	22.12.	10 to *WAL* D-ADYS *TORNADO*	Westfalen auf See	03:57	Bathurst	18:45	14:48 Std.	2567 km
	Süd		Besatzung: I. Führer Führer – II. Führer Wilhelm – Maschinist Dielewicz – Funker Röpert						
255	Überfl.	26.12.	10 to *WAL* D-AFAR *SAMUM*	Schwabenl. auf See	04:05	Natal	17:01	12:56 Std.	2334 km
	Süd		Besatzung: I. Führer Alisch – Maschinist Wiencke – Funker Conrad						
256	Überfl.	30.12.	10 to *WAL* D-AKER *TAIFUN*	Westfalen auf See	06:39	Bathurst	18:42	12:03 Std.	1991 km
	Süd		Besatzung: I. Führer Grautoff – Maschinist Mischur – Funker Günther – 1 Fluggast						

Bremen. Damit nicht genug der Stempelei. Auf der Jungfernfahrt und auf der Rückfahrt der Bremen, am 27. Juli von New York ausgehend, gab es eine Besonderheit für die Katapultpost: Sie wurde per Stempel durchnummeriert. Nummerierte Briefe einer abgeschlossenen Aktion regen die Phantasie der Philatelisten an, und niedrige Nummern assoziieren eine höhere Wertigkeit als hohe Nummern. Doch in diesem Zusammenhang kann man nicht von einer Wertsteigerung sprechen, denn die Poststücke wanderten vom Briefstapel im Seepostamt der Bremen unter dem Nummernstempel hindurch direkt in den Postsack, und das war in jeder Hinsicht eine Gleichbehandlung. Bei 200 Kilogramm Gesamtgewicht der Poststücke war Schluss, denn mehr konnte die He 12 nicht zuladen, und da stellt sich eher die Frage nach der Gesamtmenge der nummerierten Postsachen: Beim ersten Katapultpostflug sind 11 000 Postbelege mit den beschriebenen drei Stempeln dem Schnelldampfer vorausgeflogen.
Die Nummernstempel finden sich übrigens nur auf der Katapultpost der ersten beiden Flüge von der Bremen nach New York am 22. Juli 1929 und nach Bremerhaven am 1. August 1929. Bei den folgenden regelmäßigen Flügen von der Bremen und Europa in den nächsten Jahren tauchten Nummerierungen nicht wieder auf. Die Benutzung des Stempels kostete Zeit, und das Durchnummerieren hatte eigentlich keinen postalischen Nutzen. Bereits auf der Rückfahrt der Bremen von New York nach Bremerhaven und in Zukunft gab es nur noch einen Sonderstempel. Optisch interessant und zum Wohlgefallen der Aero-Philatelisten präsentierte sich eine bemerkenswerte Formenvielfalt der Sonderstempel bis zum Ende der Flugsaison 1933. Mit wechselnden Stempelfarben sollten die Sonderstempel im Postbetrieb

Katapultbrief der zweiten Passage der Bremen Richtung Europa mit viereckigem Sonderstempel und Nummernstempel »4530«.

schnelles Erkennen und Zuordnen der Katapult- und ab 1930 Schleuderflugbriefe ermöglichen. Das war mit der Jungfernfahrt des Schnelldampfers Europa am 19. März 1930 nötig, da sich die Zahl der Flüge innerhalb der Flugsaison zwischen Frühjahr und Herbst mit Datumsüberschneidungen verdoppeln würde.
Ab Frühjahr 1934 gab es für jedes Schiff nur noch einen Schleuderflugstempel: für die Bremen rechteckig und für die Europa rund. Der Protest der Philatelisten diesseits und jenseits des Atlantiks folgte auf dem Fuß, und die Verantwortlichen bei der Oberpostdirektion Berlin sahen sich genötigt, in der Flugsaison 1935 einzulenken. Im letzten Jahr der Schleuderflüge von den Schnelldampfern des Norddeutschen Lloyd bis zu ihrer Einstellung im Oktober 1935 gab es vier Grundstempel, in denen Dampfernamen und Daten wechselten.
Doch zurück zu den Sonderstempeln der Katapult- und Schleuderflugpost, die mit den Daten der jeweiligen Flugbestätigung auch heute noch irritieren können. Das Tagesdatum stimmt mit dem realen Flugdatum nicht immer überein. Bereits der zweite Katapultstart überhaupt, von Bord der Bremen während der Rückfahrt auf der Höhe von Cherbourg, ist ein Beispiel vermeintlicher Ungereimtheiten. Nach dem Sonderstempel erfolgte der Flug nach Bremen am 2. August 1929. In Wirklichkeit startete die D-1717 *NEW YORK* am 1. August um 8.31 Uhr und wasserte

1935

lfd.Nr.		Datum	Flugzeug	Start	GMT NYZ	Landung	GMT NYZ	Flugzeit	Flugstrecke
257	Überflug Süd	02.01.	10 to *WAL* D-ADYS *TORNADO*	Schwabenland auf See	06:46	Natal	18:37	11:51 Std.	2400 km
			Besatzung: I. Führer Führer – II. Führer Hemptenmacher – Maschinist Dielewicz – Funker Röpert						
258	Überfl. Süd	05.01.	10 to *WAL* D-AFAR *SAMUM*	Westfalen auf See	07:14	Bathurst	19:44	12:30 Std.	2241 km
			Besatzung: I. Führer Alisch – II. Führer Klein – Maschinist Wiencke – Funker Conrad						
259	Überfl. Süd	09.01.	10 to *WAL* D-AGAT *BOREAS*	Schwabenl. auf See	07:16	Natal	21:34	14:18 Std.	2774 km
			Besatzung: I. Führer Alisch – II. Führer Schmidt – Maschinist Hein – Funker Wittrock						
260	Überfl. Süd	12.01.	10 to *WAL* D-AGAT *BOREAS*	Westfalen auf See	07:58	Bathurst	21:19	13:21 Std.	2259 km
			Besatzung: I. Führer Alisch – II. Führer Schmidt – Maschinist Hein – Funker Wittrock						
261	Überfl. Süd	16.01.	10 to *WAL* D-AKER *TAIFUN*	Schwabenl. auf See	04:38	Fern. de Noranha	14:44	10:06 Std.	2015 km
			Besatzung: I. Führer v. Engel – II. Führer Schmidt – Maschinist Mischur – Funker Deicke						
262	Überflug Süd	19.01.	10 to *WAL* D-ADYS *TORNADO*	Westfalen auf See	06:56	Bathurst	19:50	12:54 Std.	2280 km
			Besatzung: I. Führer Führer – II. Führer Hemptenmacher – Maschinist Dielewicz – Funker Röpert						
263	Überfl. Süd	23.01.	10 to *WAL* D-AGAT *BOREAS*	Schwabenl. auf See	06:34	Natal	18:32	11:58 Std.	2234 km
			Besatzung: I. Führer Alisch – II. Führer Hemptenmacher – Maschinist Hein – Funker Wittrock						
264	Überfl. Süd	26.01.	10 to *WAL* D-AKER *TAIFUN*	Westfalen auf See	07:32	Bathurst	21:00	13:28 Std.	2272 km
			Besatzung: I. Führer v. Engel – II. Führer Schmidt – Maschinist Mischur – Funker Ehlberg						
265	Überflug Süd	30.01.	10 to *WAL* D-ADYS *TORNADO*	Schwabenland auf See	06:04	Natal	19:14	12:10 Std.	2609 km
			Besatzung: I. Führer v. Engel – II. Führer Klein – Maschinist Dielewicz – Funker Röpert						
266	Überfl. Süd	02.02.	10 to *WAL* D-AGAT *BOREAS*	Westfalen auf See	07:55	Bathurst	21:01	13:06 Std.	2271 km
			Besatzung: I. Führer Alisch – II. Führer Hemptenmacher – Maschinist Hein – Funker Wittrock						
267	Überfl. Süd	06.02	10 to *WAL* D-AGAT *BOREAS*	Schwabenl. auf See	07:07	Fern. de Noranha	16:57	09:50 Std.	1976 km
			Besatzung: I. Führer Alisch – II. Führer Hemptenmacher – Maschinist Hein – Funker Wittrock						
268	Überflug Süd	09.02.	10 to *WAL* D-ADYS *TORNADO*	Westfalen auf See	07:33	Bathurst	21:33	14:00 Std.	2250 km
			Besatzung: I. Führer v. Engel – II. Führer Klein – Maschinist Dielewicz – Funker Röpert						

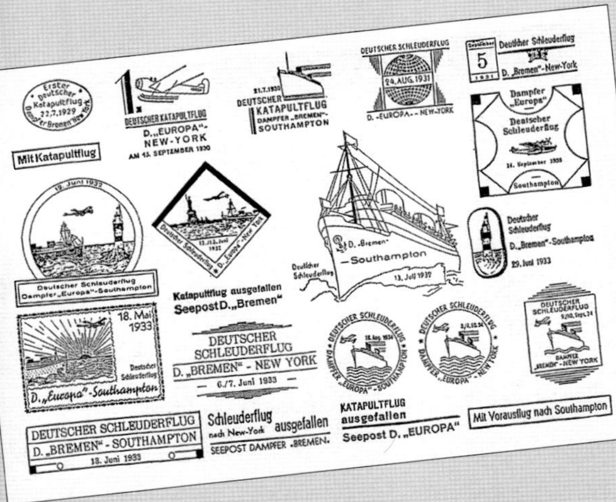

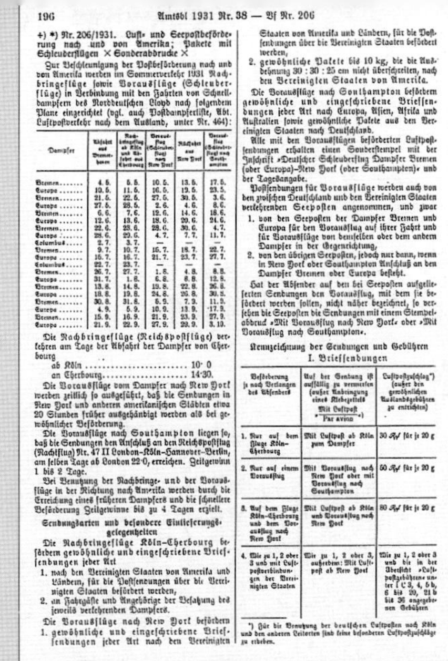

196 Amtsbl 1931 Nr. 38 — Vf Nr. 206

+) *) Nr. 206/1931. Luft- und Seepostbeförderung nach und von Amerika; Pakete mit Schleuderflügen × Sonderabdrucke ×

Zur Beschleunigung der Postbeförderung nach und von Amerika werden im Sommerverkehr 1931 Nachbringeflüge sowie Vorausflüge (Schleuderflüge) in Verbindung mit den Fahrten von Schnelldampfern des Norddeutschen Lloyd nach folgendem Plane eingerichtet (vgl. auch Postdampferliste, Abt. Luftpostverkehr nach dem Ausland, unter Nr. 464):

Dampfer	Abfahrt aus Bremerhaven	Nachbringeflug ab Köln und Abfahrt aus Cherbourg	Vorausflug (Schleuderflug) nach New York	Rückfahrt aus New York	Vorausflug (Schleuderflug) nach Southampton
Bremen	4. 5.	5. 5.	10. 5.	13. 5.	17. 5.
Europa	10. 5.	11. 5.	16. 5.	19. 5.	23. 5.
Bremen	21. 5.	22. 5.	27. 5.	30. 5.	3. 6.
Europa	27. 5.	28. 5.	2. 6.	4. 6.	8. 6.
Bremen	6. 6.	7. 6.	12. 6.	14. 6.	18. 6.
Europa	12. 6.	13. 6.	18. 6.	20. 6.	24. 6.
Bremen	22. 6.	23. 6.	28. 6.	30. 6.	4. 7.
Europa	28. 6.	29. 6.	4. 7.	7. 7.	11. 7.
Columbus	2. 7.	3. 7.	—	—	—
Bremen	9. 7.	10. 7.	15. 7.	18. 7.	22. 7.
Europa	15. 7.	16. 7.	21. 7.	23. 7.	27. 7.
Columbus	22. 7.	23. 7.	—	—	—
Bremen	26. 7.	27. 7.	1. 8.	4. 8.	8. 8.
Europa	31. 7.	1. 8.	6. 8.	8. 8.	12. 8.
Bremen	13. 8.	14. 8.	19. 8.	22. 8.	26. 8.
Europa	18. 8.	19. 8.	24. 8.	26. 8.	30. 8.
Bremen	30. 8.	31. 8.	5. 9.	7. 9.	11. 9.
Europa	4. 9.	5. 9.	10. 9.	13. 9.	17. 9.
Bremen	15. 9.	16. 9.	21. 9.	23. 9.	27. 9.
Europa	21. 9.	22. 9.	27. 9.	29. 9.	3. 10.

Die Nachbringeflüge (Reichspostflüge) verkehren am Tage der Abfahrt der Dampfer von Cherbourg

ab Köln .... 10·0
an Cherbourg.................... 14·30.

Die Vorausflüge vom Dampfer nach New York werden zeitlich so ausgeführt, daß die Sendungen in New York und anderen amerikanischen Städten etwa 20 Stunden früher ausgehändigt werden als bei gewöhnlicher Beförderung.

Die Vorausflüge nach Southampton liegen so, daß die Sendungen den Anschluß an den Reichspostflug (Nachtflug) Nr. 47 II London–Köln–Hannover–Berlin, am selben Tage ab London 22·0, erreichen. Zeitgewinn 1 bis 2 Tage.

Bei Benutzung der Nachbringe- und der Vorausflüge in der Richtung nach Amerika werden durch die Erreichung eines früheren Dampfers und die schnellere Beförderung Zeitgewinne bis zu 4 Tagen erzielt.

Sendungsarten und besondere Einlieferungsgelegenheiten

Die Nachbringeflüge Köln–Cherbourg befördern gewöhnliche und eingeschriebene Briefsendungen jeder Art

1. nach den Vereinigten Staaten von Amerika und Ländern, für die Postsendungen über die Vereinigten Staaten befördert werden,
2. an Fahrgäste und Angehörige der Besatzung des jeweils verkehrenden Dampfers.

Die Vorausflüge nach New York befördern

1. gewöhnliche und eingeschriebene Briefsendungen jeder Art nach den Vereinigten Staaten von Amerika und Ländern, für die Postsendungen über die Vereinigten Staaten befördert werden,
2. gewöhnliche Pakete bis 10 kg, die die Ausdehnung 30 : 30 : 25 cm nicht überschreiten, nach den Vereinigten Staaten von Amerika.

Die Vorausflüge nach Southampton befördern gewöhnliche und eingeschriebene Briefsendungen jeder Art nach Europa, Asien, Afrika und Australien sowie gewöhnliche Pakete aus den Vereinigten Staaten nach Deutschland.

Alle mit den Vorausflügen beförderten Luftpostsendungen erhalten einen Sonderstempel mit der Inschrift »Deutscher Schleuderflug Dampfer Bremen (oder Europa)–New York (oder Southampton)« und der Tagesangabe.

Postsendungen für Vorausflüge werden auch von den zwischen Deutschland und den Vereinigten Staaten verkehrenden Seeposten angenommen, und zwar

1. von den Seeposten der Dampfer Bremen und Europa für den Vorausflug auf ihrer Fahrt und für Vorausflüge von denselben oder dem andern Dampfer in der Gegenrichtung,
2. von den übrigen Seeposten, jedoch nur dann, wenn in New York oder Southampton Anschluß an den Dampfer Bremen oder Europa besteht.

Hat der Absender auf den bei Seeposten aufgelieferten Sendungen den Vorausflug, mit dem sie befördert werden sollen, nicht näher bezeichnet, so versehen die Seeposten die Sendungen mit einem Stempelabdruck »Mit Vorausflug nach New York« oder »Mit Vorausflug nach Southampton«.

Kennzeichnung der Sendungen und Gebühren

I. Briefsendungen

Beförderung je nach Verlangen des Absenders	Auf der Sendung ist auffällig zu vermerken (außer Anbringung eines Klebezettels »Mit Luftpost / Par avion«)	Luftpostzuschlag*) (außer den gewöhnlichen Auslandsgebühren zu entrichten)
1. Nur auf dem Fluge Köln–Cherbourg	Mit Luftpost ab Köln zum Dampfer	30 Rpf für je 20 g
2. Nur auf einem Vorausflug	Mit Vorausflug nach New York oder mit Vorausflug nach Southampton	60 Rpf für je 20 g
3. Auf dem Fluge Köln–Cherbourg und dem Vorausflug nach New York	Mit Luftpost ab Köln und Vorausflug nach New York	80 Rpf für je 20 g
4. Wie zu 1, 2 oder 3 und mit Luftpostverbindungen der Vereinigten Staaten	Wie zu 1, 2 oder 3, außerdem: Mit Luftpost ab New York	Wie zu 1, 2 oder 3 und die in der Übersicht »Luftpostgebühren« unter I C 3, 4, 5 b, 6 bis 20, 21 b bis 36 angegebenen Gebühren

*) Für die Benutzung der deutschen Luftposten nach Köln und den anderen Leitorten sind keine besonderen Luftpostzuschläge zu erheben.

Kleines Spektrum vielfältiger Sonderstempel auf Briefen und Postkarten für den deutschen Katapult- bzw. Schleuderflug von der Bremen und der Europa.

Beispiel für Korrektheit und Verlässlichkeit: Bekanntmachung aus dem Amtsblatt des Reichspostministeriums zur Schleuderflugsaison des Jahres 1931.

nach gut 870 Kilometern Flug in Bremerhaven auf der Weser bei Blexen. Die Erklärung ist einfach: Für eine Flugsaison, die vom Mai bis Oktober ging, erfolgte die Herstellung der Stempel durch die Postverwaltung im Voraus nach den Fahrplandaten der Reederei. Nur wenn die Rahmenbedingungen für erfolgreiche Flüge wie Wetter, Entfernung von der Küste usw. stimmten, gab es Katapultstarts und Vorausflüge. Das Datum des Sonderstempels hatte somit immer sekundären Charakter.

Die Zuverlässigkeit der Schleuderflüge während der jeweiligen Flugsaison bis 1935 machte diese Beförderungsart zur schnellsten Postbeförderung über den Atlantik Anfang der 1930er-Jahre. Nach New York ergab sich ein Zeitvorsprung gegenüber der normalen Schiffspost von durchschnittlich 22 Stunden. Richtung Europa und nach Berlin war es sogar ein Vorsprung von 45 Stunden. Auf dieser Route erfolgte die erste Zwischenlandung zur Postabgabe in Southampton. Danach flogen die Postmaschinen weiter über Amsterdam nach Bremen und Bremerhaven, wo sie entsprechende Postsendungen ablieferten.

Insgesamt hatte der Norddeutsche Lloyd eine distanzierte Meinung zu den vom Reichsverkehrsministerium erwünschten Katapultflugaktivitäten auf seinen Schnelldampfern. Der traditionsbewussten Schifffahrt war die Fliegerei mit kaum 30 Jahren Lebensalter und ihren immer noch »zerbrechlich« erscheinenden Apparaten eine suspekte Sache. Auch der in Ehren ergraute Philipp Heineken gehörte anfangs zu den großen Gegnern der Flugzeugkatapulte auf seinen neuen Schnelldampfern. Er konnte sich nicht vorstellen, wie ein Flugzeug starten sollte, und hatte Angst um seine zwei Schornsteine. Das Katapultgestell zwischen den technisch notwendigen, aber auch immer symbolträchtigen Teilen störe die Optik der Schiffsästhetik, meinte er. Hier präsentierte sich ein möglicher Wettbewerb zur Linienschifffahrt, vermuteten die Entscheider des Lloyd. Ärgerlicherweise engagierte sich die Reederei HAPAG in dem neuen Segment des Verkehrs über den Atlantik. Mit der fast gleich großen HAPAG aus Hamburg verband der NDL eine scharfe Konkurrenz, die kooperatives Handeln ausschloss. Also begnügte man sich zukünftig mit der Katapultfliegerei und den sich daraus bildenden guten Kontakten zur Deutschen Luft Hansa.

lfd.Nr.		Datum	Flugzeug	Start	GMT NYZ	Landung	GMT NYZ	Flugzeit	Flugstrecke
269	Überfl.	13.02.	10 to *WAL* D-AFAR *SAMUM*	Schwabenl. auf See	07:05	Natal	19:46	12:41 Std.	2604 km
	Süd		Besatzung: I. Führer v. Engel – II. Führer Klein – Maschinist Wiencke – Funker Röpert						
270	Überfl.	16.02	10 to *WAL* D-AGAT *BOREAS*	Westfalen auf See	07:37	Bathurst	21:30	13:53 Std.	2278 km
	Süd		Besatzung: I. Führer Alisch – II. Führer v. Clausbruch – Maschinist Hein – Funker Wittrock						
271	Überfl.	20.02	10 to *WAL* D-AGAT *BOREAS*	Schwabenl. auf See	06:52	Fern. de Noranha	16:32	10:40 Std.	2424 km
	Süd		Besatzung: I. Führer Alisch – II. Führer Trauer – Maschinist Hein – Funker Wittrock						
272	Überfl.	23.02.	10 to *WAL* D-AFAR *SAMUM*	Westfalen auf See	07:30	Bathurst	20:46	13:16 Std.	2269 km
	Süd		Besatzung: I. Führer v. Engel – II. Führer Hemptenmacher – Maschinist Wiencke – Funker Röpert						
273	Überfl.	27.02.	10 to *WAL* D-AFAR *SAMUM*	Schwabenl. auf See	07:00	Natal	18:39	11:39 Std.	2332 km
	Süd		Besatzung: I. Führer v. Engel – II. Führer Hemptenmacher – Maschinist Wiencke – Funker Röpert						
274	Überfl.	02.03.	10 to *WAL* D-AGAT *BOREAS*	Westfalen auf See	07:30	Bathurst	20:22	12:52 Std.	2259 km
	Süd		Besatzung: I. Führer Alisch – II. Führer Urban – Maschinist Hein – Funker Wittrock						
275	Überfl.	06.03.	10 to *WAL* D-AGAT *BOREAS*	Schwabenl. auf See	07:02	Fern. de Noranha	16:20	09:18 Std.	2278 km
	Süd		Besatzung: I. Führer Alisch – II. Führer Urban – Maschinist Hein – Funker Wittrock						
276	Überfl.	09.03.	10 to *WAL* D-AFAR *SAMUM*	Westfalen auf See	07:32	Bathurst	21:17	13:45 Std.	2276 km
	Süd		Besatzung: I. Führer v. Engel – II. Führer Trauer – Maschinist Wiencke – Funker Röpert						
277	Überfl.	13.03.	10 to *WAL* D-AFAR *SAMUM*	Schwabenl. auf See	07:00	Natal	19:01	12:01 Std.	2315 km
	Süd		Besatzung: I. Führer v. Engel – II. Führer Trauer – Maschinist Wiencke – Funker Röpert						
278	Überfl.	16.03.	10 to *WAL* D-AGAT *BOREAS*	Westfalen auf See	07:34	Bathurst	20:28	12:54 Std.	2265 km
	Süd		Besatzung: I. Führer Alisch – II. Führer Hemptenmacher – Maschinist Hein – Funker Wittrock						
279	Überfl.	20.03.	10 to *WAL* D-AGAT *BOREAS*	Schwabenl. auf See	06:58	Fern. de Noranha	16:21	09:23 Std.	2341 km
	Süd		Besatzung: I. Führer Alisch – II. Führer v. Clausbruch – Maschinist Hein – Funker Wittrock						
280	Überfl.	23.03.	10 to *WAL* D-AFAR *SAMUM*	Westfalen auf See	07:34	Bathurst	20:46	13:12 Std.	2289 km
	Süd		Besatzung: I. Führer v. Engel – II. Führer Urban – Maschinist Wiencke – Funker Röpert						
281	Überfl.	27.03.	10 to *WAL* D-AFAR *SAMUM*	Schwabenl. auf See.	06:51	Natal	18:50	11:59 Std.	2337 km
	Süd		Besatzung: I. Führer v. Engel – II. Führer Urban – Maschinist Wiencke – Funker Röpert						
282	Überfl.	30.03.	10 to *WAL* D-AGAT *BOREAS*	Westfalen auf See	07:28	Bathurst	20:54	13:26 Std.	2259 km
	Süd		Besatzung: I. Führer Alisch – II. Führer Trauer – Maschinist Gruschwitz – Funker Wittrock						

Neue Erfahrungen und Verbesserungsideen

Schon der zweite Katapultstart und Flug der frisch getauften D-1717 *NEW YORK* auf der Rückfahrt der BREMEN nach Bremerhaven hatte es in sich und war eine Kostprobe kommender Belastungen für Mensch und Material in der beginnenden Schleuderflugära. Jobst von Studnitz berichtete darüber der Luft Hansa, seinem Arbeitgeber, am 1. August 1929: *»Die BREMEN hat den Hafen von Cherbourg heute früh 8 Uhr verlassen. Schon vorher waren die Wetterverhältnisse nicht die besten, anscheinend sollte es heute besonders schlecht werden, denn mit Windstärke 8 blies es hart aus Südwesten. Trotzdem war unser Heinkel-Tiefdecker überraschend schnell startfertig. Kurz vor 8.30 Uhr saß ich mit meinem Funkermechaniker Kirchhoff in der Maschine und gab das Zeichen zum Start. Um 8.31 Uhr verließen wir mit unserer Heinkel D-1717 das Katapult der BREMEN bei 16 Sekundenmeter Wind mit 18 000 Briefen für Deutschland an Bord (genau 18 515 Briefe und Postkarten; Anmerkung des Autors). Unter tief hängenden Wolken, deren Höhe etwa 300 Meter betrug und unter uns schwere grobe See, traten wir unsere Luftreise von 470 Seemeilen an, in der Hoffnung, rechtzeitig wie erwartet, auf dem Weserflughafen bei Bremerhaven einzutreffen. Um 9.10 Uhr bereits erschien vor uns Cap Antibes bei Le Havre. Der 450 PS Pratt- und Whitney-Hornet-Motor arbeitete unentwegt zur vollsten Zufriedenheit, und bereits 9.55 Uhr ließen wir Cap Grisnez rechts von uns liegen. Um 10.20 Uhr passierten wir Zeebrügge, um 10.50 Uhr erreichten wir Hoek von Holland, um 11.20 Uhr ließen wir das dritte Land [Holland] mit der Insel Texel nach kaum dreistündigem Flug hinter uns. Um 11.55 Uhr erreichten wir Borkum und trafen über deutschem Boden noch schlechtere Wetterverhältnisse an. 12.15 Uhr sichteten wir Wangerooge und kurze Zeit danach um 12.34 Uhr gingen wir im Flughafen Blexen auf der Weser nieder, um unsere 18 000 Briefe zur Weiterführung der deutschen Post zu übergeben.«* Dort wartete bereits das Verbindungsflugzeug nach Berlin, wo die zentrale Verteilung der Luftpost aus den USA erfolgte. Gut 20 Stunden später tauchte die BREMEN am Horizont auf und lief in Bremerhaven ein. Zu der Zeit hatten die Empfänger der Katapultpost aus Übersee diese schon längst gelesen.

Die ersten beiden Katapultstarts und Postflüge hatten den Nachweis für die Gangbarkeit des Weges zur Zeitverkürzung der Postlaufzeiten über den Nordatlantik erbracht, und die Optimierungsansätze ließen nicht lange auf sich warten. Am 9. August 1929 veröffentlichte die Deutsche Reichspost eine weitere Verfügung zur Luft- und Seepostbeförderung nach Amerika. Da hieß es im Amtsblatt des Reichspostministeriums unter der Nummer 326/1929 für den Betriebsdienst: *»Mit der am 14. August in Bremerhaven beginnenden zweiten Amerikafahrt des Dampfers BREMEN des Norddeut-*

lfd.Nr.		Datum	Flugzeug	Start	GMT NYZ	Landung	GMT NYZ	Flugzeit	Flugstrecke
283	Überfl. Süd	02.04.	10 to *WAL* D-AKER *TAIFUN*	Schwabenl. auf See	03:05	Fern. de Noranha	16:06	13:01 Std.	2501 km
			Besatzung: I. Führer Alisch – II. Führer Blankenburg – Maschinist Mischur – Funker Ehlberg						
284	Überfl. Süd	06.04.	10 to *WAL* D-AFAR *SAMUM*	Westfalen auf See	07:34	Bathurst	21:30	13:56 Std.	2387 km
			Besatzung: I. Führer v. Engel – II. Führer Blankenburg – Maschinist Wiencke – Funker Röpert						
285	Über- flug Süd	16.04.	10 to *WAL* D-ADYS *TORNADO*	Schwabenland auf See	01:49	Fern. de Noranha	15:04	13:15 Std.	2508 km
			Besatzung: I. Führer Blume – II. Führer Trauer – Maschinist Rebentrost – Funker Stein						
286	Über- flug Süd	20.04.	10 to *WAL* D-ADYS *TORNADO*	Westfalen auf See	01:57	Bathurst	17:22	15:25 Std.	2454 km
			Besatzung: I. Führer Alisch – II. Führer Trauer – Maschinist Mischur – Funker Ehlberg						
287	Überfl. Süd	30.04.	10 to *WAL* D-AGAT *BOREAS*	Schwabenl. auf See	03:03	Fern. de Noranha	15:25	12:22 Std.	2648 km
			Besatzung: I. Führer Führer – II. Führer Trauer – Maschinist Mischur – Funker Röpert						
288	Über- flug Süd	04.05.	10 to *WAL* D-ADYS *TORNADO*	Westfalen auf See	04:01	Bathurst	18:09	14:08 Std.	2471 km
			Besatzung: I. Führer Blume – II. Führer Viereck – Maschinist Rebentrost – Funker Stein						
289	Teilfl. Nord	09.05.	Ju 46 D-UHYL *BREMEN*	Bremen auf See	04:30	New York	07:30	03:00 Std.	500 km
			Besatzung: Flugzeugführer Graf Schack – Funkermaschinist Dierberg						
290	Über- flug Süd	13.05.	10 to *WAL* D-ADYS *TORNADO*	Schwabenland Bathurst	19:35	Natal	10:20	14:45 Std.	2680 km
			Besatzung: I. Führer Blume – II. Führer Krüger – Maschinist Rebentrost – Funker Geisler						
291	Teilfl. Nord	15.05.	Ju 46 D-UHYL *BREMEN*	Bremen auf See	06:00	Southampton	13:26	07:26 Std.	1321 km
			Besatzung: Flugzeugführer Graf Schack – Funkermaschinist Dierberg						
292	Teilfl. Nord	16.05.	Ju 46 D-UBUS *EUROPA*	Europa auf See	04:40	New York	07:15	02:35 Std.	415 km
			Besatzung: Flugzeugführer Diele – Funkermaschinist Rösel						
293	Überfl. Süd	18.05.	10 to *WAL* D-AGAT *BOREAS*	Westfalen auf See	02:03	Bathurst	16:24	14:21 Std.	2408 km
			Besatzung: I. Führer Führer – II. Führer Trauer – Maschinist Mischur – Funker Röpert						
294	Teilfl. Nord	22.05.	Ju 46 D-UBUS *EUROPA*	Europa auf See	08:00	Southampton	17:03	09:03 Std.	1130 km
			Besatzung: Flugzeugführer Diele – Funkermaschinist Rösel						
295	Teilfl. Nord	26.05.	Ju 46 D-UHYL *BREMEN*	Bremen auf See	07:00	New York	15:15	08:15 Std.	1496 km
			Besatzung: Flugzeugführer Graf Schack – Funkermaschinist Dierberg						

schen Lloyd werden versuchsweise folgende Flüge verbunden werden: 1. Zubringerflug Köln–Cherbourg (Anlegeplatz des Dampfers) ab Köln 15. August 10 Uhr. Abfahrt des Dampfers von Cherbourg 15. August 18 Uhr. 2. Flug eines Katapultflugzeuges vom Dampfer BREMEN *nach New York. Der Flug wird am 20. August etwa 400–500 km vor Erreichung der amerikanischen Küste angetreten … Für Sendungen, die die letzte gewöhnliche Absendungsgelegenheit zum Dampfer* BREMEN *nicht mehr erreichen, aber noch Anschluss an den Zubringerflug Köln–Cherbourg erhalten, ergibt sich ein Zeitgewinn von 3 Tagen.«* Für diesen Zeitgewinn waren 80 Pfennige Zusatzporto per 20 Gramm auf einem Brief fällig, und in Köln gab es zukünftig einen Bestätigungsstempel für den Zu- oder auch Nachbringeflug auf dem Briefumschlag. Bei der ersten Version bis zum 14. Juli 1930 hieß es im rechteckigen Linienrahmen mit roter Stempelfarbe: »Mit Luftpost zum D. ›Bremen‹ befördert«. Ab 31.7.1930 kam noch die Umrisszeichnung eines startenden Dornier *WAL*-Flugbootes hinzu. Dieser Zubringerflug von Köln nach Cherbourg mit Landflugzeugen blieb bis zum Zweiten Weltkrieg Reichspostlinie. Sie bot bis Herbst 1935 die Zusatzbeförderung als Schleuderflugpost von den Schnelldampfern.

Dynamik pur. Beim zweiten Start der D-1717 vor Cherbourg am 1. August 1929 um 8.31 Uhr gelingt Fleischhut der Auslöseklick auf dem Punkt. Über den statischen Zuschauern an Bord der* BREMEN *auf bewegter See verwischt die frisch getaufte* NEW YORK, *110 Stundenkilometer schnell, genau beim Abheben.

lfd.Nr.		Datum	Flugzeug	Start	GMT NYZ	Landung	GMT NYZ	Flugzeit	Flugstrecke
296	Überfl. Süd	28.05.	10 to *WAL* D-AKER *TAIFUN*	Westfalen vor Bath.	00:03	Fern. de Noranha	14:01	13:58 Std.	2650 km
			Besatzung: I. Führer Führer – II. Führer Viereck – Maschinist Mischur – Funker Röpert						
297	Überflug Süd	01.06.	10 to *WAL* D-ADYS *TORNADO*	Schwabenland auf See	07:28	Bathurst	20:51	13:23 Std.	2376 km
			Besatzung: I. Führer Blume – II. Führer Mayr – Maschinist Rebentrost – Funker Geisler						
298	Teilfl. Nord	02.06.	Ju 46 D-UHYL *BREMEN*	Bremen auf See	06:00	Southampton	11:32	05:32 Std.	1254 km
			Besatzung: Flugzeugführer Graf Schack – Funkermaschinist Dierberg						
299	Teilfl. Nord	05.06.	Ju 46 D-UBUS *EUROPA*	Europa auf See	09:00	New York	17:00	08:00 Std.	1534 km
			Besatzung: Flugzeugführer Diele – Funkermaschinist Rösel						
300	Überflug Süd	10.06.	10 to *WAL* D-ADYS *TORNADO*	Westfalen vor Bathurst	18:58	Fern. de Noranha	09:10	14:12 Std.	2650 km
			Besatzung: I. Führer Blume – II. Führer Mayr – Maschinist Rebentrost – Funker Geisler						
301	Teilfl. Nord	12.06.	Ju 46 D-UHYL *BREMEN*	Bremen auf See	07:00	New York	15:40	08:40 Std.	1445 km
			Besatzung: Flugzeugführer Graf Schack – Funkermaschinist Dierberg						
302	Teilfl. Nord	13.06.	Ju 46 D-UBUS *EUROPA*	Europa auf See	04:45	Southampton	11:40	06:55 Std.	1326 km
			Besatzung: Flugzeugführer Diele – Funkermaschinist Rösel						
303	Überfl. Süd	14.06.	10 to *WAL* D-AKER *TAIFUN*	Schwabenl. auf See	18:30	Bathurst	09:32	15:02 Std.	2594 km
			Besatzung: I. Führer Führer – II. Führer Viereck – Maschinist Mischur – Funker Röpert						
304	Teilfl. Nord	19.06.	Ju 46 D-UHYL *BREMEN*	Bremen auf See	06:00	Southampton	11:20	05:20 Std.	1185 km
			Besatzung: Flugzeugführer Graf Schack – Funkermaschinist Dierberg						
305	Überfl. Süd	24.06.	10 to *WAL* D-AKER *TAIFUN*	Westfalen vor Bath.	23:06	Fern. de Noranha	14:10	15:04 Std.	2650 km
			Besatzung: I. Führer Führer – II. Führer Trauer – Maschinist Mischur – Funker Röpert						
306	Teilfl. Nord	26.06.	Ju 46 D-UBUS *EUROPA*	Europa auf See	07:00	New York	16:26	09:26 Std.	1496 km
			Besatzung: Flugzeugführer Diele – Funkermaschinist Rösel						
307	Überflug Süd	29.06.	10 to *WAL* D-ADYS *TORNADO*	Schwabenland Fern. de Noranha	18:43	Notwasserung auf See	06:28	11:45 Std.	1790 km
			Besatzung: I. Führer Blume – II. Führer Krüger – Maschinist Rebentrost – Funker Geisler Nach Kühlerschaden des hinteren Motors Einmotorenflug bis zur Notwasserung. Von der aus Bathurst kommenden Westfalen an Bord genommen. *SAMUN* brachte die umgeladene Post von der *TORNADO* nach Bathurst.						

Jobst v. Studnitz

Luft Hansa-Flugkapitän Jobst von Studnitz: Ersterprober im Katapultflugdienst über den Nord- und Südatlantik.

Das Ende seiner Schulzeit und das Ende des Ersten Weltkrieges trafen im Leben des Jobst von Studnitz zusammen. Am 22. Juni 1901 in Hamburg geboren, erlernte er 1924 in Hamburg und an der Sportschule in Hannover das Fliegen. Die Prüfungen für seinen Führerschein der Klasse B absolvierte er bei der Deutschen Verkehrsflieger Schule in Berlin 1926 und arbeitete danach für das »Hamburger Fremdenblatt« als Zeitungsflieger. Im Jahre 1927 trat er in den Dienst der Deutschen Luft Hansa AG ein, die ihn zur weiteren Ausbildung als Seeflieger auf die Seefahrtsschule nach Lübeck schickte. Er gehörte zu den ersten 20 Absolventen des halbjährigen Lehrgangs 1927/28, die ein Patent als »Schiffer auf große Luftfahrt«, gleichgestellt mit dem Patent für Kapitäne auf Seeschiffen, erhielten. So wurde aus einem Flugzeugführer ein Flugkapitän, befähigt zum Langstrecken- und transatlantischen Flugverkehr. Bis 1933 gehörte Jobst von Studnitz aufgrund seiner Erfahrung zu den Erprobungsfliegern der Luft Hansa auf Katapultflugzeugen. Bei den ersten Katapult- und Schleuderstarts mit der Heinkel He 12 im Juni 1929 von der BREMEN und der He 58 im August 1930 von der EUROPA sowie mit dem Dornier *WAL* von der WESTFALEN im Juni 1933 saß von Studnitz auf dem Führersitz. Er leistete Tausende von Flugkilometern im Katapultdienst der Luft Hansa, bis er nach schwerer Malaria, die er sich während der Erprobungsflüge von 1933 in Bathurst zuzog, nicht mehr im Flugdienst eingesetzt werden konnte.

Karl Kirchhoff

Oberfunkermaschinist Karl Kirchhoff während des Expeditionsfluges mit der Ju 52 D-ANOY über dem Himalaya bei einem Stopp in Kabul am 24. August 1937.

Geboren am 20. November 1901 in Stuttgart, trat Kirchhoff nach dem Besuch der höheren Schule und einer Mechanikerlehre in die Kaiserliche Marine ein und wurde zum Funkgast ausgebildet. 1926 schied er bei der Reichsmarine aus und gehörte zu den ersten Funkern der neuen Luft Hansa. Aufgrund seines außergewöhnlichen Könnens setzte ihn das Unternehmen ab 1929 im Katapultflugdienst mit der He 12 von Bord des Schnelldampfers BREMEN als Funkermaschinist ein. Mit 84 Atlantikflügen, 52 Katapultstarts von der BREMEN und EUROPA sowie 32 Flügen über den Südatlantik wurde er nur von Joachim Blankenburg mit 107 Flügen über den Atlantik überboten. 1934 gehörte »Kaki« zu den Besatzungen, die mehrere Ju 52 für das Streckennetz der Eurasia über Ägypten, Bagdad, Jodpur, Rangun, Bangkok, Hanoi und Kanton ins chinesische Schanghai überführten. Im August 1937 ist er Funkermaschinist auf der berühmten D-ANOY. Mit Freiherr von Gablenz und Flugkapitän Robert Untucht (1897–1938) flog die Ju 52 der Lufthansa-»Pamir-Expedition« von Berlin über Bagdad, Teheran, Herat, Kabul und durch die Täler des Hindukusch ins chinesische Sian. Ein Abenteuer, bei dem die Besatzung und ihr Flugzeug auf dem Rückflug fast einen ganzen Monat verschollen blieben.

lfd.Nr.		Datum	Flugzeug	Start	GMT NYZ	Landung	GMT NYZ	Flugzeit	Flugstrecke
308	Teilfl.	03.07.	Ju 46 D-UHYL *BREMEN*	Bremen auf See	04:00	New York	14:05	10:05 Std.	1669 km
	Nord		Besatzung: Flugzeugführer Graf Schack – Funkermaschinist Dierberg						
			Zwischenlandung in Nantucket zur Kraftstoffergänzung. Von Nantucket bis New York sind es 404 km.						
309	Teilfl.	04.07.	Ju 46 D-UBUS *EUROPA*	Europa auf See	08:00	Southampton	15:56	07:56 Std.	1504 km
	Nord		Besatzung: Flugzeugführer Diele – Funkermaschinist Rösel						
310	Überfl.	06.07.	10 to *WAL* D-AGAT *BOREAS*	Schwabenl. auf See	06:19	Natal	22:00	15:41 Std.	2772 km
	Süd		Besatzung: I. Führer Blankenburg – II. Führer Viereck – Maschinist Kirchhoff – Funker Ehlberg						
311	Teilfl.	10.07.	Ju 46 D-UHYL *BREMEN*	Bremen auf See	03:20	Southampton	09:58	06:38 Std.	1385 km
	Nord		Besatzung: Flugzeugführer Graf Schack – Funkermaschinist Dierberg						
312	Über-flug	12.07.	10 to *WAL* D-ADYS *TORNADO*	Westfalen Fern. de Noranha	16:45	Bathurst	07:22	14:37 Std.	2650 km
	Süd		Besatzung: I. Führer Blankenburg – II. Führer Trauer – Maschinist Rebentrost – Funker Geisler						
313	Überfl.	12.07.	10 to *WAL* D-AFAR *SAMUM*	Schwabenland Bath.	16:58	Fern. de Noranha	07:23	14:25 Std.	2650 km
	Süd		Besatzung: I. Führer v. Engel – II. Führer Mayr – Maschinist Burger – Funker Röpert						
314	Teilfl.	14.07.	Ju 46 D-UBUS *EUROPA*	Europa auf See	06:00	New York	17:53	11:53 Std.	1545 km
	Nord		Besatzung: Flugzeugführer Diele – Funkermaschinist Rösel						
			Zwischenlandung in Nantucket zur Kraftstoffergänzung.						
315	Überfl.	19.07.	10 to *WAL* D-AFAR *SAMUM*	Westfalen Fer. Nor.	21:04	Bathurst	12:01	14:57 Std.	2650 km
	Süd		Besatzung: I. Führer v. Engel – II. Führer Mayr – Maschinist Burger – Funker Röpert						
316	Über-flug	19.07.	10 to *WAL* D-ADYS *TORNADO*	Schwabenland Bathurst	16:55	Fern. de Noranha	08:26	15:31 Std.	2650 km
	Süd		Besatzung: I. Führer Trauer – II. Führer Ristau – Maschinist Wittmann – Funker Kober						
317	Teilfl.	21.07.	Ju 46 D-UBUS *EUROPA*	Europa auf See	03:20	Southampton	09:52	06:32 Std.	1233 km
	Nord		Besatzung: Flugzeugführer Diele – Funkermaschinist Rösel						
318	Teil-flug	24.07.	Ju 46 D-UHYL *BREMEN*	Bremen auf See	05:30	New York	16:12	10:42 Std.	1419 km
			Besatzung: Flugzeugführer Graf Schack – Funkermaschinist Dierberg						
	Nord		Zwischenlandung in Nantucket zur Kraftstoffergänzung.						
319	Überfl.	26.07.	10 to *WAL* D-AGAT *BOREAS*	Westfalen Fer. Nor.	17:26	Bathurst	08:42	15:16 Std.	2650 km
	Süd		Besatzung: I. Führer Viereck – II. Führer Ristau – Maschinist Kirchhoff – Funker Ehlberg						

»Heute Vormittag wurden die drei tapferen Flugpioniere, die Pamirflieger (v.l.n.r.) Oberfunkermaschinist Kirchhoff, Freiherr von Gablenz und Flugkapitän Untucht, bei ihrer Ankunft auf dem Flughafen Tempelhof vom Staatssekretär im Luftfahrtministerium, General der Flieger Milch, und einer großen Menschenmenge herzlich begrüßt«; Originaltext der Bildunterschrift vom 3. Oktober 1937.

Im Bereich der Bezirksleitung Südatlantik der Lufthansa eingesetzt, gehörte Kirchhoff zu den Erprobungsbesatzungen neuer Flugmuster und besonderer Langstreckenflüge. Am 27. Mai 1938 startete Flugkapitän Otto Falke (1902–1938) zu einem technischen Erprobungsflug mit seiner Besatzung, Karl Kirchhoff als Oberfunkermaschinist und Erich Kolbe (1909–1938) als Funker, in Berlin Tempelhof. Ihre viermotorige He 116, ein Landflugzeug mit einziehbarem Fahrwerk, sollte als Postflugzeug die Atlantikstrecken bedienen. Falke steuerte die zweite Versuchsmaschine des neuen Typs mit der Kennung D-ATIO und dem Merknamen *HAMBURG*. Sein Bruder wohnte auf Langeoog, was den Flugzeugführer mit über einer Million Flugkilometern im Flugbuch zu einigen »Kavaliersrunden« über der Insel veranlasste. Nach einem letzten Überflug des Badestrandes in nur 30 Metern Höhe drehte Falke in einer hochgezogenen Steilkurve zur Seeseite hin ab. Er verschätzte sich in der Höhe und berührte mit dem linken Flügelende die Wasseroberfläche. Beim völligen Auseinanderbrechen der He 116 und dem folgenden Aufschlagbrand kam die Besatzung ums Leben. *»… hat er sich bei diesem Erprobungsflug, ohne dass es sein Flugauftrag erforderte, durch das Fliegen in niedriger Höhe in eine Gefahr begeben, der er, seine Besatzungsmitglieder und das wertvolle Fluggerät zum Opfer gefallen sind. Der Unfall ist somit lediglich auf das Verschulden des Flugzeugführers zurückzuführen«*, hieß es dazu im Bericht der »Untersuchungskommission zur Klärung von Luftfahrtunfällen und Flugzeugschäden« vom 22. September 1938.

lfd.Nr.		Datum	Flugzeug	Start	GMT NYZ	Landung	GMT NYZ	Flugzeit	Flugstrecke
320	Überfl.	26.07.	10 to *WAL* D-AFAR *SAMUM*	Schwabenl. Bath.	17:27	Fern. de Noranha	09:18	15:51 Std.	2650 km
	Süd		Besatzung: I. Führer Blankenburg – II. Führer Mayr – Maschinist Burger – Funker Röpert						
321	Teilfl.	31.07.	Ju 46 D-UHYL *BREMEN*	Bremen auf See	06:00	Southampton	13:02	07:02 Std.	1152 km
	Nord		Besatzung: Flugzeugführer Graf Schack – Funkermaschinist Dierberg						
322	Teilfl.	31.07.	Ju 46 D-UBUS *EUROPA*	Europa auf See	07:00	New York	15:30	08:30 Std.	1276 km
	Nord		Besatzung: Flugzeugführer Diele – Funkermaschinist Rösel						
323	Über-flug	02.08.	10 to *WAL* D-ADYS *TORNADO*	Westfalen Fern. de Noranha	16:00	Bathurst	07:55	15:55 Std.	2650 km
	Süd		Besatzung: I. Führer Trauer – II. Führer Blankenburg – Maschinist Wittmann – Funker Kober						
324	Überfl.	02.08.	10 to *WAL* D-ALOX *PASSAT*	Schwabenl. Bath.	07:39	Fern. de Noranha	23:49	16:10 Std.	2650 km
	Süd		Besatzung: I. Führer Führer – Maschinist Dielewicz – Funker Janssen – 1 Fluggast						
325	Teilfl.	07.08.	Ju 46 D-UBUS *EUROPA*	Europa auf See	03:00	Southampton	10:25	07:25 Std.	1237 km
	Nord		Besatzung: Flugzeugführer Diele – Funkermaschinist Rösel						
326	Über-flug	09.08.	10 to *WAL* D-ADYS *TORNADO*	Schwabenland Bathurst	17:20	Fern. de Noranha	11:02	17:42 Std.	2650 km
	Süd		Besatzung: I. Führer Trauer – II. Führer Karthaus – Maschinist Wittmann – Funker Kober						
327	Überfl.	10.08.	10 to *WAL* D-AFAR *SAMUM*	Westfalen Fer. Nor.	00:40	Bathurst	14:12	13:32 Std.	2650 km
	Süd		Besatzung: I. Führer Mayr – II. Führer Zapp – Maschinist Burger – Funker Röpert						
328	Teilfl.	11.08.	Ju 46 D-UHYL *BREMEN*	Bremen auf See	10:00	New York	16:40	06:40 Std.	1267 km
	Nord		Besatzung: Flugzeugführer Graf Schack – Funkermaschinist Dierberg						
329	Überfl.	16.08.	10 to *WAL* D-ALOX *PASSAT*	Westfalen Fer. Nor.	16:55	Bathurst	06:45	13:50 Std.	2650 km
	Süd		Besatzung: I. Führer Führer – Maschinist Dielewicz – Funker Janssen – 1 Fluggast						
330	Überfl.	16.08.	10 to *WAL* D-AGAT *BOREAS*	Schwabenl. auf See	18:04	Fern. de Noranha	10:05	16:01 Std.	2458 km
	Süd		Besatzung: I. Führer Mayr – II. Führer Zapp – Maschinist Kirchhoff – Funker Ehlberg						
331	Teilfl.	18.08.	Ju 46 D-UHYL *BREMEN*	Bremen auf See	07:00	Southampton	12:15	05:15 Std.	1048 km
	Nord		Besatzung: Flugzeugführer Graf Schack – Funkermaschinist Dierberg						
332	Teilfl.	21.08.	Ju 46 D-UBUS *EUROPA*	Europa auf See	06:00	New York	14:30	08:30 Std.	1434 km
	Nord		Besatzung: Flugzeugführer Diele – Funkermaschinist Rösel						

Beim sechsten Katapultflug von der BREMEN zeichnete sich eine gravierende Änderung und auch eine besondere Problematik ab. Gut 300 Kilometer vor Cherbourg sollte die He 12 katapultiert werden. Danach war der Flug an der Kanalküste entlang bis Rotterdam und den Rhein hinauf bis Köln vorgesehen.
Mit Köln erreichte die Luftpost einen günstigeren Postverteilpunkt für Europa als Bremerhaven oder auch Berlin, und das sollte der Öffentlichkeit vorgeführt werden. Also trommelte die Deutsche Luft Hansa für den 18. September 1929 eine angemessene Begrüßungsdelegation zusammen. Zur Wasserung der D-1717 *NEW YORK* wurde im Niehler Hafen ein Landefloß ausgebracht sowie das Boot der Hafendirektion mit einem Beamten der Luftpolizei und der Hafenpolizei.
Weiterhin befanden sich leitende Mitarbeiter der Flughafenleitung der Luft Hansa sowie das Personal der Flughafenpoststelle und Flughafenzollstelle sowie die Startmannschaft vor Ort. Stadtverwaltung und Oberpostdirektion schickten offizielle Vertreter, und die Presse sowie der Rundfunk hatten Einladungen erhalten.
Es war bereits der zweite Versuch, denn die ursprünglich geplante Ankunft am 17. September gegen 9.30 Uhr musste abgesagt werden. Die BREMEN verspätete sich bei der Überfahrt des Nordatlantiks um einen Tag. Am 18. September ab 7 Uhr wartete die eingeladene Gästeschar geduldig auf das Motorbrummen aus Richtung Westen. Nichts geschah. Jetzt aber hätte die Post aus Übersee die Anschlussflüge mit Frachtflugzeugen gut erreicht: nach Berlin um 10.30 Uhr, das Flugzeug nach Frankfurt–Mannheim–Basel–München–Wien um 11.30 Uhr, über Halle nach Breslau um 11.25 Uhr und über Hamburg–Kopenhagen nach Malmö um die gleiche Zeit.

Ein Flug mit Verzögerungen. Die* NEW YORK *nach dem Wassern auf dem Rhein am Landefloß im Niehler Hafen von Köln am 19. September 1929.

Das wäre ein Vorsprung von über 24 bis 48 Stunden der Postlaufzeit gewesen gegenüber der mit der BREMEN in Bremerhaven angelandeten Post. Im offiziellen Erfahrungsbericht der Luft Hansa hieß es dann weiter: *»Gegen 8 Uhr 15 forderte die BREMEN über London das Wetter von Köln an. Köln war um 8 Uhr von Nebel frei, jedoch der Niederrhein und die Kanalküste im Nebel, im Kanal unter einem Kilometer Sicht und Regenschauer. Um 10 Uhr 30 empfing der Funkpeiler in Dortmund einen Funkspruch der BREMEN über London, der anfangs so verstanden wurde, dass das Flugzeug um 10 Uhr gestartet sei. Später stellte sich durch Rückfrage heraus, dass der Beamte in Dortmund, der kein Englisch verstand, den Funkspruch falsch aufgefasst hatte. Er sollte wohl heißen: Start voraussichtlich gegen 10 Uhr. Dass diese Lesart richtig war, bestätigte kurz darauf ein Radiotelegramm der BREMEN an die Flugleitung der Luft Hansa Köln, in dem mitgeteilt wurde, dass der Start wegen schlechten Wetters verschoben sei. Diese Nachricht wurde an alle Stellen weitergegeben.«*
Damit konnten aber die getroffenen Vorbereitungen im Niehler Hafen nicht aufgehoben werden,

lfd.Nr.		Datum	Flugzeug	Start	GMT NYZ	Landung	GMT NYZ	Flugzeit	Flugstrecke
333	Überfl.	23.08.	10 to *WAL* D-ALOX *PASSAT*	Schwabenland Bath.	15:52	Natal	08:47	16:55 Std.	3040 km
	Süd		Besatzung: I. Führer Fischer – II. Führer Bauser – Maschinist Dielewicz – Funker Janssen						
334	Über-flug	23.08.	10 to *WAL* D-ADYS *TORNADO*	Westfalen Fern. de Noranha	17:25	Bathurst	08:12	14:47 Std.	2650 km
	Süd		Besatzung: I. Führer Trauer – II. Führer Karthaus – Maschinist Wittmann – Funker Kober – 1 Fluggast						
335	Teilfl.	28.08.	Ju 46 D-UBUS *EUROPA*	Europa auf See	06:00	Southampton	12:14	06:14 Std.	1159 km
	Nord		Besatzung: Flugzeugführer Diele – Funkermaschinist Rösel						
336	Teil-flug	28.08.	Ju 46 D-UHYL *BREMEN*	Bremen auf See	07:10	New York	18:10	11:00 Std.	1617 km
	Nord		Besatzung: Flugzeugführer Graf Schack – Funkermaschinist Dierberg Zwischenlandung in Nantucket zur Kraftstoffergänzung.						
337	Überfl.	30.08.	10 to *WAL* D-AGAT *BOREAS*	Westfalen Fer. Nor.	17:31	Bathurst	07:39	14:08 Std.	2650 km
	Süd		Besatzung: I. Führer Mayr – II. Führer Dreyer – Maschinist Kirchhoff – Funker Ehlberg						
338	Überfl.	30.08.	10 to *WAL* D-AFAR *SAMUM*	Schwabenland Bath.	19:12	Fern. de Noranha	11:00	15:48 Std.	2650 km
	Süd		Besatzung: I. Führer Blankenburg – II. Führer Bielenstein – Maschinist Burger – Funker Stein						
339	Teilfl.	04.09.	Ju 46 D-UHYL *BREMEN*	Bremen auf See	02:40	Southampton	08:32	05:52 Std.	1287 km
	Nord		Besatzung: Flugzeugführer Graf Schack – Funkermaschinist Dierberg						
340	Überfl.	06.09.	10 to *WAL* D-AFAR *SAMUM*	Westfalen Fer. Nor.	17:02	Bathurst	07:40	14:38 Std.	2650 km
	Süd		Besatzung: I. Führer Führer – II. Führer Bauser – Maschinist Burger – Funker Stein						
341	Überfl.	06.09.	10 to *WAL* D-AGAT *BOREAS*	Schwabenland Bath.	16:58	Fern. de Noranha	09:00	16:02 Std.	2650 km
	Süd		Besatzung: I. Führer Viereck – II. Führer Karthaus – Maschinist Kirchhoff – Funker Ehlberg						
342	Teilfl.	08.09.	Ju 46 D-UBUS *EUROPA*	Europa auf See	09:00	New York	19:30	10:30 Std.	1509 km
	Nord		Besatzung: Flugzeugführer Diele – Funkermaschinist Röse						
343	Überfl.	13.09.	10 to *WAL* D-ALOX *PASSAT*	Westfalen Fer. Nor.	17:04	Bathurst	07:38	14:34 Std.	2650 km
	Süd		Besatzung: I. Führer: Blankenburg – II. Führer Bielenstein – Maschinist Dielewicz – Funker Janssen						
344	Überfl.	13.09.	10 to *WAL* D-AFAR *SAMUM*	Schwabenland Bath.	17:01	Fern. de Noranha	07:51	14:50 Std.	2650 km
	Süd		Besatzung: I. Führer Mayr – II. Führer Ristau – Maschinist Burger – Funker Stein						
345	Teil-flug	15.09.	Ju 46 D-UHYL *BREMEN*	Bremen auf See	07:00	New York	16:40	09:40 Std.	1582 km
	Nord		Besatzung: Flugzeugführer Graf Schack – Funkermaschinist Dierberg Zwischenlandung in Nantucket zur Kraftstoffergänzung.						

da die Luft Hansa weiterhin mit dem Start ihres Postflugzeuges rechnete. In der späteren Bewertung der gesamten Aktion erkannten die Verantwortlichen einen großen Schwachpunkt, und das war der direkte Funkverkehr zwischen der BREMEN und dem Flughafen Köln. Dieser kam während der nächsten Stunden und auch am nächsten Tag, als die D-1717 endlich auftauchte, nicht zustande. Obwohl funktechnisch möglich, sahen die damaligen nationalen und internationalen Regularien des Funkverkehrs den direkten Weg zwischen Schiff und Landfunkstelle nicht vor. Die Küstenfunkstationen, der Norddeutsche Lloyd in Bremen, die Luft Hansa in Berlin – sie alle wussten Bescheid, nur die Männer auf dem Landefloß im Niehler Hafen nicht. Die BREMEN hatte den Flug wegen der Wetterlage für den 18. September endgültig abgesagt. Also begann das Ganze noch einmal.

Am 19. September um 8 Uhr 50 kam der Funkspruch bei der Flughafenfunkstelle in Köln an, dass die D-1717 um 7 Uhr 10 auf der Höhe von Norderney katapultiert sei, um nach Köln zu fliegen. Die Durchlaufverzögerung der Funkinformation von fast zwei Stunden bestätigte die Funkproblematik. Weiter hieß es in dem schon zitierten Bericht: »*... alle Stellen wurden benachrichtigt und gegen 10 Uhr waren alle verantwortlichen Personen und die Presse im Hafern versammelt. Kurz darauf traf die Nachricht ein, dass das Flugzeug in Rotterdam wegen Wetters und Defektes der Funkeinrichtung notgelandet sei und nicht mehr nach Köln käme. Man war gerade im Begriff, die Zurückziehung des Hafenbootes und der Polizei zu veranlassen, als die Meldung dahingehend berichtigt wurde, dass das Flugzeug nicht in Rotterdam, sondern in Amsterdam-Schellingwoude wegen Nebels gelandet sei und in einer halben Stunde wieder starten werde. Kurz nach 10 Uhr kam dann der Funkspruch durch: D-1717 um 9 Uhr 50 nach Köln gestartet. Um 11 Uhr 10 erschien die Maschine von Westen kommend über dem Niehler Hafen, sie hatte zuerst den Flughafen angeflogen. An Bord waren der Pilot von Studnitz und sein Funker Kirchhoff. Sie bog gegen die Mühlheimer Brücke aus, wasserte gegen den Nordwestwind stromabwärts und fuhr mit eigener Kraft in den Hafen bis an das Floß. Die Post wurde sofort entladen, es waren im Ganzen etwa 20 Kilogramm mitgekommen, die für Berlin, Halle, Hannover, Hamburg, Frankfurt, München, Stuttgart, Elberfeld, Coblenz und Köln bestimmt war. Diese Post wurde auf dem Floß sofort sortiert und gestempelt und mit Kraftwagen nach dem Flughafen und zum Postamt Köln befördert. Die Flugzeuge der Strecken 6, 31, 33, und 156 waren bis 12 Uhr zurückgehalten worden, sodass die Post noch am selben Tag an die Bestimmungsorte kam, wodurch ein Vorsprung von rund 24 Stunden erzielt worden ist.*«

Quintessenz der Erfahrungen dieses 19. Septembers, abgesehen von den Funkproblemen: Es ist sinnvoller, das Postflugzeug 800 Kilometer vor Cherbourg im Atlantik katapultieren zu lassen und die Post für Köln in Cherbourg auf ein Landflugzeug umzuladen, als mit der D-1717 bei unsicheren Wetterlagen im Kanal zu starten, um nach Köln zu fliegen. Über diese neue Variante zur Verkürzung der Postlaufzeiten dachten die Verantwortlichen intensiv nach. Neuer Anflugpunkt für die Katapult- oder Schleuderflieger Richtung Europa wurde dann allerdings nicht Cherbourg, sondern Southampton. Im zweiten Anlaufhafen der Schnelldampfer nach der Überfahrt erfolgte zukünftig die Verteilung der herangeflogenen Post aus den USA. Nach kurzem Tankstopp ging der Flug der Heinkel-Katapultmaschinen über Amsterdam nach Bremerhaven-Blexen und von dort zum Stationierungsort, dem Heinkel-Werksgelände in Warnemünde.

lfd.Nr.		Datum	Flugzeug	Start	GMT NYZ	Landung	GMT NYZ	Flugzeit	Flugstrecke
346	Teilfl.	15.09.	Ju 46 D-UBUS *EUROPA*	Europa auf See	07:25	Southampton	12:05	05:40 Std.	1111 km
	Nord		Besatzung: Flugzeugführer Diele – Funkermaschinist Rösel						
347	Überfl.	20.09.	10 to *WAL* D-AGAT *BOREAS*	Westfalen Fer. Nor.	17:35	Bathurst	07:33	13:58 Std.	2650 km
	Süd		Besatzung: I. Führer Viereck – II. Führer Karthaus – Maschinist Kirchhoff – Funker Ehlberg						
348	Überfl.	20.09.	10 to *WAL* D-AKER *TAIFUN*	Schwabenland Bath.	16:55	Fern. de Noranha	08:40	15:45 Std.	2650 km
	Süd		Besatzung: I. Führer Blankenburg – II. Führer Bielenstein – Maschinist Wittmann – Funker Mohr						
349	Überfl.	22.09.	Ju 46 D-UHYL *BREMEN*	Bremen auf See	07:00	Southampton	11:55	04:55 Std.	1059 km
	Nord		Besatzung: Flugzeugführer Graf Schack – Funkermaschinist Dierberg						
350	Teilfl.	25.09.	Ju 46 D-UBUS *EUROPA*	Europa auf See	09:10	New York	17:50	08:40 Std.	1543 km
	Nord		Besatzung: Flugzeugführer Diele – Funkermaschinist Rösel						
351	Überfl.	27.09.	10 to *WAL* D-AFAR *SAMUM*	Schwabenl. Fer. Nor.	16:36	Bathurst	07:47	15:11 Std.	2650 km
	Süd		Besatzung: I. Führer Mayr – II. Führer Blankenburg – Maschinist Burger – Funker Mohr						
352	Überfl.	27.09.	10 to *WAL* D-AGAT *BOREAS*	Westfalen Bathurst	19:30	Fern. de Noranha	10:44	15:14 Std.	2650 km
	Süd		Besatzung: I. Führer Viereck – II. Führer Ristau – Maschinist Kirchhoff – Funker Ehlberg						
353	Teilfl.	02.10.	Ju 46 D-UBUS *EUROPA*	Europa auf See	07:30	Southampton	12:36	05:06 Std.	1028 km
	Nord		Besatzung: Flugzeugführer Diele – Funkermaschinist Rösel						
354	Teil-flug	02.10.	Ju 46 D-UHYL *BREMEN*	Bremen auf See	07:00	New York	15:30	08:30 Std.	1369 km
	Nord		Besatzung: Flugzeugführer Graf Schack – Funkermaschinist Dierberg Zwischenlandung in Nantucket zur Kraftstoffergänzung.						
355	Über-flug	04.10.	10 to *WAL* D-ADYS *TORNADO*	Schwabenland Fern. de Noranha	07:33	Bathurst	07:40	14:07 Std.	2650 km
	Süd		Besatzung: I. Führer Bielenstein – II. Führer Ristau – Maschinist Wittmann – Funker Stein						
356	Überfl.	04.10.	10 to *WAL* D-AFAR *SAMUM*	Westfalen Bathurst	17:00	Fern. de Noranha	08:16	15:16 Std.	2650 km
	Süd		Besatzung: I. Führer Mayr – II. Führer Karthaus – Maschinist Burger – Funker Janssen						
357	Teilfl.	09.10.	Ju 46 D-UHYL *BREMEN*	Bremen auf See	04:45	Southampton	09:30	04:45 Std.	1248 km
	Nord		Besatzung: Flugzeugführer Graf Schack – Funkermaschinist Dierberg						
358	Überfl.	11.10.	10 to *WAL* D-AGAT *BOREAS*	Schwabenl. Fer. Nor.	16:26	Bathurst	07:17	14:51 Std.	2650 km
	Süd		Besatzung: I. Führer Viereck – II. Führer Karthaus – Maschinist Kirchhoff – Funker Ehlberg						
359	Über-flug	11.10.	10 to *WAL* D-ADYS *TORNADO*	Westfalen Bathurst	16:05	Natal	08:35	16:30 Std.	3040 km
	Süd		Besatzung: I. Führer Bielenstein – II. Führer Ristau – Maschinist Wittmann – Funker Stein						

Probleme in der Wirtschaftskrise

Das Jahr 1930 brachte für die Katapultfliegerei gravierende Änderungen, die sich auf der einen Seite positiv auswirkten und auf der anderen Seite eine wirtschaftlich problematische Zukunft ankündigten. Ursprünglich plante der Norddeutsche Lloyd die erste Jungfernfahrt seiner beiden neuen Schnelldampfer mit der EUROPA. Sie entstand auf der Werft von Blohm & Voss in Hamburg. Dort ließ ein massives Feuer am 26. März 1929 den Neubau am Ausrüstungskai ausbrennen. Deshalb konnte die Jungfernreise nach New York erst ein Jahr später, am 19. März 1930, starten, auf der sie übrigens ihrem Schwesterschiff BREMEN das »Blaue Band« wieder abnahm. Die ersten Passagen im Liniendienst der EUROPA fanden ohne Katapultflüge statt. Der NDL verweigerte gegenüber dem Reichsverkehrsministerium die Anschaffung von Katapultanlage und Flugzeug auf eigene Kosten.

Als Hauptgrund dafür war die Weltwirtschafts-

***Das Postflugzeug des Schnelldampfers EUROPA, die Heinkel He 58 mit dem Kennzeichen D-1919, trug nur wenige Monate den Merknamen* ATLANTIK.**

lfd.Nr.		Datum	Flugzeug	Start	GMT NYZ	Landung	GMT NYZ	Flugzeit	Flugstrecke
360	Überfl.	18.10.	10 to *WAL* D-AFAR *SAMUM*	Schwabenl. Fer. Nor.	16:47	Bathurst	08:02	15:15 Std.	2650 km
	Süd		Besatzung: I. Führer Mayr – II. Führer Ristau – Maschinist Burger – Funker Stein						
361	Überfl.	18.10.	10 to *WAL* D-AGAT *BOREAS*	Westfalen Bathurst	16:05	Fern. de Noranha	07:00	14:55 Std.	2650 km
	Süd		Besatzung: I. Führer Viereck – II. Führer Dreyer – Maschinist Kirchhoff – Funker Ehlberg						
362	Überflug	25.10.	10 to *WAL* D-ADYS *TORNADO*	Schwabenland Fern. de Noranha	16:58	Bathurst	08:28	15:30 Std.	2650 km
	Süd		Besatzung: I. Führer Bielenstein – II. Führer Bayer – Maschinist Wittmann – Funker Ehlberg						
363	Überflug	01.11.	10 to *WAL* D-ADYS *TORNADO*	Schwabenland auf See	17:30	Natal	09:30	16:00 Std.	2895 km
	Süd		Besatzung: I. Führer Bielenstein – II. Führer Krieg – Maschinist Wittmann – Funker Ehlberg						
364	Überfl.	08.11.	10 to *WAL* D-AGAT *BOREAS*	Schwabenl. auf See	17:23	Bathurst	08:17	14:54 Std.	2580 km
	Süd		Besatzung: I. Führer Viereck – II. Führer Krieg – Maschinist Kirchhoff – Funker Ehlberg						
365	Überfl.	07.12.	10 to *WAL* D-ALOX *PASSAT*	Schwabenl. auf See	03:16	Natal	18:18	15:02 Std.	2830 km
	Süd		Besatzung: I. Führer Trauer – II. Führer Krieg – Maschinist Eger – Funker Mohr						
366	Überfl.	13.12.	10 to *WAL* D-AGAT *BOREAS*	Schwabenl. Fer. Nor.	15:29	Bathurst	07:05	15:36 Std.	2650 km
	Süd		Besatzung: I. Führer Viereck – II. Führer Krieg – Maschinist Kirchhoff – Funker Deicke						
367	Überfl.	13.12.	10 to *WAL* D-AFAR *SAMUM*	Westfalen Bathurst	05:23	Fern. de Noranha	19:38	14:15 Std.	2650 km
	Süd		Besatzung: I. Führer Mayr – II. Führer Pätz – Maschinist Burger – Funker Stein						
368	Überfl.	20.12.	10 to *WAL* D-ALOX *PASSAT*	Schwabenl. Fer. Nor.	16:19	a. S. v. Bathurst	09:05	16:46 Std.	2622 km
	Süd		Besatzung: I. Führer Trauer – II. Führer Pätz – Maschinist Eger – Funker Mohr						
369	Überfl.	21.12.	10 to *WAL* D-AGAT *BOREAS*	Westfalen Bathurst	18:52	Fern. de Noranha	08:54	14:02 Std.	2650 km
	Süd		Besatzung: I. Führer Blankenburg – II. Führer Krieg – Maschinist Kirchhoff – Funker Deicke						
370	Überfl.	27.12.	10 to *WAL* D-AFAR *SAMUM*	Schwabenl. Fer. Nor.	18:58	Bathurst	11:50	16:52 Std.	2650 km
	Süd		Besatzung: I. Führer Mayr – II. Führer Krieg – Maschinist Burger – Funker Stein						
371	Überfl.	27.12.	10 to *WAL* D-ALOX *PASSAT*	Westfalen auf See	16:57	Natal	08:00	15:03 Std.	2930 km
	Süd		Besatzung: I. Führer Trauer – II. Führer Pätz – Maschinist Eger – Funker Ehlberg						

krise zu sehen, die sich seit Herbst 1929 auch stark in Deutschland auswirkte. Das zusammenbrechende Frachtgeschäft nahm für den Norddeutschen Lloyd bedrohliche Formen an. Auch befriedigende Auslastungen der Schnelldampfer im Linienverkehr über den Atlantik konnten den beginnenden wirtschaftlichen Absturz nicht auffangen. Für die BREMEN hatte die Reederei die Katapultanlage K 2 und das zugehörige Postflugzeug He 12 (D-1717) von den Heinkel-Flugzeugwerken in Warnemünde als Bestandteile des Passagierdampfers gekauft. In der Deutschen Luftfahrzeugrolle vom August 1929 ist der Norddeutsche Lloyd für die He 12 mit der Heinkel-Werksnr. 334 als Eigentümer nachgewiesen. Als Betreiber zeichnete dagegen die Luft Hansa verantwortlich, die mit Heinkel wegen der technischen Anforderungen an Katapult und Flugzeug verhandelte. So sollten u. a. die unterschiedlichen Sitzpositionen der zweiköpfigen Besatzung hintereinander und nebeneinander praktisch erprobt werden.

Auch unter diesem Aspekt entwarf Ernst Heinkel das zweite Katapultflugzeug für die Schnelldampfer, nachdem er dazu den Auftrag erhielt, und der ließ auf sich warten. Erst im August 1930 flog die fertiggestellte He 58 mit der Heinkel-Werksnr. 365 und bekam eine Zulassung für den Luftverkehr. Zukünftig startete die He 58 (D-1919) mit dem Namen *ATLANTIK* als Postflugzeug von Bord der EUROPA. Im Gegensatz zur D-1717 von der BREMEN gehörte die Maschine nicht dem Norddeutschen Lloyd, sondern dem Reichsverkehrsministerium oder besser der Deutschen Versuchsanstalt für Luftfahrt e.V. in Berlin-Adlershof. Die He 58 von der EUROPA war ein »reichseigenes« Flugzeug, wie es damals hieß. In diesem Zusammenhang ergab sich eine weitere Änderung: Im offiziellen Sprachgebrauch hieß es ab 1931 nicht mehr Katapultflug, sondern verdeutscht »Schleuderflug«.

Von der EUROPA startete der erste Flug nach New York – wie bereits beschrieben – nicht während der Jungfernfahrt, sondern ein halbes Jahr später am 28. August 1930. Dieser erste Katapultstart und Flug über 120 Kilometer nach New York erfolgte ohne Postbeförderung als Probeflug, genauso wie auch der zweite am 4. September nach Amsterdam, mit immerhin 900 Kilometern Flugstrecke. Am Steuerknüppel beim Erstflug der He 58 saß wiederum Jobst von Studnitz und diesmal neben ihm Karl Kirchhoff als Funkermaschinist. Den Merknamen *ATLANTIK* führte die D-1919 nur einige Monate. Mit der Flugsaison 1931 bekam die He 58 den Namen *BREMEN* und startete vom Mai bis Oktober 1931 vom Schnelldampfer EUROPA aus. Nach dem Verlust der D-1717 *NEW YORK* stationierte die Luft Hansa die D-1919 für die Flugsaison 1932 auf dem Schnelldampfer BREMEN. Danach erfolgte die Ablösung der Heinkel He 58 im Schleuderflugdienst durch das neue Flugzeugmuster Junkers Ju 46.

Das Katapultieren der Postflugzeuge von den Schnelldampfern in Richtung New York, jeweils am frühen Morgen des Ankunftstages, brachte in den ersten Jahren des Schleuderfluges einen mehrstündigen Zeitgewinn bei den Postlaufzeiten. Vormittags aufgeliefert, erfolgte die Verteilung der Briefstücke und Karten zumindest bei der häufigen Zustellung in New York noch einige Stunden vor dem Einlaufen des Dampfers.

Überlegungen, bereits am Vorabend der Dampferankunft oder in der Nacht die Post in New York zu landen, hätten einen 24-Stunden-Vorteil besonders für die Post über New York hinaus gehabt. Auch die inneramerikanischen Anschlüsse an die Eisenbahn wären damit erreicht worden.

1936

lfd.Nr.		Datum	Flugzeug	Start	GMT NYZ	Landung	GMT NYZ	Flugzeit	Flugstrecke
372	Überfl.	03.01.	10 to *WAL* D-AFAR *SAMUM*	Westfalen Bathurst	05:57	Fern. de Noranha	19:37	13:40 Std.	2650 km
	Süd		Besatzung: I. Führer Mayr – II. Führer Janssen – Maschinist Burger – Funker Stein						
373	Überfl.	04.01.	10 to *WAL* D-AGAT *BOREAS*	Schwabenl. auf See	07:37	Bathurst	22:37	15:00 Std.	2434 km
	Süd		Besatzung: I. Führer Blankenburg – II. Führer Pätz – Maschinist Kirchhoff – Funker Deicke						
374	Überfl.	10.01.	10 to *WAL* D-ALOX *PASSAT*	Schwabenl. auf See	23:59	Bathurst	14:37	14:38 Std.	2519 km
	Süd		Besatzung: I. Führer Trauer – II. Führer Janssen – Maschinist Eger – Funker Ehlberg						
375	Über-flug	10.01.	10 to *WAL* D-ADYS *TORNADO*	Westfalen Bathurst	06:11	Natal	22:33	16:22 Std.	3040 km
	Süd		Besatzung: I. Führer Bielenstein – II. Führer Henke – Maschinist Wittmann – Funker Conrad						
376	Überfl.	17.01.	10 to *WAL* D-ALOX *PASSAT*	Schwabenl. auf See	16:56	Natal	07:22	14:26 Std.	2832 km
	Süd		Besatzung: I. Führer Trauer – II. Führer Janssen – Maschinist Eger – Funker Ehlberg						
377	Überfl.	18.01.	10 to *WAL* D-AFAR *SAMUM*	Westfalen auf See	01:10	Bathurst	16:21	15:11 Std.	2424 km
	Süd		Besatzung: I. Führer Mayr – II. Führer Henke – Maschinist Burger – Funker Stein						
378	Über-flug	24.01.	10 to *WAL* D-ADYS *TORNADO*	Westfalen Fern. de Noranha	14:30	Bathurst	07:47	17:17 Std.	2650 km
	Süd		Besatzung: I. Führer Bielenstein – II. Führer Janssen – Maschinist Wittmann – Funker Conrad						
379	Überfl.	24.01.	10 to *WAL* D-AFAR *SAMUM*	Schwabenland Bath.	07:02	Natal	22:17	15:15 Std.	3040 km
	Süd		Besatzung: I. Führer Mayr – II. Führer Henke – Maschinist Burger – Funker Stein						
380	Über-flug	31.01.	10 to *WAL* D-ADYS *TORNADO*	Schwabenland Bathurst	07:34	Natal	23:10	15:36 Std.	3040 km
	Süd		Besatzung: I. Führer Bielenstein – II. Führer Schwilden – Maschinist Wittmann – Funker Conrad						
381	Überfl.	01.02.	10 to *WAL* D-AFAR *SAMUM*	Westfalen auf See	00:32	Bathurst	15:25	14:53 Std.	2443 km
	Süd		Besatzung: I. Führer Mayr – II. Führer Henke – Maschinist Burger – Funker Stein						
382	Überfl.	07.02.	10 to *WAL* D-AGAT *BOREAS*	Schwabenland Bath.	04:51	Natal	21:07	16:16 Std.	3040 km
	Süd		Besatzung: I. Führer Viereck – II. Führer Scheffler – Maschinist Kirchhoff – Funker Griesch						
383	Überfl.	08.02.	10 to *WAL* D-ALOX *PASSAT*	Westfalen auf See	--:--	Bathurst	15:20	15:20 Std.	2456 km
	Süd		Besatzung: I. Führer Trauer – II. Führer Schwilden – Maschinist Eger – Funker Ehlberg						

Technische Daten der Katapultflugzeuge der Schnelldampfer Bremen und Europa				
Bordflugzeug der	Bremen Bremen	Europa Bremen	Europa Europa	Bremen
Hersteller	Heinkel	Heinkel	Junkers	Junkers
Baumuster	He 12	He 58	Ju 46 fi	Ju 46 hi
Fertigungsmenge (Stk.)	1	1	2	3
Baujahr, Erstflug	1929	1930	1932	1933
Werksnummer	334	365	2715	2744
Kennzeichen	D-1717	D-1919	D-2244	D-2419
	2720	2745		
	D-2271, 2773	D-UHYL, D-UBUS		
Bauform	Tiefdecker mit Schwimmern			
Bauart	halbfreitragend	halbfreitragend	freitragend	freitragend
Baustoffe	Gemischtbau	Gemischtbau	Ganzmetall	Ganzmetall
Verwendungszweck	Katapult-Postflugzeug			
Besatzung (Mann)	2	2	2	2
Sitzposition	hintereinander	nebeneinander	nebeneinander	nebeneinander
Motor	Pratt & Whitney Hornet A	Pratt & Whitney Hornet A	Pratt & Whitney Hornet T2D1	BMW 132 E
Motorleistung (PS)	450	450	600	478 (kW)
Luftschraube (Blatt)	3	2	3	2
Spannweite (m)	16,80	17,20	17,80	17,80
Länge (m)	11,56	11,73	11,10	11,10
Höhe (m)	4,55	4,685	3,90	3,90
Tragende Fläche (m^2)	48,46	49,40	44,0	44,0
Leergewicht (kg)	1580	1850	2070	2070
Zuladung (kg)	1020	1290	1130	1130
Fluggewicht (kg)	2600	3140	3200	3200
Flächenbelastung (kg/m^2)	53,5	64,5	72,80	72,80
Leistungsbelastung (kg/PS)	5,8	6,9	4,92	4,92
Höchstgeschwindigkeit (km/h)	216	204	230	230
Reisegeschwindigkeit (km/h)	180	175	202	202
Landegeschwindigkeit (km/h)	95	93	115	115
Steigzeit auf 1000 m (min.)	3,2	5,1	3,4	3,4
Dienstgipfelhöhe (m)	4000	3800	4250	4250
etwa Reichweite (km)	1600	1600	1700	1700

lfd.Nr.		Datum	Flugzeug	Start	GMT NYZ	Landung	GMT NYZ	Flugzeit	Flugstrecke
384	Über-flug Süd	14.02.	10 to *WAL* D-ADYS *TORNADO*	Westfalen Fern. de Noranha	18:18	Unfall auf See (15.02.)	03:52	09:34 Std.	1434 km
			Besatzung: I. Führer Bielenstein – II. Führer Scheffler (DLH Volontär) – Maschinist Wittmann – Funker Conrad Bei dem Nachtflug war eine wenig erfahrene Besatzung gestartet. Bielenstein hatte bis dahin zehn Südatlantikflüge hinter sich, und Scheffler befand sich auf seinem ersten Flug. Besatzung und Maschine blieben verschollen.						
385	Überfl. Süd	14.02.	10 to *WAL* D-ALOX *PASSAT*	Schwabenland Bath.	06:03	Natal	21:12	15:09 Std.	3040 km
			Besatzung: I. Führer Mayr – II. Führer David – Maschinist Eger – Funker Seifert						
386	Überfl. Süd	17.02.	10 to *WAL* D-AGAT *BOREAS*	Westfalen auf See	07:47	Bathurst	18:28	10:41 Std.	1572 km
			Besatzung: I. Führer Viereck – Maschinist Kirchhoff – Funker Griesch – 1 Fluggast						
387	Überfl. Süd	22.02.	10 to *WAL* D-ALOX *PASSAT*	Westfalen Fer. Nor.	19:51	Bathurst	12:20	16:29 Std.	2650 km
			Besatzung: I. Führer Mayr – II. Führer David – Maschinist Eger – Funker Seifert						
388	Überfl. Süd	22.02.	10 to *WAL* D-AGAT *BOREAS*	Schwabenland Bath.	03:08	Natal	19:00	15:52 Std.	3040 km
			Besatzung: I. Führer Viereck – Maschinist Kirchhoff – Funker Griesch – 1 Fluggast						
389	Überfl. Süd	28.02.	10 to *WAL* D-ALOX *PASSAT*	Schwabenland Bath.	04:33	Natal	20:33	16:00 Std.	3040 km
			Besatzung: I. Führer Blume – II. Führer Klein – Maschinist Eger – Funker Seifert						
390	Überfl. Süd	29.02.	10 to *WAL* D-AGAT *BOREAS*	Westfalen auf See	09:00	Bathurst	21:39	12:39 Std.	2328 km
			Besatzung: I. Führer Viereck – Maschinist Runge – Funker Griesch						
391	Überfl. Süd	06.03.	10 to *WAL* D-ALOX *PASSAT*	Westfalen Fer. Nor.	15:22	Bathurst	07:24	16:02 Std.	2650 km
			Besatzung: I. Führer Blume – II. Führer Klein – Maschinist Eger – Funker Seifert						
392	Überfl. Süd	06.03.	10 to *WAL* D-AGAT *BOREAS*	Schwabenland Bath.	04:03	Fern. de Noranha	17:08	13:05 Std.	2650 km
			Besatzung: I. Führer Viereck – II. Führer David – Maschinist Runge – Funker Griesch						
393	Überfl. Süd	13.03.	10 to *WAL* D-AGAT *BOREAS*	Westfalen Fer. Nor.	18:25	Bathurst	10:25	16:00 Std.	2650 km
			Besatzung: I. Führer Viereck – II. Führer David – Maschinist Runge – Funker Griesch						
394	Überfl. Süd	14.03.	10 to *WAL* D-AKER *TAIFUN*	Schwabenland Bath.	17:49	Fern. de Noranha	09:02	15:13 Std.	2650 km
			Besatzung: I. Führer Blume – II. Führer Klein – Maschinist Rebentrost – Funker Mohr						
395	Überfl. Süd	20.03.	10 to *WAL* D-AFAR *SAMUM*	Schwabenland Bath.	05:17	Fern. de Noranha	19:49	14:32 Std.	2650 km
			Besatzung: I. Führer Mayr – Maschinist Burger – Funker Stein – 1 Fluggast						
396	Überfl. Süd	21.03.	10 to *WAL* D-AKER *TAIFUN*	Westfalen auf See	07:52	Bathurst	21:33	13:41 Std.	2422 km
			Besatzung: I. Führer Blume – II. Führer Klein – Maschinist Rebentrost – Funker Mohr						

Kraftvolle Zuverlässigkeit: Die ersten Katapultflieger mussten sich darauf verlassen können, dass die neun Zylinder des Sternmotors Hornet A von Pratt & Whitney ihre 450 Pferdestärken ohne Stottern entfalteten.

lfd.Nr.		Datum	Flugzeug	Start	GMT NYZ	Landung	GMT NYZ	Flugzeit	Flugstrecke
397	Überfl.	27.03.	10 to *WAL* D-AFAR *SAMUM*	Westfalen Fer. Nor.	16:59	Bathurst	07:27	14:28 Std.	2650 km
	Süd		Besatzung: I. Führer Mayr – Maschinist Burger – Funker Stein						
398	Überfl.	27.03.	10 to *WAL* D-AKER *TAIFUN*	Schwabenland Bath.	04:05	Fern. de Noranha	18:36	14:31 Std.	2650 km
	Süd		Besatzung: I. Führer Blume – II. Führer Tonollo – Maschinist Rebentrost – Funker Mohr						
399	Überfl.	03.04.	10 to *WAL* D-AGAT *BOREAS*	Schwabenl. Fer. Nor.	16:36	Bathurst	08:13	15:37 Std.	2650 km
	Süd		Besatzung: I. Führer Viereck – II. Führer Tonollo – Maschinist Kirchhoff – Funker Griesch						
400	Überfl.	03.04.	10 to *WAL* D-AFAR *SAMUM*	Westfalen auf See	17:00	Natal	08:07	15:07 Std.	2820 km
	Süd		Besatzung: I. Führer Mayr – II. Führer David – Maschinist Burger – Funker Stein						
401	Überfl.	10.04.	10 to *WAL* D-ALOX *PASSAT*	Westfalen Bathurst	04:20	Natal	20:21	16:01 Std.	3040 km
	Süd		Besatzung: I. Führer Klein – II. Führer Tonollo – Maschinist Eger – Funker Seifert						
402	Überfl.	11.04.	10 to *WAL* D-AKER *TAIFUN*	Schwabenl. auf See	03:19	Bathurst	17:53	14:34 Std.	2434 km
	Süd		Besatzung: I. Führer Blume – II. Führer David – Maschinist Rebentrost – Funker Mohr						
403	Überfl.	17.04.	10 to *WAL* D-AFAR *SAMUM*	Schwabenl. Fer. Nor.	15:56	Bathurst	07:33	15:37 Std.	2650 km
	Süd		Besatzung: I. Führer Mayr – II. Führer Fonollo – Maschinist Burger – Funker Stein						
404	Überfl.	17.04.	10 to *WAL* D-AKER *TAIFUN*	Westfalen Bathurst	03:28	Natal	18:54	15:26 Std.	3040 km
	Süd		Besatzung: I. Führer Blankenburg – II. Führer David – Maschinist Rebentrost – Funker Kuttula						
405	Überfl.	24.04.	10 to *WAL* D-ALOX *PASSAT*	Schwabenl. Fer. Nor.	15:26	Bathurst	06:34	15:08 Std.	2650 km
	Süd		Besatzung: I. Führer Klein – II. Führer Blankenburg – Maschinist Eger – Funker Seifert						
406	Überfl.	24.04.	10 to *WAL* D-AFAR *SAMUM*	Westfalen Bathurst	04:28	Natal	20:33	16:05 Std.	3040 km
	Süd		Besatzung: I. Führer Mayr – II. Führer Viereck – Maschinist Burger – Funker Stein						
407	Überfl.	01.05.	10 to *WAL* D-AKER *TAIFUN*	Schwabenl. Fer. Nor.	16:42	Bathurst	08:31	15:49 Std.	2650 km
	Süd		Besatzung: I. Führer Viereck – Maschinist Rebentrost – Funker Kuttula – 1 Fluggast						
408	Überfl.	01.05.	10 to *WAL* D-ALOX *PASSAT*	Westfalen Bathurst	03:20	Natal	21:25	18:05 Std.	3040 km
	Süd		Besatzung: I. Führer Klein – II. Führer Tonollo – Maschinist Eger – Funker Seifert						
409	Überfl.	08.05.	10 to *WAL* D-AFAR *SAMUM*	Schwabenl. Fer. Nor.	15:52	Bathurst	06:46	14:54 Std.	2650 km
	Süd		Besatzung: I. Führer Mayr – II. Führer David – Maschinist Burger – Funker Stein						
410	Überfl.	08.05.	10 to *WAL* D-AGAT *BOREAS*	Westfalen Bathurst	16:55	Natal	09:35	16:40 Std.	3040 km
	Süd		Besatzung: I. Führer Viereck – Maschinist Kirchhoff – Funker Griesch						

Vom Atlantik zu »Tante Paula« nach Warnemünde

In der Schleuderflugsaison 1931 flog eine besonders erfahrene Besatzung die He 58 D-1919, jetzt mit dem Merknamen *BREMEN*. Luft Hansa-Flugkapitän Joachim Blankenburg (1898–1938) und Funkermaschinist Karl Kirchhoff bildeten das Gespann, das durch besonders lange Vorausflüge vom Schnelldampfer EUROPA versuchte, die Postlaufzeiten nach Southampton und nach New York weiter zu verkürzen. Über einen ihrer Rückwege Richtung Europa berichtete seinerzeit die Werftzeitung von Blohm & Voss mit einer netten Geschichte. »Vom Atlantik zu ›Tante Paula‹ (Warnemünde) in 12 Stunden« lautete die Überschrift, und der Chronist schrieb: *»Haben Sie schon einmal Ihr Frühstück auf dem Atlantischen Ozean eingenommen und am gleichen Abend in Warnemünde gegessen? Nein? Nun, ich auch nicht, aber ich kenne Leute, die sich solche Extravaganzen ab und zu leisten, und die Geschichte ist immerhin so interessant, daß ich sie Ihnen nicht vorenthalten möchte. Wer vorgestern abend bei ›Tante Paula‹ sein mehr oder minder gutes Abendbrot verzehrte, hat gehört mit welchem Hallo ›Jo‹ und ›Karlchen‹ empfangen wurden. Darf ich vorstellen: Joachim Blankenburg, Pilot des Heinkel-Postflugzeuges auf S.S. EUROPA und Karl Kirchhoff, Funker-Maschinist auf gleicher Maschine. Beide starten 6 Uhr früh mit dem Heinkel-Katapult 1400 Kilometer von der europäischen Küste entfernt vom Ozeanriesen EUROPA, erreichen nach 6 Stunden Southampton, geben Amerika-Post ab, tanken und fliegen weiter gen Osten. In Amsterdam und Bremerhaven wird nochmals der Postsack abgeworfen, und schon um 8 Uhr am Abend schwimmt die Maschine auf dem Breitling. 2400 Kilometer in zwölfeinhalb Flugstunden – Kleinigkeit, was? Das ist kein Rekord, sondern der wöchentliche Dienst des Flugzeuges: ›einmal Schiff – New York‹ und einmal ›Schiff – Europa‹, eine Leistung, die um so höher zu bewerten ist, weil sie mit einer normalen, im ständigen Dienst stehenden Maschine ausgeführt wird.*

Während ich dies schrieb, hatte die EUROPA auf hoher See noch zwei Tage zu dampfen, ehe sie Bremerhaven erreicht; ihre Post liegt aber schon seit drei Stunden beim Empfänger. Zwei Tage gewonnen! Ein Brief von New York ist nach viereinhalb Tagen in Berlin. Wer weiß noch, dass man einst – wenn man Glück hatte – New York von Europa in sechs Wochen erreichen konnte? ›Karlchen‹, der biedere Schwabe, löffelt jetzt seine Suppe – ihn geht das alles nichts an –, es ist ja so selbstverständlich! Während des Fluges morst er alle zehn Minuten: ›Hallo, hier Katapultflugzeug D 1919 – wer dort? – An Bord alles wohl.‹ Und die Küstenstationen warten auf das wohlbekannte Signal. Vierzig Ozeanflüge haben die beiden hinter sich, d. h. vierzigmal zwölf Stunden nichts sehen als Wasser und Wolken. ›Jo‹ am Steuer und ›Karlchen‹ am Gerät, morgens über dem Atlantik und abends Badegast in Warnemünde!«

Schwieriger war der Vorausflug in Ost-West-Richtung gegen die allgemeine Windrichtung auf

lfd.Nr.		Datum	Flugzeug	Start	GMT NYZ	Landung	GMT NYZ	Flugzeit	Flugstrecke
411	Überfl.	15.05.	10 to *WAL* D-ALOX *PASSAT*	Schwabenl. Fer. Nor.	13:42	Bathurst	05:40	15:58 Std.	2650 km
	Süd		Besatzung: I. Führer Klein – II. Führer Tonollo – Maschinist Eger – Funker Seifert						
412	Überfl.	15.05.	10 to *WAL* D-AFAR *SAMUM*	Westfalen Bathurst	05:02	Natal	21:12	16:10 Std.	3040 km
	Süd		Besatzung: I. Führer Henke – II. Führer David – Maschinist Rösel – Funker Deicke						
413	Überfl.	22.05.	10 to *WAL* D-AGAT *BOREAS*	Schwabenl. Fer. Nor.	15:06	Bathurst	07:08	16:02 Std.	2650 km
	Süd		Besatzung: I. Führer Viereck – II. Führer David – Maschinist Kirchhoff – Funker Griesch						
414	Überfl.	22.05.	10 to *WAL* D-ALOX *PASSAT*	Westfalen Bathurst	05:45	Natal	21:24	15:39 Std.	3040 km
	Süd		Besatzung: I. Führer Klein – II. Führer Tonollo – Maschinist Eger – Funker Seifert						
415	Überfl.	29.05.	10 to *WAL* D-AFAR *SAMUM*	Schwabenl. Fer. Nor.	14:50	Bathurst	06:15	15:25 Std.	2650 km
	Süd		Besatzung: I. Führer Henke – II. Führer Tonollo – Maschinist Rösel – Funker Deicke						
416	Überfl.	29.05.	10 to *WAL* D-AGAT *BOREAS*	Westfalen Bathurst	09:00	Natal	01:45	16:45 Std.	3040 km
	Süd		Besatzung: I. Führer Viereck – II. Führer David – Maschinist Kirchhoff – Funker Griesch						
417	Überfl.	05.06.	10 to *WAL* D-AGAT *BOREAS*	Schwabenl. Fer. Nor.	15:47	Bathurst	06:45	14:58 Std.	2650 km
	Süd		Besatzung: I. Führer Viereck – II. Führer David – Maschinist Kirchhoff – Funker Griesch						
418	Überfl.	05.06.	10 to *WAL* D-AFAR *SAMUM*	Westfalen Bathurst	03:27	Fern. de Noranha	18:51	15:24 Std.	2650 km
	Süd		Besatzung: I. Führer Henke – II. Führer Wilhelm – Maschinist Rösel – Funker Deicke						
419	Überfl.	12.06.	10 to *WAL* D-ALOX *PASSAT*	Schwabenl. Fer. Nor.	14:32	Bathurst	05:23	14:51 Std.	2650 km
	Süd		Besatzung: I. Führer Henke – II. Führer Wilhelm – Maschinist Eger – Funker Seifert						
420	Überfl.	12.06.	10 to *WAL* D-AGAT *BOREAS*	Westfalen Bathurst	06:45	Natal	23:50	17:05 Std.	3040 km
	Süd		Besatzung: I. Führer Viereck – II. Führer David – Maschinist Kirchhoff – Funker Griesch						
421	Überfl.	19.06.	10 to *WAL* D-AKER *TAIFUN*	Schwabenland Bath.	03:51	Natal	20:44	16:53 Std.	3040 km
	Süd		Besatzung: I. Führer Henke – II. Führer Wilhelm – Maschinist Rebentrost – Funker Ruhnke						
422	Überfl.	20.06.	10 to *WAL* D-AFAR *SAMUM*	Westfalen Fer. Nor.	15:35	Bathurst	06:32	14:57 Std.	2650 km
	Süd		Besatzung: I. Führer Klein – II. Führer David – Maschinist Rösel – Funker Deicke						
423	Überfl.	26.06.	10 to *WAL* D-AGAT *BOREAS*	Westfalen Fer. Nor.	17:11	Bathurst	07:35	14:24 Std.	2650 km
	Süd		Besatzung: I. Führer Viereck – II. Führer Wilhelm – Maschinist Kirchhoff – Funker Griesch						
424	Überfl.	03.07.	10 to *WAL* D-AGAT *BOREAS*	Ostmark Bathurst	16:02	Fern. de Noranha	07:15	15:13 Std.	2650 km
	Süd		Besatzung: I. Führer Wilhelm – II. Führer Graf Schack – Maschinist Peuckert – Funker Deicke						

dem Nordatlantik. Ihren Langstreckenflügen setzten Blankenburg und Kirchhoff am 8. September 1931 die Krone auf. In Absprache mit der Schiffsleitung der EUROPA katapultierten die beiden um 10.30 Uhr (NYZ) auf dem Atlantik, flogen zunächst zum Auftanken nach Sydney an der Nordspitze Neuschottlands und von da aus nach einer Ruhepause weiter nach New York. Dort kamen sie nach 2487 Kilometern Flugstrecke in ihrem offenen Tiefdecker am 9. September um 8.45 Uhr an. 31 Stunden und 55 Minuten waren sie unterwegs und verschafften ihrer mitgebrachten Katapultpost einen Vorsprung von über 24 Stunden zur normalen Schiffspost.

Tragisches Geschehen über der Cobequid Bay

Dem wollte die Besatzung der He 12, mit »Erster Flugzeugführer« Fritz Simon (1904–1931) und Funkermaschinist Rudolf Wagenknecht (1898–1931), mit ihrer D-1717 *NEW YORK* vom Schnelldampfer BREMEN nacheifern. Am 5. Oktober 1931, einem Montag, schleuderte das Katapult der BREMEN das Heinkel-Wasserflugzeug mit 3000 Briefen und Postkarten in fünf Postsäcken an Bord um 9.36 Uhr New Yorker Zeit in den oktobergrauen Himmel. Wiederum sollte es ein Flug um die 2500 Kilometer nach New York werden, der jedoch tragisch endete. Beim Start der D-1717 etwa 1170 Kilometer vor Cape Race, der Südostspitze Neufundlands, lief der Schnelldampfer auf der Nordroute über den Atlantik, und sein Postflugzeug katapultierte außer der Reihe. Offiziell war die Schleuderflugsaison der Reichspost schon beendet, und die beiden Flüge von der BREMEN im Oktober 1931 waren nachträglich eingeschoben. Fritz Simon drehte eine Runde um das Schiff, und die beiden Flieger grüßten winkend zu den Passagieren hinüber. Sie flogen in Fahrtrichtung des Schnelldampfers davon.

Nach 9 Stunden und 39 Minuten und einem Flug über 1200 Kilometer unter wolkenverhangenem Himmel und durch Nebelbänke kam Nova Scotia mit der Region von Cape Breton in Sicht. Die felsige und buchtenreiche Küstenlinie berei-

lfd.Nr.		Datum	Flugzeug	Start	GMT NYZ	Landung	GMT NYZ	Flugzeit	Flugstrecke
425	Überfl.	10.07.	10 to *WAL* D-AKER *TAIFUN*	Westfalen Fer. Nor.	14:45	Bathurst	05:42	14:57 Std.	2650 km
	Süd		Besatzung: I. Führer Henke – II. Führer Graf Schack – Maschinist Rebentrost – Funker Ruhnke						
426	Überfl.	17.07.	10 to *WAL* D-AKER *TAIFUN*	Ostmark Bathurst	08:38	Fern. de Noranha	23:54	15:16 Std.	2650 km
	Süd		Besatzung: I. Führer Graf Schack – II. Führer Untucht – Maschinist Rebentrost – Funker Ruhnke						
427	Überfl.	24.07.	10 to *WAL* D-AGAT *BOREAS*	Westfalen Fer. Nor.	14:56	Bathurst	04:56	14:00 Std.	2650 km
	Süd		Besatzung: I. Führer Wilhelm – II. Führer Untucht – Maschinist Peuckert – Funker Deicke						
428	Überfl.	26.07.	10 to *WAL* D-AGAT *BOREAS*	Ostmark Bathurst	04:05	Fern. de Noranha	20:40	16:35 Std.	2650 km
	Süd		Besatzung: I. Führer Wilhelm – II. Führer Untucht – Maschinist Peuckert – Funker Deicke						
429	Überfl.	31.07.	10 to *WAL* D-AKER *TAIFUN*	Westfalen Fer. Nor.	16:19	Bathurst	05:53	13:34 Std.	2650 km
	Süd		Besatzung: I. Führer Graf Schack – II. Führer Wilhelm – Maschinist Rebentrost – Funker Ruhnke – 1 Fluggast						
430	Überfl.	07.08.	10 to *WAL* D-AKER *TAIFUN*	Ostmark Bathurst	15:57	Fern. de Noranha	07:39	15:42 Std.	2650 km
	Süd		Besatzung: I. Führer Wilhelm – II. Führer Gerbig – Maschinist Rebentrost – Funker Ruhnke						
431	Überfl.	14.08.	10 to *WAL* D-AGAT *BOREAS*	Westfalen Fer. Nor.	17:00	Bathurst	06:39	13:39 Std.	2650 km
	Süd		Besatzung: I. Führer Wilhelm – II. Führer Gerbig – Maschinist Rebentrost – Funker Ruhnke						
432	Überfl.	21.08.	10 to *WAL* D-AFAR *SAMUM*	Ostmark Bathurst	08:18	Fern. de Noranha	23:48	15:30 Std.	2650 km
	Süd		Besatzung: I. Führer Wilhelm – II. Führer v. Gablenz – Maschinist Rösel – Funker Ruhnke						
433	Überfl.	28.08.	10 to *WAL* D-AKER *TAIFUN*	Westfalen Fer. Nor.	20:03	Bathurst	10:13	14:10 Std.	2650 km
	Süd		Besatzung: I. Führer Wilhelm – II. Führer v. Gablenz – Maschinist Peuckert – Funker Ruhnke						
		31.08.	Mit zwei Flugbooten Do 18 an Bord trifft das Motorschiff »Flugstützpunkt« Schwabenland in Lissabon ein. *AEOLUS* wird abgesetzt, und mit *ZEPHIR* läuft das Motorschiff am 3. September nach Ponta Delgada auf den Azoren aus.						
434	Überfl.	04.09.	10 to *WAL* D-AKER *TAIFUN*	Ostmark Bathurst	08:27	Fern. de Noran.	23:32	15:05 Std.	2650 km
	Süd		Besatzung: I. Führer Wilhelm – II. Führer Gerbig – Maschinist Peuckert – Funker Ruhnke						
		05.09.	Do 18 D-ABYM *AEOLUS* (Do 18 E V-3 Dornier Werksnr. 661)	Lissabon	--:--	Ponta Delgada	--:--	06:57 Std.	1445 km
			Besatzung: I. Führer v. Engel – II. Führer Mayr – Maschinist Gruschwitz – Funker Stein						
		06.09.	Schwabenland trifft mit *ZEPHIR* an Bord in Ponta Delgada ein.						
		06.09.	Do 18 D-ARUN *ZEPHIR* (Dornier Do 18 E V-5)	Schwabenland Reede von Ponta Delgada	00:10	Probeflug	--:--	01:09 Std.	
			Besatzung: I. Führer Blankenburg – II. Führer Graf Schack – Maschinist Eger – Funker Ehlberg						

tete der Besatzung der He 12 in der Dunkelheit Probleme bei der Orientierung. Simon wasserte um 20.15 Uhr Ortszeit vor Glace Bay, und Beobachter vermuteten einen Notfall, da die Besatzung ihre Signalpistole benutzte. Nach einem kurzen Wortwechsel mit der Besatzung eines herbeigeeilten Fischerbootes startete die He 12 wieder, um die letzten 25 Kilometer zum Landeplatz Sydney Harbour zurückzulegen. Dort landeten die beiden eine Viertelstunde später. Schon während des Auftankens und auch noch, als Simon eine Kleinigkeit essen ging, reparierte Wagenknecht am Motor herum, der wohl Öl verlor, was in größerer Menge nachgefüllt werden musste.

Nach der Mahlzeit und ein paar Stunden Ruhepause startete Fritz Simon die D-1717 zum Weiterflug um 00.15 Uhr (Ortszeit) bei sternklarer Nacht. Laut späterem Polizeiprotokoll erfolgte mit der Startmeldung der letzte Funkspruch an die BREMEN. Nach einem Bericht von Heinz Cordes, Decksoffizier der BREMEN, soll es dagegen einen letzten Funkspruch vor dem Absturz von Wagenknecht gegeben haben, in dem er einen Ölrohrbruch meldete und dass sie notwassern müssten. Dieser Morsespruch kam nach gut zwei Stunden Flugzeit von einer Position etwa 290 km südwestlich von Sydney und 80 km nordwestlich von Halifax.

Fritz Otto Simon

Sein Vater, Inhaber des Hotels »Kaiserhof« in Wittenberg, das ab 1931 Wittenberger Hof hieß, wünschte sich seinen Sohn in einem kaufmännischen Beruf, und so besuchte der am 21. Juli 1904 geborene Fritz Simon die Handelsrealschule in Dessau. Noch während seiner Jugendjahre, in denen er mit seiner Schwester Frieda groß wurde, zog die Familie von Wittenberg nach Dessau um. Nach seinem Schulabschluss trat Fritz Simon 1923 als Volontär bei den Junkerswerken in Dessau ein und landete beim Junkers-Luftverkehr. Mit dem Zusammenschluss des Deutschen Aero-Lloyd und der Junkers-Luftverkehr AG zur Deutschen Luft Hansa AG (DLH) am 6. Januar 1926 wurde Simon von dem neuen Luftverkehrsunternehmen übernommen und begann seine Fliegerausbildung bei der Deutschen Verkehrsflieger Schule in Berlin-Staaken.

Im Laufe der nächsten Jahre erwarb er seine Flugzeugführerscheine und war 1930 im Besitz der Zulassung Nr. 139 für die Klassen C1 Land und C1 See. Als 1. Flugzeugführer im Katapultdienst sollte er zu einem der neuen Flugkapitäne für den geplanten Atlantikdienst der Luft Hansa ausgebildet werden. Er gehörte zur Bezirksleitung See der DLH, die ihn Mitte 1930 zum Schleuderflugdienst auf die BREMEN einteilte. Seinen ersten Katapultstart und -flug mit der D-1717 *NEW*

***Fritz Simon: 1. Flugzeugführer der Deutschen Luft Hansa AG und letzter Pilot der D-1717* NEW YORK.**

lfd.Nr.		Datum	Flugzeug	Start	GMT NYZ	Landung	GMT NYZ	Flugzeit	Flugstrecke
		09.09.	Do 18 D-ABYM *AEOLUS*	Schwabenland Reede von Horta	--:--	Horta	--:--	10:05 Std.	
			Besatzung: I. Führer v. Engel – II. Führer v. Buddenbrock – Maschinist Gruschwitz – Funker Stein Flug Richtung Bermudas. Abbruch nach 6 Stunden wegen Kühlwasserverlust und starkem böigen Gegenwind. Rückflug der gleichen Strecke in 4 Stunden mit Schiebewind.						
435	Überfl. Nord	10.09.	Do 18 D-ARUN *ZEPHIR*	Schwabenland Reede von Horta	01:10	New York	23:22	22:18 Std.	4450 km
			Besatzung: I. Führer Blankenburg – II. Führer DLH-Direktor v. Gablenz – Maschinist Eger – Funker Ehlberg Sehr schlechtes Wetter mit böigem Gegenwind von 45 bis 55 km/h. Nördlicher Kurs und 18 Stunden Blindflug.						
436	Über-flug Nord	11.09.	Do 18 D-ABYM *AEOLUS*	Schwabenland Reede von Horta	03:16	Hamilton, Bermudas	21:31	18:15 Std.	3320 km
		12.09.		Hamilton, Bermudas	14:44	New York	21:42	06:58 Std	1250 km
			Besatzung: I. Führer v. Engel – II. Führer v. Buddenbrock – Maschinist Gruschwitz – Funker Stein Landung in Hamilton bei 34 Grad Hitze. Nach Wasserstart Weiterflug in etwa 10 Metern Höhe Richtung New York.						
437	Überfl. Süd	11.09.	10 to *WAL* D-AFAR *SAMUM*	Westfalen Fer. Nor.	16:36	Bathurst	06:27	13:51 Std.	2650 km
			Besatzung: I. Führer Wilhelm – II. Führer Gerbig – Maschinist Rösel – Funker Ruhnke						
438	Überfl. Süd	18.09.	10 to *WAL* D-AFAR *SAMUM*	Ostmark Bathurst	11:10	Fern. de Noranha	02:04	14:54 Std.	2650 km
			Besatzung: I. Führer Wilhelm – II. Führer Gerbig – Maschinist Rösel – Funker Ruhnke						
439	Über-flug Nord	22.09.	Do 18 D-ABYM *AEOLUS*	Schwabenland New York	--:--	Horta, Azoren (23.09)	--:--	17:50 Std.	3850 km
			Besatzung: I. Führer v. Engel – II. Führer Mayr – Maschinist Gruschwitz – Funker Stein Nächtliche Begegnung mit dem NDL-Dampfer Columbus, dessen Scheinwerfer ist sehr weit über das Meer zu sehen.						
440	Überfl. Süd	25.09.	10 to *WAL* D-AKER *TAIFUN*	Westfalen Fer. Nor.	16:47	Bathurst	07:27	14:40 Std.	2650 km
			Besatzung: I. Führer Wilhelm – II. Führer Gerbig – Maschinist Peuckert – Funker Ruhnke						
441	Über-flug Nord	25.09.	Do 18 D-ARUN *ZEPHIR*	New York	--:--	Hamilton, Bermudas	--:--	06:22 Std.	1245 km
		28.09.		Schwabenland Hamilton, Bermudas	--:--	Horta, Azoren 29.09	--:--	14:30 Std.	3350 km
			Besatzung: I. Führer Blankenburg – II. Führer Graf Schack – Maschinist Eger – Funker Ehlberg						
442	Über-flug Süd	02.10.	10 to WAL D-AKYM *MISTRAL*	Ostmark Bathurst	04:22	Fern. de Noranha	19:21	14:59 Std.	2650 km
			Besatzung: I. Führer Wilhelm – II. Führer Brix – Maschinist Burger – Funker Ruhnke						

***Frühes Foto des heutigen Traditionsflugzeuges der Lufthansa. Am 10. April 1936 in den Liniendienst genommen, erhielt die Junkers Ju 52 mit Schwimmern (Werksnummer 5489) das Kennzeichen D-AQUI und den Merknamen* FRITZ SIMON.**

YORK Richtung New York absolvierte er zusammen mit Funkermaschinist von Hagen am 14. Juli 1930. Es folgten in der Flugsaison 1930 noch neun weitere Flüge mit dem Heinkel-Katapultflugzeug He 12.

In der Saison 1931 war von Anfang an Rudolf Wagenknecht sein Funkermaschinist an Bord der He 12. Zusammen absolvierten sie zwölf vorgesehene Flüge der Saison. Ihr letzter außerplanmäßiger und besonders ehrgeiziger Flug im Jahre 1931 wurde ihnen zum Verhängnis. Am 6. Oktober in der Nacht gegen 2 Uhr stürzten sie aus nie ganz geklärter Ursache über der Cobequid Bay in Nova Scotia ab und kamen ums Leben. Simons Leiche konnte am 9. Oktober bei Parrsborough geborgen werden. Er wurde nach Deutschland überführt und am 29. Oktober 1931 neben seinem Vater in Wittenberg bestattet, wo noch heute sein beeindruckendes Grabmal die Blicke der Besucher auf sich zieht.

Weiterhin erinnerte eine Junkers Ju 52/3m der Lufthansa mit dem Kennzeichen D-AQUI an Fritz Simon. Am 10. April 1936 stellte die Lufthansa die Junkers-Werksnummer 5489 in ihren Liniendienst und gab ihr den Merknamen *FRITZ SIMON*. Nach einer abenteuerlichen, gut 70-jährigen Geschichte ist die D-AQUI heute die immer noch fliegende Traditionsmaschine der Lufthansa. Allerdings heißt sie nicht wieder *FRITZ SIMON*, sondern *BERLIN TEMPELHOF*.

lfd.Nr.		Datum	Flugzeug	Start	GMT NYZ	Landung	GMT NYZ	Flugzeit	Flugstrecke
443	Über- flug Nord	05.10.	Do 18 D-ABYM *AEOLUS*	Schwabenland Horta, Azoren	--:--	New York (06.10.)	--:--	19:25 Std.	3850 km
			Besatzung: I. Führer Mayr – II. Führer v. Engel – Maschinist Gruschwitz – Funker Stein Während des Fluges Funkverbindung mit dem Cunard-Liner Queen Mary.						
444	Über- flug Nord	06.10.	Do 18 D-ARUN *ZEPHIR*	Schwabenland Horta, Azoren	--:--	New York 07.10.	--:--	18:46 Std.	3850 km
			Besatzung: I. Führer Graf Schack – II. Führer Blankenburg – Maschinist Eger – Funker Ehlberg Als Nachtflug durchgeführt, um Blindflugerfahrungen zu sammeln.						
445	Überfl. Süd	09.10.	10 to *WAL* D-AFAR *SAMUM*	Westfalen Fer. Nor.	16:53	Bathurst	07:50	14:57 Std.	2650 km
			Besatzung: I. Führer Wilhelm – II. Führer Brix – Maschinist Rösel – Funker Ruhnke						
446	Über- flug Nord	13.10.	Do 18 D-ABYM *AEOLUS*	New York	--:--	Boston	--:--	01:37 Std.	400 km
		14.10.		Boston	--:--	Sydney, Nova Scotia	--:--	04:31 Std.	972 km
		17.10.		Schwabenland Sydney, Nova Scotia	--:--	Horta	--:--	13:32 Std.	2710 km
								15:19 Std.	3050 km
			Als 5. Besatzungsmitglied ist der Atlantikflugbetriebsleiter der Lufthansa, Freiherr v. Buddenbrock, ab Sydney mit an Bord. Flug bei Sturm mit von Rücken- auf Gegenwind drehenden Windstärken von 6 bis 7.						
		18.10.		Horta	--:--	Ponta Delgada	--:--	01:47 Std.	305 km
		19.10.		Ponta Delgada	--:--	Lissabon	--:--	07:23 Std.	1450 km
			Besatzung: I. Führer Mayr – II. Führer v. Engel – Maschinist Gruschwitz – Funker Stein						
447	Überfl. Süd	16.10.	10 to *WAL* D-AFAR *SAMUM*	Ostmark Bathurst	03:02	Fern. de Noranha	18:58	15:56 Std.	2650 km
			Besatzung: I. Führer Wilhelm – II. Führer Brix – Maschinist Rösel – Funker Ruhnke						
448	Über- flug Nord	14.10.	Do 18 D-ARUN *ZEPHIR*	New York	--:--	Sydney, Nova Scotia	--:--	06:08 Std.	1370 km
		18.10.		Schwabenland Sydney, Nova Scotia	--:--	Ponta Delgada	--:--	16:20 Std.	3015 km
				Flug mit starkem Gegenwind und schweren Stürmen.					
		20.10.		Ponta Delgada	--:--	Lissabon	--:--	07:30 Std.	1450 km
			Besatzung: I. Führer Blankenburg – II. Führer Graf Schack – Maschinist Eger – Funker Ehlberg						

Rudolf Wagenknecht

Nach seiner schulischen Ausbildung ging der am 31. Oktober 1898 in Trachenau, Kreis Borna, geborene Rudolf Wagenknecht 1917 zur Kaiserlichen Marine, um dort zum Funker ausgebildet zu werden. Nach dem Ersten Weltkrieg blieb er bei der Reichsmarine und wechselte am 20. September 1926 zur neuen Luft Hansa AG. Dort kam er bis 1930 als Flugzeugfunker auf den Fernstrecken des Luftverkehrsunternehmens und im Seeflugdienst nach Stockholm zum Einsatz. Weiterhin sammelte er zwischenzeitlich Erfahrungen im spanischen Luftverkehr zwischen Barcelona und Madrid.

Nach einem Maschinistenkursus im Jahre 1930 teilte ihn die Luft Hansa für den Katapultflugdienst auf dem Lloydschnelldampfer BREMEN ein. Seinen ersten Start und Flug von der BREMEN Richtung New York, mit Flugzeugführer Fritz Simon am Steuerknüppel der D-1717, absolvierte er am 10. Mai 1931.

Bis zu seinem letzten Flug am 6. Oktober 1931 war er bei 14 Katapultflügen nach New York bzw. Southampton dabei. In der Nacht vom 5. auf den 6. Oktober stürzte die Heinkel He 12 vermutlich wegen eines Ölrohrbruchs über der Cobequid Bay, Nova Scotia ab. Wagenknecht und Simon kamen dabei ums Leben. Bei einem Tidenhub von mehr als zehn Metern an der Unfallstelle trieb Wagenknechts Leiche ab und wurde nie gefunden.

Funkermaschinist Rudolf Wagenknecht (1898–1931) flog nach seinem 14. Katapultstart am 6. Oktober 1931 in den Tod.

Turmwärter William Faulkner vom Leuchtturm Burncoat an der Cobequid Bay beobachtete die He 12, die sein Leuchtfeuer ansteuerte, überflog und gleich darauf mit einer Explosion beim Aufschlag in das Watt stürzte. Dann hörte Faulkner Schreie und Hilferufe in der Dunkelheit. Er versuchte, ein Boot flottzumachen, was ihm bei der herrschenden Ebbe nicht gelang. Zum Verständnis des folgenden Geschehens ist ein Hinweis notwendig: Der Weltrekord des mittleren Höhenunterschiedes zwischen Hoch- und Niedrigwasser liegt in der Bay of Fundy in Kanada. Der Unterschied zwischen Niedrig- und Hochwasser beträgt dort 14 bis 21 Meter. Das Minas Basin und die Cobequid Bay sind Ausläufer der Bay of Fundy, und in der Cobequid Bay wirken noch über zehn Meter Tide.

William Faulkner machte sich so schnell es ging auf den Weg nach Noel in Hants County. Telefon hatte sein Leuchtturm, den es heute nicht mehr gibt, noch nicht. Auch in Minasville, in der Nähe von Burncoat, weckte der Motorenlärm einige Bewohner, die dann kurze Zeit die Hilferufe hörten. Faulkner ließ in Noel ein Boot bemannen und fuhr bei auflaufendem Wasser zur Unfallstelle, die die Suchmannschaft um 8 Uhr morgens erreichte. Doch bei Hochwasser blieb die Suche nach der D-1717 und ihrer Besatzung erfolglos.

Telefonistin Hennigar aus Noel alarmierte inzwischen die entsprechenden Stellen in Sydney. Dort startete gegen 9 Uhr Marinefliegerleutnant Luis Leight mit der G-CHAHE, einem Fokker-Wasserflugzeug der »Maritime and Newfoundland

lfd.Nr.		Datum	Flugzeug	Start	GMT NYZ	Landung	GMT NYZ	Flugzeit	Flugstrecke
449	Überflug Süd	23.10.	10 to *WAL* D-AKYM *MISTRAL*	Westfalen Fern. de Noranha	15:31	Bathurst	07:51	16:20 Std.	2650 km
			Besatzung: I. Führer Wilhelm – II. Führer Brix – Maschinist Burger – Funker Ruhnke						
		24.10.	Do 18 D-ABYM *AEOLUS*	Lissabon	--:--	Travemünde	18:40	12:30 Std.	
			Besatzung: I. Führer v. Engel – II. Führer Mayr – Maschinist Gruschwitz – Funker Stein – 5. Mann v. Buddenbrock						
		24.10.	Do 18 D-ARUN *ZEPHIR*	Lissabon	--:--	Amsterdam	--:--	--:-- Std.	
		25.10.		Amsterdam	--:--	Travemünde	16:20	--:-- Std.	
			Besatzung: I. Führer Blankenburg – II. Führer Graf Schack – Maschinist Eger – Funker Ehlberg						
		26.10.	Empfang der Do 18-Nordatlantikbesatzungen in Berlin. Aus Travemünde kommend, landete das Sonderflugzeug nach 1:30 Stunden Flugzeit um 15:30 Uhr in Tempelhof. Nach ehrenden Reden überreichte Staatskommissar Lippert jedem Besatzungsmitglied die »Große Plakette der Stadt Berlin«. Danach folgte die Eintragung der zehn Luftfahrtpioniere in das Goldene Buch der Reichshauptstadt.						
450	Überflug Süd	04.12.	10 to *WAL* D-AKYM *MISTRAL*	Ostmark Bathurst	05:19	Natal	21:24	16:05 Std.	3040 km
			Besatzung: I. Führer Brix – II. Führer Schirmacher – Maschinist Burger – Funker Lipke						
451	Überfl. Süd	11.12.	10 to *WAL* D-AKER *TAIFUN*	Schwabenl. Fer. Nor.	16:18	Bathurst	08:24	16:06 Std.	2650 km
			Besatzung: I. Führer Brix – II. Führer Schirmacher – Maschinist Runge – Funker Lipke						
452	Überfl. Süd	11.12.	10 to *WAL* D-ALOX *PASSAT*	Ostmark Bathurst	17:21	Natal	09:36	16:15 Std.	3040 km
			Besatzung: I. Führer Mayr – II. Führer Möhring – Maschinist Eger – Funker Brachwitz						
453	Überflug Süd	18.12.	10 to *WAL* D-AKYM *MISTRAL*	Schwabenland Fern. de Noranha	15:47	Bathurst	08:36	16:49 Std.	2650 km
			Besatzung: I. Führer Mayr – II. Führer Möhring – Maschinist Burger – Funker Brachwitz						
454	Überfl. Süd	18.12.	10 to *WAL* D-AKER *TAIFUN*	Ostmark Bathurst	06:46	Natal	22:40	15:54 Std.	3040 km
			Besatzung: I. Führer Brix – II. Führer Schirmacher – Maschinist Butz – Funker Lipke						
455	Überfl. Süd	25.12.	10 to *WAL* D-ALOX *PASSAT*	Schwabenl. Fer. Nor.	16:52	auf See Notlandung	07:30	14:38 Std.	2280 km
			Besatzung: I. Führer Brix – II. Führer Schirmacher – Maschinist Eger – Funker Lipke						
456	Überflug Süd	25.12.	10 to *WAL* D-AKYM *MISTRAL*	Ostmark Bathurst	19:55	Fern. de Noranha	10:16	14:21 Std.	2650 km
			Besatzung: I. Führer Mayr – II. Führer Diele – Maschinist Burger – Funker Brachwitz						

Airways«, um sich an der Suche zu beteiligen. Als Beobachter nahm er T. Robert McCoulan und Herbert Harris mit. Sie sichteten das Wrack der D-1717 im Watt um die Mittagszeit bei jetzt ablaufendem Wasser. Die Maschine steckte senkrecht im Schlick, in den sich der Motor hineingebohrt hatte, mit zerstörtem Heck und einer abgerissenen Tragfläche, die später bei Noel angeschwemmt wurde.

Über die Beobachtungen von Leutnant Leight berichtete die Zeitung »Leipziger Neueste Nachrichten« am 8. Oktober: »*... neben dem Flugzeug sah er einen Postsack auf dem Meer schwimmen; er glaubt auch die Leiche eines der beiden Flieger auf dem Meer treibend gesehen zu haben. Der deutsche Lloyd hat einen Schleppdampfer zur Unglücksstelle gesandt ...*«

Die Besatzung des beauftragten Schleppers ALMAC konnte an der Unfallstelle lediglich die Reste der zwei Schwimmer der total zerstörten D-1717 bergen und brachte sie in den Hafen von Parrsboro. Neben der Suche und Bergung der Besatzung und des Flugzeugwracks sollten die Männer des Schleppers vor allem die fünf Postsäcke, wenn möglich, retten, von denen Leutnant Leight einen hatte im Wasser schwimmen sehen. Dem Suchteam um Leight war bei späterem Befragen nicht bekannt, dass Post gerettet wurde. Es blieb die Information im Raum, dass nach interner Mit-

Das inzwischen abgebrochene Leuchtfeuer Burncoat bei Minasvill in den 1950er-Jahren. Von hier aus beobachtete Leuchtturmwärter Faulkner den Absturz der He 12 am 6. Oktober 1931.

1937

lfd.Nr.		Datum	Flugzeug	Start	GMT NYZ	Landung	GMT NYZ	Flugzeit	Flugstrecke
457	Überfl. Süd	01.01	10 to *WAL* D-AGAT *BOREAS*	Ostmark Bathurst	15:03	Natal	06:45	15:42 Std.	3040 km
			Besatzung: I. Führer Brix – II. Führer Schirmacher – Maschinist Dierberg – Funker Deicke						
458	Überfl. Süd	02.01.	10 to *WAL* D-AKER *TAIFUN*	Schwabenl. auf See	00:08	Bathurst	15:04	14:56 Std.	2417 km
			Besatzung: I. Führer Mayr – II. Führer Diele – Maschinist Butz – Funker Brachwitz						
459	Überflug Süd	08.01.	10 to *WAL* D-AKYM *MISTRAL*	Schwabenland Fern. de Noranha	16:01	Bathurst	08:47	16:46 Std.	2650 km
			Besatzung: I. Führer Brix – II. Führer Wachsmuth – Maschinist Burger – Funker Deicke						
460	Überfl. Süd	08.01.	10 to *WAL* D-AKER *TAIFUN*	Ostmark Bathurst	12:19	Natal	04:22	16:03 Std.	3040 km
			Besatzung: I. Führer Diele – II. Führer Möhring – Maschinist Butz – Funker Brachwitz						
461	Überflug Süd	15.01.	10 to *WAL* D-AKYM *MISTRAL*	Ostmark Bathurst	05:07	Natal	20:52	15:45 Std.	3040 km
			Besatzung: I. Führer Brix – II. Führer Rothermund – Maschinist Lösener – Funker Deicke						
462	Überfl. Süd	16.01.	10 to *WAL* D-AGAT *BOREAS*	Schwabenl. Fer. Nor.	09:36	Bathurst	02:10	16:34 Std.	2650 km
			Besatzung: I. Führer Diele – II. Führer Möhring – Maschinist Dierberg – Funker Brachwitz						
463	Überfl. Süd	22.01.	10 to *WAL* D-AGAT *BOREAS*	Ostmark Bathurst	05:31	Natal	21:38	16:07 Std.	3040 km
			Besatzung: I. Führer Diele – II. Führer Möhring – Maschinist Dierberg – Funker Brachwitz						
464	Überfl. Süd	23.01.	10 to *WAL* D-AKER *TAIFUN*	Schwabenl. auf See	00:13	Bathurst	16:03	15:50 Std.	2487 km
			Besatzung: I. Führer Brix – II. Führer Schirmacher – Maschinist Butz – Funker Deicke						
465	Überfl. Süd	29.01.	10 to *WAL* D-AKER *TAIFUN*	Ostmark Bathurst	05:51	Natal	21:39	15:48 Std.	3040 km
			Besatzung: I. Führer Brix – II. Führer Schirmacher – Maschinist Butz – Funker Lipke						
466	Überflug Süd	30.01.	10 to *WAL* D-AKYM *MISTRAL*	Schwabenland auf See	03:03	Bathurst	18:01	14:58 Std.	2526 km
			Besatzung: I. Führer Diele – II. Führer Möhring – Maschinist Lösener – Funker Brachwitz						
467	Überfl. Süd	05.02.	10 to *WAL* D-AGAT *BOREAS*	Schwabenl. Fer. Nor.	17:11	Bathurst	09:20	16:09 Std.	2650 km
			Besatzung: I. Führer Brix – II. Führer Schirmacher – Maschinist Dierberg – Funker Lipke						
468	Überfl. Süd	05.02.	10 to *WAL* D-ALOX *PASSAT*	Ostmark Bathurst	04:47	Natal	20:36	15:49 Std.	3040 km
			Besatzung: I. Führer Diele – II. Führer Möhring – Maschinist Eger – Funker Brachwitz						
469	Überfl. Süd	12.02.	10 to *WAL* D-ALOX *PASSAT*	Schwabenl. Fer. Nor.	17:21	Bathurst	08:35	15:14 Std.	2650 km
			Besatzung: I. Führer Diele – II. Führer Möhring – Maschinist Eger – Funker Brachwitz						

Uferkante bei Borncoat an der Cobequid Bay bei Ebbe. Zehn Meter Tidenhub alle sechs Stunden hinterlassen ihre Spuren.

teilung des damaligen Frachtleiters des NDL sich 1464 Poststücke in einem von der ALMAC geborgenen Postsack befunden hätten. Die Nummer 96 des Amtsblattes des Reichspostministeriums von 1931 veröffentlichte zu dem Sachverhalt die Mitteilung Nr. 1420: »*Verlust einer Luftpostsendung. Das Flugzeug des Vorausflugs (Schleuderflugs) vom Dampfer* BREMEN *nach New York bei der Fahrt des Dampfers ab Bremerhaven am 1. Oktober ist am 6. Oktober verunglückt. Die für diesen Flug aufgelieferten, von den Absendern mit entsprechendem Vermerk versehenen Sendungen sind in Verlust geraten.*«
Wie es zu dem tragischen Unfall kam, ließ sich nicht schlüssig feststellen. Am Wetter in der Region, das der damaligen Fliegerei viele Probleme bereitete, lag es jedenfalls nicht. Den Wetterbericht hatte sich die Schiffsleitung der BREMEN beim Ausbleiben der Funkmeldungen ihres Postflugzeuges sofort von den amerikanischen und kanadischen Wetterstellen per Funk geben lassen. Zum Zeitpunkt des Bruchs lief die BREMEN ihren Kurs 1193 km von der Unfallstelle entfernt. In der polizeilichen Unfallanzeige vom 15. Oktober 1931 (Polizeiflugwache Bremerhaven, Unfallmeldung Nr. 4/31.) wurde an der Unfallstelle gutes, klares Wetter mit einer Sicht von 10 Seemeilen und Windstärke 3 angegeben.
Einige Rückschlüsse lassen die Reste der Schwimmer mit den herausgebrochenen Mittelstücken zu, die der Dampfer DRESDEN nach Bremerhaven zurückbrachte. Fritz Simon wollte offenbar nach einer Schadenssituation am Motor notwassern. Die Schlicklandschaft des Watts muss er dabei mit

Abschlag des blauen Sonderstempels auf den Belegen des Unglücksfluges (oben). Einige Briefe sollen den Absturz des Postflugzeuges überstanden haben. Vorgesehener Sonderstempel für den Schleuderflug auf der Rückfahrt der BREMEN (Mitte). Behelfs-Ausfallstempel in Rot, aus dem Gummitypenkasten zusammengesetzt, für die abgefertigte Schleuderflugpost auf der Rückfahrt von New York nach Bremerhaven.

lfd.Nr.		Datum	Flugzeug	Start	GMT NYZ	Landung	GMT NYZ	Flugzeit	Flugstrecke
470	Überfl.	12.02.	10 to *WAL* D-AGAT *BOREAS*	Ostmark Bathurst	03:31	Natal	20:12	16:41 Std.	3040 km
	Süd		Besatzung: I. Führer Brix – II. Führer Schirmacher – Maschinist Dierberg – Funker Lipke						
471	Überfl.	19.02.	10 to *WAL* D-AKER *TAIFUN*	Schwabenl. Fer. Nor.	17:00	Bathurst	08:31	15:31 Std.	2650 km
	Süd		Besatzung: I. Führer Brix – II. Führer Schirmacher – Maschinist Butz – Funker Lipke						
472	Überfl.	19.02.	10 to *WAL* D-ALOX *PASSAT*	Ostmark Bathurst	04:33	Natal	20:49	16:16 Std.	3040 km
	Süd		Besatzung: I. Führer Diele – II. Führer Möhring – Maschinist Eger – Funker Deicke						
473	Überfl.	26.02.	10 to *WAL* D-AGAT *BOREAS*	Westfalen Fer. Nor.	18:10	Bathurst	09:01	14:51 Std.	2650 km
	Süd		Besatzung: I. Führer Diele – II. Führer Möhring – Maschinist Dierberg – Funker Deicke						
474	Überfl.	26.02.	10 to *WAL* D-AFAR *SAMUM*	Ostmark Bathurst	03:47	Natal	21:11	17:24 Std.	3040 km
	Süd		Besatzung: I. Führer Brix – II. Führer Schirmacher – Maschinist Butz – Funker Lipke						
475	Überfl.	05.03.	10 to *WAL* D-ALOX *PASSAT*	Westfalen Fer. Nor.	16:59	Bathurst	08:40	15:41 Std.	2650 km
	Süd		Besatzung: I. Führer Brix – II. Führer Schirmacher – Maschinist Eger – Funker Lipke – 1 Fluggast						
476	Überfl.	05.03.	10 to *WAL* D-AGAT *BOREAS*	Ostmark Bathurst	06:39	Natal	22:47	16:08 Std.	3040 km
	Süd		Besatzung: I. Führer Diele – II. Führer Möhring – Maschinist Dierberg – Funker Deicke						
477	Überfl.	12.03.	10 to *WAL* D-AFAR *SAMUM*	Westfalen auf See	17:57	Bathurst	09:31	15:34 Std.	2577 km
	Süd		Besatzung: I. Führer Diele – II. Führer Möhring – Maschinist Butz – Funker Deicke						
478	Überflug	13.03.	10 to *WAL* D-AKYM *MISTRAL*	Ostmark Bathurst	01:02	Natal	17:45	16:43 Std.	3040 km
	Süd		Besatzung: I. Führer Schirmacher – II. Führer Müller – Maschinist Lösener – Funker Lipke						
479	Überfl.	19:03.	10 to *WAL* D-AGAT *BOREAS*	Westfalen Fer. Nor.	17:03	Bathurst	09:00	15:57 Std.	2650 km
	Süd		Besatzung: I. Führer Schirmacher – II. Führer Müller – Maschinist Dierberg – Funker Lipke						
480	Überfl.	19.03.	10 to *WAL* D-AFAR *SAMUM*	Ostmark Bathurst	07:40	Natal	23:24	15:44 Std.	3040 km
	Süd		Besatzung: I. Führer Diele – II. Führer v. Gablenz – Maschinist Butz – Funker Deicke						
481	Überflug	26.03.	10 to *WAL* D-AKYM *MISTRAL*	Westfalen Fer. Nor.	15:36	Bathurst	07:31	15:55 Std.	2650 km
	Süd		Besatzung: I. Führer Diele – II. Führer Kleinat – Maschinist Lösener – Funker Deicke						
482	Überfl.	26.03.	10 to *WAL* D-AGAT *BOREAS*	Ostmark Bathurst	07:45	Natal	23:45	16:00 Std.	3040 km
	Süd		Besatzung: I. Führer Schirmacher – II. Führer Schmidt – Maschinist Dierberg – Funker Lipke						
483	Überfl.	02.04.	10 to *WAL* D-AFAR *SAMUM*	Westfalen Fer. Nor.	16:03	Bathurst	07:51	15:48 Std.	2650 km
	Süd		Besatzung: I. Führer Schirmacher – II. Führer v. Gablenz – Maschinist Butz – Funker Ruhnke						

der Wasseroberfläche verwechselt haben. Beim Anschweben sackte die Maschine durch und schlug so hart im Watt auf, dass Vorder- und Rückteil der Schwimmer in Höhe der Strebenstützen abbrachen. Gleichzeitig stellte sich die Maschine mit drehendem Propeller auf den Kopf. Ein Schwimmervorderteil ist durch Propellerschlag beschädigt. Während sich der Motor mit Wucht in den Schlamm bohrte und explodierte, wurden Simon und Wagenknecht aus den offenen, hintereinander liegenden Sitzen in den Schlick geschleudert. Bei der folgenden Flut hatten sie dann wenig Chancen zum Überleben.

Die Leiche von Rudolf Wagenknecht ist nie gefunden worden. Am Freitagnachmittag des 9. Oktober entdeckte Luis Leight nach dreitägiger Suche aus der Luft den aufrecht in einer Schwimmweste treibenden Körper von Fritz Simon. Er wurde einige Kilometer vom Unfallort entfernt, in der Nähe von Parrsboro auf der Nordwestseite des Minas Basin, aus der See gezogen. Nach Luis Leights Meinung hat Simon am Freitagmorgen noch gelebt. Beim Bergen sei aus einer Kopfwunde noch Blut geflossen, und in der Hand hätte er noch sein Monokel gehalten, kolportierte eine Zeitungsmeldung.

Gut zwei Wochen später, am 27. Oktober 1931, machte der NDL-Dampfer DRESDEN in Bremerhaven fest. Im Speisesaal der Kajütklasse stand der Sarg mit Fritz Simon: hergerichtet für die Trauerfeier, bedeckt mit den Flaggen des Reiches, des bremischen Staates, des Norddeutschen Lloyd und der Luft Hansa und umrahmt von einer Unzahl von Kränzen. NDL-Präsident Philipp

Marineflieger Luis Leight (Mitte) vor seiner Fokker G-CHAHE mit T. Robert McCoulan (links) und Herbert Harris als Beobachter. Sie entdeckten das Wrack der D-1717 und fanden drei Tage später die Leiche von Fritz Simon.

lfd.Nr.		Datum	Flugzeug	Start	GMT NYZ	Landung	GMT NYZ	Flugzeit	Flugstrecke
484	Überflug Süd	02.04.	10 to *WAL* D-AKYM *MISTRAL*	Ostmark Bathurst	07:44	Natal	23:46	16:02 Std.	3040 km
			Besatzung: I. Führer Diele – II. Führer Kleinat – Maschinist Lösener – Funker Deicke						
485	Überfl. Süd	09.04.	10 to *WAL* D-AGAT *BOREAS*	Westfalen Fer. Nor.	15:43	Bathurst	07:26	15:43 Std.	2650 km
			Besatzung: I. Führer Diele – II. Führer Schmidt – Maschinist Dierberg – Funker Lipke						
486	Überfl. Süd	09.04.	10 to *WAL* D-AFAR *SAMUM*	Ostmark Bathurst	06:47	Natal	23:18	16:31 Std.	3040 km
			Besatzung: I. Führer Schirmacher – II. Führer Müller – Maschinist Butz – Funker Ruhnke						
487	Überfl. Süd	11.04.	Do 18 D-ARUN *ZEPHIR*	Ostmark Bathurst	07:10	Fern. de Noranha	19:29	12:19 Std.	2650 km
			Besatzung: I. Führer Alisch – II. Führer Beumer – Maschinist Peuckert – Funker Küppers						
488	Überflug Süd	16.04.	10 to *WAL* D-AKYM *MISTRAL*	Westfalen Fern. de Noranha	17:07	Bathurst	09:08	16:01 Std.	2650 km
			Besatzung: I. Führer Schirmacher – II. Führer Müller – Maschinist Lösener – Funker Küppers						
489	Überfl. Süd	16.04.	10 to *WAL* D-ALOX *PASSAT*	Ostmark Bathurst	05:06	Natal	20:25	15:19 Std.	3040 km
			Besatzung: I. Führer Diele – II. Führer Schmidt – Maschinist Heiss – Funker Lipke						
490	Überfl. Süd	18.04.	Do 18 D-ARUN *ZEPHIR*	Westfalen Fer. Nor.	05:47	Bathurst	19:01	13:14 Std.	2650 km
			Besatzung: I. Führer Alisch – II. Führer Schmidt – Maschinist Peuckert – Funker Deicke – 1 Fluggast						
491	Überfl. Süd	23.04.	10 to *WAL* D-AFAR *SAMUM*	Westfalen Fer. Nor.	16:56	Bathurst	09:09	16:13 Std.	2650 km
			Besatzung: I. Führer Diele – II. Führer Beumer – Maschinist Butz – Funker Nottelmann						
492	Überfl. Süd	23.04.	Do 18 D-ARUN *ZEPHIR*	Ostmark Bathurst	04:39	Natal	18:38	13:59 Std.	3040 km
			Besatzung: I. Führer Alisch – II. Führer Müller – Maschinist Peuckert – Funker Deicke – 1 Fluggast						
493	Überfl. Süd	30.04.	10 to *WAL* D-ALOX *PASSAT*	Westfalen Fer. Nor.	16:19	Bathurst	08:12	15:53 Std.	2650 km
			Besatzung: I. Führer Schmidt – II. Führer Müller – Maschinist Heiss – Funker Lipke						
494	Überfl. Süd	30.04.	Do 18 D-ABYM *AEOLUS*	Schwabenl. Bathurst	10:46	Natal	00:50	14:04 Std.	3040 km
			Besatzung: I. Führer Blankenburg – II. Führer Grütering – Maschinist Mischur – Funker Nottelmann – 1 Fluggast						
495	Überfl. Süd	07.05.	10 to *WAL* D-ALOX *PASSAT*	Schwabenl. Bathurst	03:08	Natal	19:18	16:10 Std.	3040 km
			Besatzung: I. Führer Schmidt – II. Führer Müller – Maschinist Heiss – Funker Lipke						
496	Überfl. Süd	08.05.	Do 18 D-ARUN *ZEPHIR*	Westfalen Fer. Nor.	06:08	Bathurst	18:49	12:41 Std.	2650 km
			Besatzung: I. Führer Alisch – II. Führer Beumer – Maschinist Peuckert – Funker Deicke						

Heineken, Luft Hansa-Direktor Erhard Milch und Fliegerkamerad Joachim Blankenburg würdigten Fritz Simon und Rudolf Wagenknecht in ihren Trauerreden. Nach dem Trauerakt überführte man Fritz Simon nach Dessau. Einer weiteren Trauerfeier, mehr im privaten Kreis, folgte

Zerbrochene Schwimmer der He 12 ohne Stirnfender in einer Halle des NDL in Bremerhaven.

NDL-Dampfer Dresden mit dem Sarg Fritz Simons und den geborgenen Resten der D-1717 an Bord. Auf dem 14 690 BRT großen Passagierdampfer fand die Trauerfeier für die verunglückten Katapultflieger statt.

lfd.Nr.		Datum	Flugzeug	Start	GMT NYZ	Landung	GMT NYZ	Flugzeit	Flugstrecke
497	Überfl.	14.05.	Do 18 D-ABYM *AEOLUS*	Westfalen Fer. Nor.	15:20	Bathurst	06:13	14:53 Std.	2650 km
	Süd		Besatzung: I. Führer Blankenburg – II. Führer Grütering – Maschinist Mischur – Funker Nottelmann						
498	Überfl.	14.05.	Do 18 D-ARUN *ZEPHIR*	Schwabenl. Bathurst	04:51	Natal	18:45	13:54 Std.	3040 km
	Süd		Besatzung: I. Führer Alisch – II. Führer Klix – Maschinist Peuckert – Funker Deicke						
499	Überfl.	21.05.	10 to *WAL* D-ALOX *PASSAT*	Westfalen Fer. Nor.	16:02	Bathurst	07:49	15:47 Std.	2650 km
	Süd		Besatzung: I. Führer Schmidt – II. Führer Müller – Maschinist Heiss – Funker Lipke						
500	Überfl.	21.05.	Do 18 D-ABYM *AEOLUS*	Schwabenl. Bathurst	03:09	Natal	17:10	14:01 Std.	3040 km
	Süd		Besatzung: I. Führer Grütering – II. Führer Nein – Maschinist Mischur – Funker Nottelmann						
501	Überfl.	28.05.	Do 18 D-ARUN *ZEPHIR*	Westfalen Fer. Nor.	13:58	Bathurst	02:55	12:57 Std.	2650 km
	Süd		Besatzung: I. Führer Alisch – II. Führer Klix – Maschinist Peuckert – Funker Deicke						
502	Überfl.	29.05.	10 to *WAL* D-ALOX *PASSAT*	Schwabenl. Bathurst	06:34	Natal	23:04	16:30 Std.	3040 km
	Süd		Besatzung: I. Führer Schmidt – II. Führer Beumer – Maschinist Heiss – Funker Gruber						
503	Über-flug Süd	04.06.	Do 18 D-AROZ *PAMPERO* (Do 18 E V-6 Dornier Werksnr. 255)	Schwabenl. Bathurst	04:13	Fern. de Noranha	16:41	12:28 Std.	2650 km
			Besatzung: I. Führer Alisch – II. Führer Klix – Maschinist Eger – Funker Lenz – 1 Fluggast						
504	Überfl.	05.06.	Do 18 D-ABYM *AEOLUS*	Westfalen Fer. Nor.	05:08	Bathurst	18:19	13:11 Std.	2650 km
	Süd		Besatzung: I. Führer Grütering – II. Führer Nein – Maschinist Mischur – Funker Nottelmann						
505	Überfl.	11.06.	10 to *WAL* D-ALOX *PASSAT*	Westfalen Fer. Nor.	15:35	Bathurst	08:30	16:55 Std.	2650 km
	Süd		Besatzung: I. Führer Schmidt – II. Führer Beumer – Maschinist Heiss – Funker Gruber						
506	Überfl.	11.06.	Do 18 D-ABYM *AEOLUS*	Schwabenl. Bathurst	06:23	Natal	20:32	14:09	3040 km
	Süd		Besatzung: I. Führer Grütering – II. Führer Nein – Maschinist Mischur – Funker Nottelmann						
507	Überfl.	18.06.	Do 18 D-AROZ *PAMPERO*	Westfalen Fer. Nor.	14:50	Bathurst	02:47	11:57 Std.	2650 km
	Süd		Besatzung: I. Führer Alisch – II. Führer Klix – Maschinist Eger – Funker Ruhnke						
508	Überfl.	18.06.	10 to *WAL* D-ALOX *PASSAT*	Schwabenl. Bathurst	04:32	Fern. de Noran.	19:55	15:23 Std.	2650 km
	Süd		Besatzung: I. Führer Schmidt – II. Führer Beumer – Maschinist Heiss – Funker Gruber						
509	Überfl.	25.06.	10 to *WAL* D-ALOX *PASSAT*	Westfalen Fer. Nor.	21:46	Bathurst	12:46	15:00 Std.	2650 km
	Süd		Besatzung: I. Führer Schmidt – II. Führer Nein – Maschinist Heiss – Funker Gruber						

Nachruf.
Die Besatzung unseres Postflugzeuges D 1717
Flugzeugführer
Fritz Simon
Flugzeugfunker
Rudolf Wagenknecht
ist am 6. Oktober auf dem Fluge von Sydney (Neu-Schottland) nach Neuyork tödlich verunglückt.
Wir trauern über den Verlust der guten und lieben Kameraden, deren wir immer in Treue gedenken werden.
Kapitän, Offiziere und Mannschaft des Dampfers „Bremen“.

***Nachruf für die Besatzung der D-1717 von der Crew des Dampfers* BREMEN.**

»Flugzeugführer Fritz Simon, geboren 21. Juli 1904, abgestürzt vor der amerikanischen Küste, am 6. Oktober 1931.« Sockel des Grabmals in Wittenberg.

Grabstelle der Familie Simon in Wittenberg mit dem Ikarus von Bildhauer Oswald-T. Schimmelpfennig, Berlin, zur Erinnerung an das Geschehen vom Oktober 1931 (links).

die Bestattung neben seinem Vater in Wittenberg am 29. Oktober 1931.

Fritz Simons Fliegergrab auf dem Friedhof von Wittenberg erinnert noch heute an die Tragik des Geschehens vom 6. Oktober 1931. Gekrönt von einer monumentalen Ikarus-Bronzestatue des Berliner Bildhauers Oswald-T. Schimmelpfennig zieren den Sockel des Grabmales die Sätze: *»Zur Sonne in unüberwindlicher Sehnsucht zog Dich ungebeugten Mutes Dein Wille dem Ikarus gleich. Doch dem Menschen ist Ziel gesetzt in seinem Streben, Dein Schicksal ließ Dich vollenden den Lauf, als Du der Sonne am nächsten. Nun schließt Dunkel Dich ein. Doch Dein Geist lebt ewiglich fort in der Jugend. Dein deutscher Fliegergeist wird niemals verwehn.«*

Neben den zerbrochenen Schwimmern, die nach der Anlandung durch die DRESDEN für die Deutsche Luft Hansa nach Hamburg verladen wurden, sind von der D-1717 nur noch einige handtellergroße Reste der Tragflächenbespannung übrig geblieben. Sie stammen wohl von dem in Noel angetriebenen Tragflächenstück. An einem Schwimmerfragment brachten Deutschamerikaner in New York, nach einer Meldung der »Nordwest Zeitung« vom 30.10.1931, folgende Inschrift an: *»Ruhe sanft in Deiner Heimaterde! W. Simon, R. Wagenknecht, die amerikanischen Deutschen vergessen Euch nie, dafür war Euer Tod zu heldenhaft.«* Was mit den Flugzeugresten der D-1717 geschah und wo sie sich heute befinden, ist unbekannt.

lfd.Nr.		Datum	Flugzeug	Start	GMT NYZ	Landung	GMT NYZ	Flugzeit	Flugstrecke
510	Überfl.	25.06.	Do 18 D-AROZ *PAMPERO*	Schwabenl. Bathurst	05:15	Natal	19:03	13:48 Std.	3040 km
	Süd		Besatzung: I. Führer Henke – II. Führer Bayer – Maschinist Lösener – Funker Ruhnke						
511	Überfl.	02.07.	Do 18 D-ABYM *AEOLUS*	Westfalen Fer. Nor.	19:22	Bathurst	08:39	13:17 Std.	2650 km
	Süd		Besatzung: I. Führer Grütering – II. Führer v. Clausbruch – Maschinist Mischur – Funker Nottelmann						
512	Überfl.	02.07.	10 to *WAL* D-ALOX *PASSAT*	Schwabenl. Bathurst	03:45	Fern. de Noran.	19:27	15:42 Std.	2650 km
	Süd		Besatzung: I. Führer Schmidt – II. Führer Klix – Maschinist Heiss – Funker Gruber						
513	Überfl.	09.07.	Do 18 D-AROZ *PAMPERO*	Westfalen Fer. Nor.	14:02	Bathurst	02:15	12:13 Std.	2650 km
	Süd		Besatzung: I. Führer Henke – II. Führer Bayer – Maschinist Lösener – Funker Ruhnke						
514	Überfl.	09.07.	Do 18 D-ABYM *AEOLUS*	Ostmark Bathurst	06:21	Natal	20:40	14:19 Std.	3040 km
	Süd		Besatzung: I. Führer Grütering – II. Führer Wachsmuth – Maschinist Mischur – Funker Kolbe – 1 Fluggast						
515	Überfl.	16.07.	10 to *WAL* D-ALOX *PASSAT*	Westfalen Fer. Nor.	16:10	Bathurst	06:40	14:30 Std.	2650 km
	Süd		Besatzung: I. Führer Schmidt – II. Führer Klix – Maschinist Heiss – Funker Gruber						
516	Überfl.	16.07.	Do 18 D-AROZ *PAMPERO*	Ostmark Bathurst	11:03	Natal	01:16	14:13 Std.	3040 km
	Süd		Besatzung: I. Führer Bayer – II. Führer Beumer – Maschinist Lösener – Funker Ruhnke						
517	Überfl.	23.07.	Do 18 D-ABYM *AEOLUS*	Westfalen Fer. Nor.	16:02	Bathurst	04:37	12:35 Std.	2650 km
	Süd		Besatzung: I. Führer Grütering – II. Führer Beumer – Maschinist Mischur – Funker Kolbe						
518	Über-flug Süd	23.07.	10 to *WAL* D-AGAT *BOREAS*	Ostmark Bathurst	03:37	Fern. de Noran.	19:17	15:40 Std.	2650 km
			Besatzung: I. Führer Schmidt – II. Führer Klix – Maschinist v. Hagen – Funker v. Mühlen						
		30.07.	Do 18 D-ABYM *AEOLUS*	Ostmark Bathurst		Notwasserung auf See am 31.07.			
			Besatzung: I. Führer Grütering – II. Führer Beumer – Maschinist Mischur – Funker Kolbe Bei seinem neunten Südatlantikflug musste *AEOLUS* notwassern und wurde beschädigt. Die Besatzung konnte gerettet werden, die Do 18 D-ABYM ging bei der Bergung verloren.						
519	Überfl.	30.07.	Do 18 D-AROZ *PAMPERO*	Westfalen Fer. Nor.	18:59	Bathurst	06:17	11:18 Std.	2650 km
	Süd		Besatzung: I. Führer Bayer – II. Führer Klix – Maschinist Lösener – Funker Ruhnke						
520	Überfl.	02.08.	Do 18 D-AROZ *PAMPERO*	Ostmark Bathurst	06:20	Natal	19:35	13:15 Std.	3040 km
	Süd		Besatzung: I. Führer Bayer – II. Führer Klix – Maschinist Lösener – Funker Ruhnke – 1 Fluggast						
521	Überfl.	06.08.	10 to *WAL* D-AGAT *BOREAS*	Westfalen Fer. Nor.	19:52	Bathurst	10:42	14:50 Std.	2650 km
	Süd		Besatzung: I. Führer Schmidt – II. Führer Klix – Maschinist v. Hagen – Funker v. Mühlen						

Neue Maschinen für den Schleuderflug

Das Credo des Katapultpostdienstes blieb die Verkürzung der Postlaufzeit. Bei zunehmendem Interesse für die schnelle Postbeförderung in Nordamerika und Kanada, über New York hinaus, versuchte man ab 1931 die Schleuderflugpost regelmäßiger am Vorabend der Schiffsankunft aufzuliefern. Dann erreichte sie noch die kontinentalen Zuganschlüsse der Eisenbahn und konnte gegenüber der normalen Dampferpost einen ganzen Tag Zeitvorteil geltend machen. Bei ungestörter Überfahrt erreichten die Schnelldampfer New York am Ankunftstag gegen 17 Uhr. Die Vortagesflüge – mit Strecken weit über 1000 Kilometer, mit Zwischenlandungen und in die Nacht hinein – nahmen zu. Sie waren bei den häufig schwierigen Wetterlagen des Nordatlantiks in den offenen Heinkel-Tiefdeckern He 12 und He 58 eine Belastung für die Besatzungen. Auch wenn die eingefleischten Flieger der 1920er-Jahre sich gern den Wind um die Nase wehen ließen, wünschte sich doch so mancher Flugzeugführer ein Kabinendach über dem Kopf. Für die Entwicklung des Luftverkehrs, der ausschließlich nach Sicherheit und Verlässlichkeit des Liniendienstes strebte, gehörten offene Pilotenkanzeln in die Abenteuerzeit der Schönwetterfliegerei. Besonders die Deutsche Luft Hansa hatte Fliegen zu jeder Tages- und Nachtzeit und bei fast jedem Wetter als strategisches Ziel vor Augen. Mit den Anfängen des reinen Instrumentenfluges, der dann die Helden der Lüfte zu verantwortlichen Luftfahrzeugführern machte, hatte die sportlich offene Flugzeugführerkanzel ausgedient.

Zukünftig fixierte der Blick des Flugzeugführers Wendeanzeige, Kompass, Höhenmesser und eine schnell zunehmende Instrumentenzahl beim Flug durch stockfinstere Nacht und grauen Wolkendunst. Den neuen Forderungen der Luft Hansa AG für den Instrumentenflug musste auch das Ersatzmodell für den Schleuderflug von den Schnelldampfern genügen. So entstand bei Junkers in Dessau die Ju 46, eine katapultstartfähige Variante der Junkers W 34 als einmotoriges Seeflugzeug in Tiefdeckeranordnung – in Ganzmetallbauweise und mit zwei Sitzen in geschlossener Führerkanzel. Der Wasserflugzeugtyp ersetzte ab 1932 die bis dahin verwendete Heinkel He 58. Gegenüber der W 34 wurde das Leitwerk vergrößert, um die Steuerbarkeit bei langsamem Flug direkt nach dem Katapultstart zu verbessern.

Schon bei der He 58 erprobte man einen auffälligen Anstrich mit roter und weißer Farbe, um das Flugzeug im Notfall auf See besser sichten zu können. Bis dahin verschwammen die silbergrau gestrichenen Maschinen mit dem grauen Himmel, Wolken- und Nebelfetzen oder der aufgewühlten See. Zukünftig erhielten die Wasserflugzeuge vom Typ Ju 46 im Schleuderflugeinsatz

Fortsetzung auf Seite 135

lfd.Nr.		Datum	Flugzeug	Start	GMT NYZ	Landung	GMT NYZ	Flugzeit	Flugstrecke
522	Über-flug Süd	06.08.	Do 18 D-ARUN *ZEPHIR*	Ostmark Bathurst	05:27	Natal	20:35	15:08 Std.	3040 km
			Besatzung: I. Führer Mayr – II. Führer Claussen – Maschinist Göttert – Funker Kolbe – 1 Fluggast						
		11.08.	Ha 139 D-AMIE *NORDMEER*	Travemünde		Lissabon		09:30 Std.	2540 km
				Lissabon		Horta, Azoren		07:02 Std.	1700 km
			Besatzung: I. Führer Blankenburg – II. Führer Graf Schack – Maschinist Gruschwitz – Funker Küppers *Beginn der Erkundungsflüge auf der Südroute des Nordatlantiks mit der Ha 139.*						
523	Überfl. Süd	13.08.	Do 18 D-ARUN *ZEPHIR*	Westfalen Fer. Nor.	18:11	Bathurst	07:00	12:49 Std.	2650 km
			Besatzung: I. Führer Mayr – II. Führer Claussen – Maschinist Göttert – Funker Kolbe – 1 Fluggast						
524	Überfl. Süd	13.08.	10 to *WAL* D-AGAT *BOREAS*	Ostmark Bathurst	06:37	Fern. de Noranha	22:47	16:10 Std.	2650 km
			Besatzung: I. Führer Schmidt – II. Führer Schütt – Maschinist Mischur – Funker v. Mühlen						
525	Über-flug Nord	15.08.	Ha 139 D-AMIE *NORDMEER* (Hamburger Flugzeugbau Werksnr. 181, Ha 139 A V1)	Schwabenland Horta		New York		16:28 Std.	3850 km
			Besatzung: I. Führer Blankenburg – II. Führer Graf Schack – Maschinist Gruschwitz – Funker Küppers						
526	Überfl. Süd	20.08.	Do 18 D-ARUN *ZEPHIR*	Ostmark Bathurst	07:19	Natal	22:16	14:57 Std.	3040 km
			Besatzung: I. Führer Mayr – II. Führer Claussen – Maschinist Göttert – Funker Kolbe						
527	Überfl. Süd	21.08.	10 to *WAL* D-AGAT *BOREAS*	Westfalen auf See	15:36	Bathurst	05:31	13:55 Std.	2352 km
			Besatzung: I. Führer Schmidt – II. Führer Schütt – Maschinist Mischur – Funker v. Mühlen – 1 Fluggast						
528	Überfl. Süd	27.08.	10 to *WAL* D-AGAT *BOREAS*	Ostmark Bathurst	06:16	Fern. de Noranha	22:15	15:59 Std.	2650 km
			Besatzung: I. Führer Möhring – II. Führer Modrow – Maschinist Mischur – Funker v. Mühlen						
529	Überfl. Süd	28.08.	Do 18 D-ARUN *ZEPHIR*	Westfalen Fer. Nor.	06:08	Bathurst	17:58	11:50 Std.	2650 km
			Besatzung: I. Führer Mayr – II. Führer Claussen – Maschinist Göttert – Funker Kolbe – 1 Fluggast						
530	Über-flug Nord	30.08.	Ha 139 D-AMIE *NORDMEER*	Friesenland New York		Horta, Azoren		16:02 Std.	3850 km
			Besatzung: I. Führer Blankenburg – II. Führer Graf Schack – Maschinist Gruschwitz – Funker Küppers						
531	Überfl. flug Nord	30.08.	Ha 139 D-AJEY *NORDWIND* (Hamburger Flugzeugbau Werksnr. 182, Ha 139 A V2)	Schwabenland Horta		New York		16:05 Std.	3850 km
			Besatzung: I. Führer Diele – II. Führer Rodig – Maschinist – Funker						

Verbleib der Bordflugzeuge der BREMEN und EUROPA*

D-1717 *NEW YORK* (8. Juli 1929 bis 5. Oktober 1931 auf Dampfer BREMEN)
Heinkel He 12 (Werksnr. 334), Tiefdecker mit Schwimmern als Katapult-Postflugzeug für das Heinkel-Katapult K 2 an Bord des NDL-Schnelldampfers BREMEN. Nach halbjähriger Bauzeit Erstzulassung im Juli 1929 mit der Kennung D-1717 für den Eigentümer Norddeutscher Lloyd Bremen. Nach dem ersten Katapultstart mit Post von Bord der BREMEN am 22. Juli 1929 Namensgebung durch den Bürgermeister von New York, Jimmy Walker. Er taufte die D-1717 am 23. Juli 1923 auf den Namen *NEW YORK*. In der Flugsaison 1929 und 1930 waren Luft Hansa-Seeflugkapitän Jobst von Studnitz und sein Funkermaschinist Karl Kirchhoff die Besatzung. Sie wurden im August 1930 von der Besatzung Fritz Simon als Pilot und Rudolf Wagenknecht als Funkermaschinist abgelöst. Am 5. Oktober 1931 verunglückte die He 12 auf einem Flug in mondheller Nacht nach New York in der Corbequid-Bucht in Neu-Schottland. Pilot und Funkermaschinist

Abschuss der D-1717 vom Katapult der BREMEN nach Backbord vorn.

* Mit Stationierungszeit auf den Schnelldampfern (in Klammern)

lfd.Nr.		Datum	Flugzeug	Start	GMT NYZ	Landung	GMT NYZ	Flugzeit	Flugstrecke
532	Über-flug Süd	03.09.	10 to *WAL* D-AKYM *MISTRAL*	Ostmark Bathurst	04:50	Fern. de Noranha	21:15	16:25 Std.	2650 km
			Besatzung: I. Führer Claussen – II. Führer Schütt – Maschinist Oppermann – Funker Schmischke						
533	Überfl. Süd	05.09.	10 to *WAL* D-AGAT *BOREAS*	Westfalen Fer. Nor.	02:02	Bathurst	16:24	14:22 Std.	2650 km
			Besatzung: I. Führer Mayr – II. Führer Möhring – Maschinist Mischur – Funker v. Mühlen						
534	Überfl. Süd	05.09.	Do 18 D-ARUN *ZEPHIR*	Ostmark Bathurst	07:30	Fern. de Noran.	19:29	11:59 Std.	2650 km
			Besatzung: I. Führer Mayr – II. Führer Großschopff – Maschinist Lösener – Funker Kolbe						
535	Über-flug Nord	05.09.	Ha 139 D-AMIE *NORDMEER*	Schwabenland Horta		New York		16:40 Std.	3850 km
			Besatzung: I. Führer Blankenburg – II. Führer Graf Schack – Maschinist Gruschwitz – Funker Küppers						
536	Über-flug Nord	07.09.	Ha 139 D-AJEY *NORDWIND*	Friesenland New York		Horta, Azoren		15:25 Std.	3850 km
			Besatzung: I. Führer Diele – II. Führer Rodig – Maschinist – Funker						
537	Überfl. Süd	10.09.	Do 18 D-ARUN *ZEPHIR*	Westfalen Fer. Nor.	16:10	Bathurst	04:09	11:59 Std.	2650 km
			Besatzung: I. Führer Mayr – II. Führer Modrow – Maschinist Lösener – Funker Kolbe						
538	Überfl. Süd	10.09.	10 to *WAL* D-AGAT *BOREAS*	Ostmark Bathurst	07:37	Fern. de Noranha	22:46	15:09 Std.	2650 km
			Besatzung: I. Führer Bayer – II. Führer v. Clausbruch – Maschinist Schwanke – Funker v. Mühlen						
539	Überfl. Nord	15.09.	Ha 139 D-AJEY *NORDWIND*	Schwabenl. Horta	06:10	New York	20:45	14:35 Std.	3850 km
			Besatzung: I. Führer Diele – II. Führer Rodig – Maschinist und Funker sind nicht bekannt						
540	Über-flug Süd	17.09.	10 to *WAL* D-AKYM *MISTRAL*	Westfalen Fern. de Noranha	16:20	Bathurst	08:29	16:09 Std.	2650 km
			Besatzung: I. Führer Claussen – II. Führer Großschopff – Maschinist Oppermann – Funker Schmischke						
541	Über-flug Süd	18.09.	Do 18 D-AANE *ZYKLON* (Do 18 F V-7 Dornier Werksnr. 677)	Ostmark Bathurst	04:58	Fern. de Noranha	16:51	11:53 Std.	2650 km
			Besatzung: I. Führer Möhring – II. Führer Modrow – Maschinist Lösener – Funker Kolbe						
542	Über-flug Nord	22.09.	Ha 139 D-AJEY *NORDWIND*	Friesenland New York		Horta, Azoren		14:18 Std.	3850 km
			Besatzung: I. Führer Diele – II. Führer Rodig – Maschinist – Funker						
543	Überfl. Süd	24.09.	10 to *WAL* D-AGAT *BOREAS*	Westfalen Fer. Nor.	14:21	Bathurst	04:42	14:21 Std.	2650 km
			Besatzung: I. Führer Möhring – II. Führer Schütt – Maschinist Schwanke – Funker v. Mühlen						

fanden dabei den Tod. Die Maschine wurde bei einer Notlandung im Watt völlig zerstört.

D-1919 *ATLANTIK* (28. August 1930 bis 9. Oktober 1930 auf Dampfer Europa)
D-1919 *BREMEN* (16. Mai 1931 bis 3. Oktober 1931 auf Dampfer Europa)
D-1919 *BREMEN* (18. Mai 1932 bis 5. Oktober 1932 auf Dampfer Bremen)
Heinkel He 58 (Werksnr. 365), Tiefdecker mit Schwimmern als Katapult-Postflugzeug für das Heinkel-Katapult K 4 auf dem NDL-Schnelldampfer Europa. Erstzulassung im August 1930 für den Eigentümer Deutsche Versuchsanstalt für Luftfahrt e.V. in Berlin-Adlershof. Die Maschine gehörte de facto dem Reichsverkehrsministerium. Erster Katapultstart mit Postbeförderung Richtung New York am 15. September 1930. In der restlichen Flugsaison 1930 und in der Saison 1931 bestand die Besatzung aus Luft Hansa-Seeflugkapitän Jobst von Studnitz und Funkermaschinist Karl Kirchhoff. Ab der Flugsaison 1931 in D-1919 Bremen umbenannt. Nach dem Verlust der D-1717 New York am 5. Oktober 1931 in der Saison 1932 auf dem Schnelldampfer Bremen stationiert.
Beim ersten Flug von der Bremen am 19. Mai 1932 waren Jobst von Studnitz und Erich Zimmermann die Besatzung. Danach flog Seeflugkapitän Bernhard Grütering mit Erich Zimmermann die He 58 in der Saison 1932. Im Frühjahr 1933 durch eine Ju 46 mit der Kennung D-2271 ersetzt. Der weitere Verbleib der He 58 ist unbekannt.

He 12 im Hafenbecken am Pier des Norddeutschen Lloyd in New York vor dem Bug der Bremen.

lfd.Nr.		Datum	Flugzeug	Start	GMT NYZ	Landung	GMT NYZ	Flugzeit	Flugstrecke
544	Überflug Süd	24.09.	10 to *WAL* D-AKYM *MISTRAL*	Ostmark Bathurst	11:03	Fern. de Noranha	02:53	15:50 Std.	2650 km
			Besatzung: I. Führer Claussen – II. Führer Großschopff – Maschinist Oppermann – Funker Schmischke						
545	Überfl. Süd	01.10.	Do 18 D-AANE *ZYKLON*	Westfalen Fer. Nor.	15:57	Bathurst	04:01	12:04 Std.	2650 km
			Besatzung: I. Führer Bayer – II. Führer Modrow – Maschinist Lösener – Funker Schmischke – 1 Fluggast						
546	Überfl. Süd	01.10.	10 to *WAL* D-ALOX *PASSAT*	Ostmark Bathurst	05:44	Fern. de Noranha	20:37	14:53 Std.	2650 km
			Besatzung: I. Führer Möhring – II. Führer Schütt – Maschinist Schwanke – Funker v. Mühlen						
547	Überflug Süd	08.10.	10 to *WAL* D-AKYM *MISTRAL*	Westfalen Fern. de Noranha	15:59	Bathurst	06:49	14:50 Std.	2650 km
			Besatzung: I. Führer Claussen – II. Führer Schütt – Maschinist Oppermann – Funker Kolbe						
548	Überfl. Süd	08.10.	Do 18 D-AANE *ZYKLON*	Ostmark Bathurst	07:58	Natal	21:46	13:48 Std.	3040 km
			Besatzung: I. Führer Modrow – II. Führer Großschopff – Maschinist Lösener – Funker Schmischke						
549	Überflug Nord	13.10.	Ha 139 D-AMIE *NORDMEER*	Friesenland New York		Horta, Azoren		15:10 Std.	3850 km
			Besatzung: I. Führer Blankenburg – II. Führer Graf Schack – Maschinist Gruschwitz – Funker Küppers						
550	Überfl. Süd	15.10.	10 to *WAL* D-ALOX *PASSAT*	Westfalen Fer. Nor.	14:46	Bathurst	05:59	15:13 Std.	2650 km
			Besatzung: I. Führer Möhring – II. Führer Großschopff – Maschinist Schwanke – Funker v. Mühlen						
551	Überflug Süd	15.10.	10 to *WAL* D-AKYM *MISTRAL*	Ostmark Bathurst	09:20	auf See vor Fern. de Noranha	23:26	14:06 Std.	2620 km
			Besatzung: I. Führer Claussen – II. Führer Schütt – Maschinist Oppermann – Funker Kolbe						
552	Überfl. Nord	17.10.	Ha 139 D-AJEY *NORDWIND*	Schwabenl. Horta		New York		15:50 Std.	3850 km
			Besatzung: I. Führer Diele – II. Führer Rodig – Maschinist und Funker sind nicht bekannt						
553	Überfl. Süd	22.10.	Do 18 D-AANE *ZYKLON*	Westfalen Fer. Nor.	16:02	Bathurst	04:09	12:07 Std.	2650 km
			Besatzung: I. Führer Modrow – II. Führer Schütt – Maschinist Lösener – Funker Kolbe – 1 Fluggast						
554	Überfl. Süd	23.10.	10 to *WAL* D-ALOX *PASSAT*	Ostmark Bathurst	02:42	Natal	19:16	16:34 Std.	3040 km
			Besatzung: I. Führer Möhring – II. Führer Lochner – Maschinist Schwanke – Funker v. Mühlen						
555	Überflug Nord	28.10.	Ha 139 D-AJEY *NORDWIND*	Friesenland New York		Horta, Azoren		14:50 Std.	3850 km
			Besatzung: I. Führer Diele – II. Führer Rodig – Maschinist und Funker sind nicht bekannt						

D-1919 BREMEN *auf dem Katapult des Schnelldampfers* EUROPA *im Jahre 1931, offenbar bereits mit rotem Farbanstrich.*

Von Bord der BREMEN *fotografiert: das Heinkel-Katapultflugzeug He 58 mit der Kennung D-1919.*

lfd.Nr.		Datum	Flugzeug	Start	GMT NYZ	Landung	GMT NYZ	Flugzeit	Flugstrecke
556	Über-flug Süd	29.10.	10 to *WAL* D-AKYM *MISTRAL*	Westfalen Fern. de Noranha	15:58	Bathurst	06:46	14:48 Std.	2650 km
			Besatzung: I. Führer Claussen – II. Führer Lochner – Maschinist Oppermann – Funker Schmischke						
557	Überfl. Süd	31.10.	Do 18 D-AANE *ZYKLON*	Ostmark Bathurst	05:05	Natal	19:01	13:56 Std.	3040 km
			Besatzung: I. Führer Modrow – II. Führer Schütt – Maschinist Lösener – Funker Bürkle						
558	Überfl. Nord	02.11.	Ha 139 D-AJEY *NORDWIND*	Schwabenl. Horta		New York		19:05 Std.	3850 km
			Besatzung: I. Führer Diele – II. Führer Rodig – Maschinist und Funker sind nicht bekannt						
559	Überfl. Süd	05.11.	10 to *WAL* D-ALOX *PASSAT*	Westfalen Fer. Nor.	16:00	Bathurst	08:17	16:17 Std.	2650 km
			Besatzung: I. Führer Möhring – II. Führer Schütt – Maschinist Schwanke – Funker v. Mühlen						
560	Über-flug Süd	06.11.	10 to *WAL* D-AKYM *MISTRAL*	Ostmark Bathurst	02:02	Fern. de Noranha	16:35	14:33 Std.	2620 km
			Besatzung: I. Führer Claussen – II. Führer Lochner – Maschinist Oppermann – Funker Schmischke						
561	Über-flug Nord	06.11.	Ha 139 D-AJEY *NORDWIND*	Friesenland New York		Horta, Azoren		16:00 Std.	3850 km
			Besatzung: I. Führer Diele – II. Führer Rodig – Maschinist und Funker sind nicht bekannt						
562	Überfl. Süd	12.11.	Do 18 D-AANE *ZYKLON*	Westfalen Fer. Nor.	14:53	Bathurst	03:55	13:02 Std.	2650 km
			Besatzung: I. Führer Modrow – II. Führer Lochner – Maschinist Lösener – Funker Ruhnke						
563	Überfl. Süd	12.11.	10 to *WAL* D-ALOX *PASSAT*	Ostmark Bathurst	09:27	Natal	02:15	16:48 Std.	3040 km
			Besatzung: I. Führer Möhring – II. Führer Esau – Maschinist Schwanke – Funker v. Mühlen						
564	Über-flug Nord	14.11.	Ha 139 D-AMIE *NORDMEER*	Schwabenland Horta		New York		17:12 Std.	3850 km
			Besatzung: I. Führer Graf Schack – II. Führer Blankenburg – Maschinist Gruschwitz – Funker Küppers						
565	Über-flug Nord	18.11.	Ha 139 D-AMIE *NORDMEER*	Friesenland New York		Horta, Azoren		16:41 Std.	3850 km
			Besatzung: I. Führer Graf Schack – II. Führer Blankenburg – Maschinist Gruschwitz – Funker Küpper						
566	Über-flug Süd	19.11.	10 to *WAL* D-AKYM *MISTRAL*	Westfalen Fern. de Noranha	15:25	Bathurst	06:31	15:06 Std.	2650 km
			Besatzung: I. Führer Claussen – II. Führer Esau – Maschinist Oppermann – Funker Schmischke						

Bei der He 58, hier beim Start von der EUROPA*, saßen Flugzeugführer und Funkermaschinist nebeneinander.*

Ju 46 D-2244 beim Abschuss von der EUROPA*. Gut erkennbar die weiß gestrichenen Unterseiten der Tragflächen.*

D-2244 *EUROPA* (9. Mai 1932 bis 1. Oktober 1933 auf Dampfer EUROPA)
Junkers Ju 46 fi (Werksnr. 2715), Tiefdecker mit Schwimmern; die erste der insgesamt fünf hergestellten Ju 46 war auf dem Schnelldampfer EUROPA stationiert. Erstzulassung im März 1932 für die Deutsche Luft Hansa AG. In der Saison 1932 von Pilot Joachim Blankenburg und Funkermaschinist Karl Kirchhoff geflogen. In der Saison 1933 bildeten Pilot Horst Schwilden und Funkermaschinist von Haagen die Besatzung. Nach der Schleuderflugsaison 1933 Umbau zum Landflugzeug mit Räderfahrwerk und mit Stichtag 20. März 1934 neue Buchstabenkennung D-UKOV MARS, im Flugdienst der Lufthansa.

lfd.Nr.		Datum	Flugzeug	Start	GMT NYZ	Landung	GMT NYZ	Flugzeit	Flugstrecke
567	Überfl.	20.11.	Do 18 D-AANE *ZYKLON*	OSTMARK Bathurst	03:05	Fern. de Noranha	14:55	11:50 Std.	2650 km
	Süd		Besatzung: I. Führer Modrow – II. Führer Lochner – Maschinist Lösener – Funker Gruber						
568	Überfl.	26.11.	10 to *WAL* D-AGAT *BOREAS*	OSTMARK Bathurst	09:43	Natal	02:00	16:17 Std.	3040 km
	Süd		Besatzung: I. Führer Großschopff – II. Führer Tonini – Maschinist Preuschoff – Funker Schmischke						
569	Überfl.	27.11.	10 to *WAL* D-ALOX *PASSAT*	WESTFALEN Fer. Nor.	00:50	Bathurst	16:40	15:50 Std.	2650 km
	Süd		Besatzung: I. Führer Möhring – II. Führer Lochner – Maschinist Schwanke – Funker v. Mühlen						
570	Überfl.	03.12.	Do 18 D-AANE *ZYKLON*	WESTFALEN Fer. Nor.	15:01	Bathurst	03:39	12:38 Std.	2650 km
	Süd		Besatzung: I. Führer Modrow – II. Führer Tonini – Maschinist Lösener – Funker Gruber						
571	Überfl.	04.12.	10 to *WAL* D-ALOX *PASSAT*	OSTMARK Bathurst	02:12	Natal	18:53	16:41 Std.	3040 km
	Süd		Besatzung: I. Führer Möhring – II. Führer Juchter – Maschinist Schwanke – Funker v. Mühlen						
572	Überfl.	10.12.	10 to *WAL* D-AGAT *BOREAS*	WESTFALEN Fer. Nor.	16:38	Bathurst	08:08	15:30 Std.	2650 km
	Süd		Besatzung: I. Führer Möhring – II. Führer Juchter – Maschinist Schwanke – Funker Lenz						
573	Überfl.	10.12.	Do 18 D-ARUN *ZEPHIR*	OSTMARK Bathurst	15:07	Natal	05:22	14:15 Std.	3040 km
	Süd		Besatzung: I. Führer Brix – II. Führer Esau – Maschinist Eger – Funker Brachwitz						
574	Überfl.	13.12.	10 to *WAL* D-AGAT *BOREAS*	OSTMARK Bathurst	05:50	Natal	21:19	15:29 Std.	3040 km
	Süd		Besatzung: I. Führer Blume – II. Führer Juchter – Maschinist Butz – Funker Lenz						
575	Überfl.	14.12.	10 to *WAL* D-ALOX *PASSAT*	SCHWABENL. Fer. Nor.	02:16	Bathurst	17:37	15:21 Std.	2650 km
	Süd		Besatzung: I. Führer Großschopff – II. Führer Esau – Maschinist Preuschoff – Funker Schmischke						
576	Überfl.	17.12.	Do 18 D-ARUN *ZEPHIR*	SCHWABENL. Fer. Nor.	16:56	Bathurst	06:05	13:09 Std.	2650 km
	Süd		Besatzung: I. Führer Brix – II. Führer Juchter – Maschinist Eger – Funker Brachwitz						
577	Überfl.	17.12.	10 to *WAL* D-ALOX *PASSAT*	OSTMARK Bathurst	06:47	Natal	22:48	16:01 Std.	3040 km
	Süd		Besatzung: I. Führer Großschopff – II. Führer Esau – Maschinist Preuschoff – Funker Schmischke						
578	Überfl.	24.12.	10 to *WAL* D-AGAT *BOREAS*	SCHWABENL. Fer. Nor.	16:27	Bathurst	07:24	14:57 Std.	2650 km
	Süd		Besatzung: I. Führer Blume – II. Führer Esau – Maschinist Lenz – Funker Butz						
579	Überfl.	24.12.	Do 18 D-ARUN *ZEPHIR*	OSTMARK Bathurst	20:50	Fern. de Noranha	09:33	12:43 Std.	2650 km
	Süd		Besatzung: I. Führer Brix – II. Führer Juchter – Maschinist Eger – Funker Brachwitz						
580	Überfl.	31.12.	10 to *WAL* D-ALOX *PASSAT*	SCHWABENL. Fer. Nor.	16:40	Bathurst	07:52	15:12 Std.	2650 km
	Süd		Besatzung: I. Führer Großschopff – II. Führer Juchter – Maschinist Preuschoff – Funker Schmischke						

Ju 46 D-2244 EUROPA *vor ihrer großen Schwester im Hafen von New York.*

D-2271 *BREMEN* (6. Juni 1933 bis 10. Oktober 1933 auf Dampfer Bremen)
Junkers Ju 46 (Werksnr. 2720), Tiefdecker mit Räderfahrwerk. Als D-2271 *HAMBURG* Erstzulassung im Juli 1932 für die Deutsche Luft Hansa AG. Mai 1933 Umbau zum Wasserflugzeug mit Schwimmern und neuer Merkname D-2271 *BREMEN*. Auf dem Schnelldampfer Bremen stationiert. Besatzung: Seeflugkapitän Bernhard Grütering und Funkermaschinist Erich Zimmermann. Im Frühjahr 1934 wiederum Umrüstung zum Landflugzeug mit Räderfahrwerk. Verkauf nach Brasilien an Syndicato Condor Ltda. Als PP-CAU *TOCANTINS* Absturz mit Totalverlust am Matto Grosso am 5. Februar 1936.

Im Schlepp Richtung Bordkran der Bremen. Sehr gut setzt sich hier der rote, signalfarbene Anstrich zum weißen Flächenanstrich ab.

1938

lfd.Nr.		Datum	Flugzeug	Start	GMT NYZ	Landung	GMT NYZ	Flugzeit	Flugstrecke
581	Überfl. Süd	01.01.	10 to *WAL* D-AGAT *BOREAS*	Ostmark Bathurst	01:25	Natal	17:04	15:39 Std.	3040 km
			Besatzung: I. Führer Blume – II. Führer Schuster – Maschinist Butz – Funker Lenz						
582	Überfl. Süd	07.01.	Do 18 D-ARUN *ZEPHIR*	Schwabenl. Fer. Nor.	14:12	Bathurst	04:23	14:11 Std.	2650 km
			Besatzung: I. Führer Brix – II. Führer Schuster – Maschinist Eger – Funker Brachwitz						
583	Überfl. Süd	07.01.	10 to *WAL* D-AFAR *SAMUM*	Ostmark Bathurst	14:30	Natal	06:30	16:00 Std.	3040 km
			Besatzung: I. Führer Großschopff – II. Führer Esau – Maschinist Preuschoff – Funker Schmischke						
584	Überfl. Süd	14.01.	10 to *WAL* D-AGAT *BOREAS*	Schwabenl. Fer. Nor.	16:24	Bathurst	07:50	15:26 Std.	2650 km
			Besatzung: I. Führer Blume – II. Führer Esau – Maschinist Butz – Funker Lenz						
585	Überfl. Süd	15.01.	Do 18 D-ARUN *ZEPHIR*	Ostmark Bathurst	06:38	Natal	19:46	13:08 Std.	3040 km
			Besatzung: I. Führer Brix – II. Führer Blankenburg – Maschinist Lösener – Funker Brachwitz						
586	Überfl. Süd	21.01.	10 to *WAL* D-AFAR *SAMUM*	Schwabenl. Fer. Nor.	15:59	Bathurst	08:26	16:27 Std.	2650 km
			Besatzung: I. Führer Großschopff – II. Führer Blankenburg – Maschinist Preuschoff – Funker Schmischke						
587	Überfl. Süd	21.01.	10 to *WAL* D-AGAT *BOREAS*	Ostmark Bathurst	06:59	Natal	22:12	15:13 Std.	3040 km
			Besatzung: I. Führer Blume – II. Führer Schuster – Maschinist Butz – Funker Lenz						
588	Überflug Süd	28.01.	Do 18 D-ARUN *ZEPHIR*	Schwabenl. Fer. Nor.	14:00	Notlandung auf See	01:32	11:32 Std.	2261 km
			Besatzung: I. Führer Brix – II. Führer Schuster – Maschinist Lösener – Funker Brachwitz Außenlandung mit Beschädigungen, Flugboot und Besatzung werden geborgen.						
589	Überfl. Süd	28.01.	10 to *WAL* D-AFAR *SAMUM*	Ostmark Bathurst	05:49	Fern. de Noranha	19:08	13:19 Std.	2650 km
			Besatzung: I. Führer Großschopff – II. Führer Esau – Maschinist Preuschoff – Funker Schmischke						
590	Überfl. Süd	04.02.	10 to *WAL* D-AGAT *BOREAS*	Schwabenl. Fer. Nor.	17:15	Bathurst	09:00	15:45 Std.	2650 km
			Besatzung: I. Führer Blume – II. Führer Esau – Maschinist Butz – Funker Lenz						
591	Überflug Süd	04.02.	10 to *WAL* D-AKYM *MISTRAL*	Ostmark Bathurst	12:42	Natal	04:14	15:32 Std.	3040 km
			Besatzung: I. Führer Brix – II. Führer Guse – Maschinist Kirchhoff – Funker Brachwitz						
592	Überfl. Süd	11.02.	10 to *WAL* D-AFAR *SAMUM*	Schwabenl. Fer. Nor.	17:45	Bathurst	10:11	16:26 Std.	2650 km
			Besatzung: I. Führer Großschopff – II. Führer Guse – Maschinist Preuschoff – Funker Schmischke						
593	Überfl. Süd	11.02.	10 to *WAL* D-AGAT *BOREAS*	Ostmark Bathurst	09:11	Natal	00:21	15:10 Std.	3040 km
			Besatzung: I. Führer Blume – II. Führer Esau – Maschinist Butz – Funker Lenz						

D-2419 *MARS* (Reserveflugzeug, kein Schleuderflugeinsatz)
Junkers Ju 46 (Werksnr. 2744), Tiefdecker mit Räderfahrwerk. Erstzulassung im Mai 1933 für die Deutsche Lufthansa AG. Als Fluggerätereserve für die Katapulte der Schnelldampfer vorgehalten. Bis auf vier Zubringerflüge von Köln nach Cherbourg kein Einsatz im Atlantikdienst der Lufthansa. Ab 20. März 1934 Buchstabenkennung und neuer Merkname D-UGUS *JUPITER*. Umbenennung 1938 in D-OLMP und bis dahin im Postflugeinsatz der DLH. 1939 Verkauf nach Brasilien an Syndicato Condor Ltda als PP-CBK *LINGUUA*.

D-UHYL *BREMEN* (7. Mai 1934 bis 9. Oktober 1935 auf Dampfer BREMEN)
Junkers Ju 46 (Werksnr. 2745), Tiefdecker mit Räderfahrwerk. Als D-2491 *SIRIUS* Erstzulassung im Juni 1933 für die Deutsche Lufthansa AG. Im Frühjahr 1933 Umbau zum Wasserflugzeug mit Schwimmern und ab Stichtag 20. März 1934 mit neuer Buchstabenkennung als D-UHYL *BREMEN* auf dem Schnelldampfer BREMEN stationiert. Besatzung: Flugkapitän Siegfried Graf Schack zu Wittenau und Funkermaschinist Paul Dierberg in der Schleuderflugsaison 1934 und 1935. Das Katapult Heinkel K 2 auf der BREMEN führte Robert Selchow. Als D-OBRA von der Lufthansa im Einsatz als Postflugzeug in den baltischen Staaten und im Seebäderflugdienst an der Ostseeküste von 1937 bis 1939. Verkauf an den Hansa Flugdienst. Mit Beginn des Zweiten Weltkrieges an die Luftwaffe abgegeben. Weiterer Verbleib unbekannt.

Nach der Einstellung des Schleuderflugdienstes im Oktober 1935 wurde aus dem Postflugzeug D-UHYL BREMEN *die D-OBRA* BREMEN *mit Passagiersitzen hinter der Führerkanzel.*

lfd.Nr.		Datum	Flugzeug	Start	GMT NYZ	Landung	GMT NYZ	Flugzeit	Flugstrecke
594	Überflug	18.02.	10 to *WAL* D-AKYM *MISTRAL*	Schwabenland Fern. de Noranha	15:59	Bathurst	08:03	16:04 Std.	2650 km
	Süd		Besatzung: I. Führer Brix – II. Führer Esau – Maschinist Kirchhoff – Funker Brachwitz						
595	Überfl.	18.02.	10 to *WAL* D-AFAR *SAMUM*	Ostmark Bathurst	06:30	Natal	22:11	15:41 Std.	3040 km
	Süd		Besatzung: I. Führer Diele – II. Führer Ludwig – Maschinist Eger – Funker Schweikard						
596	Überfl.	25.02.	10 to *WAL* D-AGAT *BOREAS*	Friesenl. Fer. Nor.	14:37	Bathurst	05:23	14:46 Std.	2650 km
	Süd		Besatzung: I. Führer Diele – II. Führer Ludwig – Maschinist Butz – Funker Lenz						
597	Überflug	25.02.	10 to *WAL* D-AKYM *MISTRAL*	Ostmark Bathurst	06:25	Natal	22:51	16:26 Std.	3040 km
	Süd		Besatzung: I. Führer Klix – II. Führer Guse – Maschinist Kirchhoff – Funker Gruber						
598	Überfl.	04.03.	10 to *WAL* D-AFAR *SAMUM*	Friesenl. Fer. Nor.	16:21	Bathurst	08:02	15:41 Std.	2650 km
	Süd		Besatzung: I. Führer Blume – II. Führer Guse – Maschinist Eger – Funker Schweikard						
599	Überfl.	04.03.	10 to *WAL* D-AGAT *BOREAS*	Ostmark Bathurst	08:40	Natal	00:11	15:31 Std.	3040 km
	Süd		Besatzung: I. Führer Diele – II. Führer Niessen – Maschinist Butz – Funker Lenz						
600	Überflug	11.03.	10 to *WAL* D-AKYM *MISTRAL*	Friesenland Fern. de Noranha	14:15	Bathurst	06:22	16:07 Std.	2650 km
	Süd		Besatzung: I. Führer Klix – II. Führer Niessen – Maschinist Kirchhoff – Funker Gruber						
601	Überfl.	11.03.	10 to *WAL* D-ALOX *PASSAT*	Ostmark Bathurst	08:16	Natal	20:37	12:21 Std.	3040 km
	Süd		Besatzung: I. Führer Wilhelm – II. Führer Ludwig – Maschinist Eger – Funker Schweikard						
602	Überfl.	18.03.	10 to *WAL* D-AGAT *BOREAS*	Friesenl. Fer. Nor.	14:03	Bathurst	06:12	16:09 Std.	2650 km
	Süd		Besatzung: I. Führer Diele – II. Führer Ludwig – Maschinist Butz – Funker Lenz						
603	Überflug	18.03.	10 to *WAL* D-AKYM *MISTRAL*	Ostmark Bathurst	07:10	Natal	22:24	15:14 Std.	3040 km
	Süd		Besatzung: I. Führer Klix – II. Führer Haas – Maschinist Kirchhoff – Funker Gruber						
604	Überfl.	25.03.	10 to *WAL* D-ALOX *PASSAT*	Friesenl. Fer. Nor.	14:10	Bathurst	07:10	17:00 Std.	2650 km
	Süd		Besatzung: I. Führer Wilhelm – II. Führer Haas – Maschinist Eger – Funker Schweikard						
605	Überfl.	25.03.	10 to *WAL* D-AGAT *BOREAS*	Ostmark Bathurst	03:41	Natal	18:30	14:49 Std.	3040 km
	Süd		Besatzung: I. Führer Ludwig – II. Führer Niessen – Maschinist Butz – Funker Len						

D-UBUS *EUROPA* (13. Mai 1934 bis 2. Oktober 1935 auf Dampfer EUROPA)
Junkers Ju 46 (Werksnr. 2773), Tiefdecker mit Schwimmern. Als D-3411 Erstzulassung im März 1934 für die Deutsche Lufthansa AG. Ab Stichtag 20. März 1934 mit neuer Buchstabenkennung als D-UBUS *EUROPA* auf dem Schnelldampfer EUROPA stationiert. Mit der Besatzung Flugkapitän Walter Diele und Funkermaschinist Kurt von Hagen ab Mai 1934. In der Flugsaison 1935 flogen Diele und Funkermaschinist Helmuth Rösel die D-UBUS. Ingenieur Wanke von den Heinkel-Werken führte das Katapult auf der EUROPA. Nach dem Schleuderflugeinsatz weitere Verwendung bei der Lufthansa im Postflugdienst. 1939 Verkauf an den Hansa Flugdienst. Mit Beginn des Zweiten Weltkrieges an die Luftwaffe abgegeben. Weiterer Verbleib unbekannt.

Ideale Abfluglinie nach dem Lösen vom Katapultschlitten: Die Ju 46 D-UBUS beim Start von der EUROPA im letzten Jahr des Schleuderfluges von den Schnelldampfern.

D-UBUS beim Schleuderstart vom »Express-Dampfer« EUROPA im Jahre 1935.

lfd.Nr.		Datum	Flugzeug	Start	GMT NYZ	Landung	GMT NYZ	Flugzeit	Flugstrecke
606	Über- flug Süd	27.03.	Do 18 W D-ANHR	Westfalen Englischer Kanal	14:05	Caravellas Brasilien (29.03.)	09:05	43:00 Std.	8392 km
			Besatzung: I. Führer v. Engel – II. Führer Gundermann – Maschinist Rösel – Funker Stein						
			Langstreckenweltrekordflug unter der Regie der Dornier Werke GmbH. Die Lufthansa stellte die Besatzung mit Ausnahme des Werkspiloten Erich Gundermann und die gesamte Streckenorganisation. Auf dem Weg von Bremerhaven nach Bathurst ankerte die Westfalen südöstlich des englischen Hafens Dartmouth auf einer Abschussposition, die ein geradliniges Fliegen nur über See bis Brasilien erlaubte.						
607	Über- flug Süd	01.04.	10 to *WAL* D-AKYM *MISTRAL*	Friesenland Fern. de Noranha	16:50	Bathurst	08:00	15:10 Std.	2650 km
			Besatzung: I. Führer Klix – II. Führer Niessen – Maschinist Kirchhoff – Funker Gruber						
608	Überfl. Süd	01.04.	10 to *WAL* D-ALOX *PASSAT*	Ostmark Bathurst	05:03	Natal	20:55	15:52 Std.	3040 km
			Besatzung: I. Führer Wilhelm – II. Führer Fiedler – Maschinist Eger – Funker Schweikard						
609	Überfl. Süd	08.04.	10 to *WAL* D-AGAT *BOREAS*	Friesenl. Fer. Nor.	14:03	Bathurst	05:38	15:35 Std.	2650 km
			Besatzung: I. Führer Ludwig – II. Führer Fiedler – Maschinist Butz – Funker Lenz						
610	Über- flug Süd	08.04.	10 to *WAL* D-AKYM *MISTRAL*	Ostmark Bathurst	03:24	Natal	19:05	15:41 Std.	3040 km
			Besatzung: I. Führer Klix – II. Führer Niessen – Maschinist Kirchhoff – Funker Gruber						
611	Überfl. Süd	15.04.	10 to *WAL* D-ALOX *PASSAT*	Friesenl. Fer. Nor.	14:37	Bathurst	07:26	16:49 Std.	2650 km
			Besatzung: I. Führer Wilhelm – II. Führer Niessen – Maschinist Eger – Funker Schweikard						
612	Überfl. Süd	15.04.	Do 18 D-AANE *ZYKLON*	Westfalen Bathurst	03:41	Natal	17:32	13:51 Std.	3040 km
			Besatzung: I. Führer Ludwig – II. Führer Fiedler – Maschinist Mischur – Funker Ruhnke						
613	Überfl. flug Süd	22.04.	10 to *WAL* D-AKYM *MISTRAL*	Friesenland Fern. de Noranha	21:15	Bathurst	12:50	15:35 Std.	2650 km
			Besatzung: I. Führer Klix – II. Führer Fiedler – Maschinist Kirchhoff – Funker Gruber						
614	Überfl. Süd	22.04.	10 to *WAL* D-ALOX *PASSAT*	Westfalen Bathurst	03:44	Fern. de Noranha	17:32	13:48 Std.	2650 km
			Besatzung: I. Führer Wilhelm – II. Führer Niessen – Maschinist Butz – Funker Paulin						
615	Überfl. Süd	29.04.	10 to *WAL* D-ALOX *PASSAT*	Friesenl. Fer. Nor.	15:05	Bathurst	06:45	15:40 Std.	2650 km
			Besatzung: I. Führer Wilhelm – II. Führer Niessen – Maschinist Butz – Funker Paulin						

einen roten Anstrich des Rumpfes mit weißen Kennzeichen und Namen. Die Tragflächen leuchteten jetzt in weißer Farbe mit großen schwarzen Kennzeichenbuchstaben.

Angetrieben von einem BMW-Hornet-C-Sternmotor (BMW-Lizenzbau von Pratt & Whitney), beschleunigte das Heinkel-Druckluftkatapult die Ju 46 bei einem Startgewicht von 3200 kg über 20 m auf etwa 110 km/h Abfluggeschwindigkeit. Unter der Leitung von Dr. Fritz Achterberg (1901–1939) erfolgten die ersten Schleuderstarts der Ju 46 mit dem Kennzeichen D-2244 von Bord der EUROPA im Mai 1932. Mit der Junkers-Werksnummer 2715 war sie das erste Muster einer Serie, von der Junkers nur fünf Exemplare fertigte, die bis Ende 1935 von den Schnelldampfern zur Postbeförderung zum Einsatz kamen.

Über das weitere folgende Geschehen eines Starts der D-2244 *EUROPA* im Sommer 1933 berichtete Peter Petersen, leitender 1. Offizier des Liners, in der Werftzeitung von Blohm & Voss vom 11. August 1933: »... *Vor jedem Start wird am Tag vor dem geplanten Abschuß des Flugzeuges das Katapult probiert, das heißt, es wird nur der leere Schlitten, auf dem beim Start das Flugzeug sitzt, abgeschossen. Bei diesem Manöver wird geprüft, ob die Zuführung der Pressluft vom Arbeitszylinder nach dem Vorspannungs- und Startventil in Ordnung ist. Ferner wird geprüft, ob die Bremsbacken, die den Schlitten beim Abschuß am Ende des Schienenträgers auffangen, einwandfrei arbeiten. Die Probe wird in Gegenwart des Bedienungspersonals des Katapults und des Flugzeugführers unter Aufsicht des 1. Offiziers und des 1. Ingenieurs des Decksdienstes ausgeführt (...) gleichzeitig werden von den Landstationen die Wettertelegramme für den nächsten Tag angefordert. Beim Abflug nach New York wird der Inspektion des Norddeutschen Lloyds Mitteilung von der beabsichtigten Startzeit gegeben, das Weitere vor Ort veranlasst dann die Inspektion. Auf der Heimreise nach Europa wird die Seewarte Hamburg und der Flughafen Croydon, England von dem beabsichtigten Start in Kenntnis gesetzt, worauf zur festgesetzten Zeit die Wetternachrichten für die Flugstrecke einlaufen. Sämtliche für den Flug und für die Vorbereitungen zum Abschuß in Frage kommenden Instanzen sind vom 1. Offizier verständigt. Dazu gehören die Seepost, Flugzeug- und Katapultbedienung, Abteilung Maschine und Elektriker, sowie der Bootsmann mit der Hilfsmannschaft unter Aufsicht des 2. Offiziers des Decksdienstes. Der Obersteward ist in Kenntnis gesetzt, um kurz vor dem Start für das leibliche Wohl der Flieger zu sorgen und etwaigen Passagieren, die dem Start beiwohnen wollen, Bescheid zu geben ...*«

Während der Tage der Überfahrt standen die Schleuderflugzeuge seefest vertäut und mit Persennings abgedeckt auf einer Art Rampe hinter dem ersten Schornstein der Schnelldampfer. Im Liniendienst über den Nordatlantik gab es nicht nur Schönwetterfahrten: Von Sturm bis Orkan war für Schiffe und Passagiere alles möglich, denn es wurde nicht nach dem Wetter auf der Route, sondern nach Terminen gefahren. Zu den Startvorbereitungen am Flugtag schrieb Petersen weiter: »... *Eineinhalb Stunden vor dem Start wird mit den Vorbereitungen begonnen. Der Schlitten wird vorgeholt und in das Traggestell des Flugzeuges eingeschoben. Sitzt das Flugzeug, durch eine besondere Vorrichtung gesichert, auf dem Schlitten, so wird es rückwärts über die Ablaufbahn auf das Katapult gezogen und zwar bis es am Schloss, das den Schlitten auf dem Hinterende des Katapultes hält, angekoppelt ist. Das Katapult wird nun entsprechend der Windrichtung nach derjenigen Seite ausgeschwenkt, von welcher der Wind auf das Schiff steht. Die Tragflächen sind gegen Windstöße und eventuelles Rollen des Schiffes von zwei Matrosen mittels Tauen festgehalten. Inzwischen sind von den Landstationen*

lfd.Nr.		Datum	Flugzeug	Start	GMT NYZ	Landung	GMT NYZ	Flugzeit	Flugstrecke
616	Überfl.	29.04.	10 to *WAL* D-AKYM	Westfalen	03:28	Fern. de Noranha	16:33	13:05 Std.	2650 km
	flug		*MISTRAL*	Bathurst					
	Süd		Besatzung: I. Führer Klix – II. Führer Fiedler – Maschinist Kirchhoff – Funker Gruber						
617	Über-	06.05.	10 to *WAL* D-AKYM	Friesenland	13:55	Bathurst	05:06	15:11 Std.	2650 km
	flug		*MISTRAL*	Fern. de Noranha					
	Süd		Besatzung: I. Führer Ludwig – II. Führer Fiedler – Maschinist Kirchhoff – Funker Gruber						
618	Überfl.	06.05.	10 to *WAL* D-ALOX *PASSAT*	Westfalen Bathurst	04:28	Natal	19:42	15:14 Std.	3040 km
	Süd		Besatzung: I. Führer Wilhelm – II. Führer Schirmacher – Maschinist Heiss – Funker Paulin						
619	Überfl.	13.05.	Do 18 D-AANE *ZYKLON*	Friesenland Recife	10:02	Bathurst	02:15	16:13 Std.	3139 km
	Süd		Besatzung: I. Führer Wilhelm – II. Führer Klix – Maschinist Mischur – Funker Ruhnke						
620	Überfl.	13.05.	Ha 139 D-AJEY *NORDWIND*	Bath. Wasserstart	03:19	Natal	14:31	11:12 Std.	3040 km
	Süd		Besatzung: I. Führer Blankenburg – II. Führer Ludwig – Maschinist Dierberg – Funker Küppers – 1 Fluggast						
621	Überfl.	20.05.	Ha 139 D-AJEY *NORDWIND*	Friesenland Recife	11:30	Bathurst	00:24	12:54 Std.	3139 km
	Süd		Besatzung: I. Führer Blankenburg – II. Führer Schirmacher – Maschinist Dierberg – Funker Küppers – 1 Fluggast						
622	Überfl.	20.05.	Do 18 D-AANE *ZYKLON*	Westfalen Bathurst	02:36	Natal	16:43	14:07 Std.	3040 km
	Süd		Besatzung: I. Führer Wilhelm – II. Führer Fiedler – Maschinist Mischur – Funker Hartwig						
623	Überfl.	27.05.	Do 18 D-AANE *ZYKLON*	Friesenland Recife	10:19	Bathurst	03:19	17:00 Std.	3139 km
	Süd		Besatzung: I. Führer Ludwig – II. Führer Fiedler – Maschinist Mischur – Funker Hartwig						
624	Überfl.	27.05.	Ha 139 D-AJEY *NORDWIND*	Bath. Wasserstart	07:41	Natal	19:01	11:20 Std.	3040 km
	Süd		Besatzung: I. Führer Blankenburg – II. Führer Schirmacher – Maschinist Dierberg – Funker Küppers						
625	Überfl.	30.05.	Ha 139 D-AJEY *NORDWIND*	Friesenland Recife	07:54	Bathurst	20:59	13:05 Std.	3139 km
	Süd		Besatzung: I. Führer Blankenburg – II. Führer Schirmacher – Maschinist Dierberg – Funker Küppers – 1 Fluggast						
626	Überfl.	03.06.	10 to *WAL* D-ALOX *PASSAT*	Friesenl. Fer. Nor.	00:30	Bathurst	15:20	14:50 Std.	2650 km
	Süd		Besatzung: I. Führer Wilhelm – II. Führer v. Clausbruch – Maschinist Heiss – Funker Paulin						
627	Überfl.	03.06.	Ha 139 D-AJEY *NORDWIND*	Bath. Wasserstart	06:35	Natal	18:14	11:39 Std.	3040 km
	Süd		Besatzung: I. Führer Blankenburg – II. Führer v. Gablenz – Maschinist Dierberg – Funker Küppers						

Washington, New York und Boston die für den Flug angeforderten Wetternachrichten eingetroffen und der Flug wird noch einmal an Hand der Wettermeldungen mit dem Flugzeugführer besprochen …«

Ohne fundierte nautische Ausbildung der Flugzeugführer, die der von Schiffskapitänen entsprach, konnten die Atlantikrouten seinerzeit nicht beflogen werden. Stundenlange Flüge über freier See erforderten mehr als nur navigatorische Grundkenntnisse. Nach Einsicht in die Seekarte bekam der Pilot die Position des Schiffes beim Abflug, den Flugkurs mit Entfernung bis zum ersten Land und weiter bis zum Bestimmungsort sowie die anzuwendenden Missweisungen von Stunde zu Stunde schriftlich in die Hand gedrückt. Nach dem Start blieben Schiff und Flugzeug im Kontakt. Er begann mit dem Aufbau der ersten drahtlosen Verbindung durch die Funkstation des Schiffes nach einer Viertelstunde. Die Wegsicherung, die Leitung des Wasserflugzeugs bis zum Bestimmungsort geschah von Bord aus. Die Maschine sendete etwa alle 20 Minuten funktelegrafische Zeichen, die mit einem Richtungsempfänger, einem »Funkpeiler«, vom Schiff aufgenommen wurden. Der Offizier vom Dienst zeichnete die gepeilte Richtung vom augenblicklichen Schiffsstandort in die Seekarte ein. Gleichzeitig gab das Flugzeug seine Geschwindigkeit unter Berücksichtigung des herrschenden Windes durch, und damit war eine dauernde Standortkontrolle des Postflugzeugs gesichert. Bei Bedarf gab es dann Kursberichtigungen über Funk. Kam Land in Sicht, orientierte sich die Besatzung weiter nach Karte und Bodensicht, und das Senden der Peilzeichen entfiel. Der letzte Morsefunkspruch der Postmaschine am Bestimmungsort lautete dann: *»Landen in etwa zehn Minuten, FT. wird eingestellt.«*

Startvorbereitungen: Vom Abstellplatz hinter dem ersten Schornstein der EUROPA wird die He 58 D-1919 über eine Ablauframpe rückwärts auf das Katapult in die Startposition gezogen.

lfd.Nr.		Datum	Flugzeug	Start	GMT NYZ	Landung	GMT NYZ	Flugzeit	Flugstrecke
628	Überfl.	05.06.	Do 18 D-AANE *ZYKLON*	Westfalen Bathurst	06:18	Natal	20:28	14:10 Std.	3040 km
	Süd		Besatzung: I. Führer Ludwig – II. Führer v. Clausbruch – Maschinist Mischur – Funker Hartwig						
629	Überfl.	10.06.	Ha 139 D-AJEY *NORDWIND*	Friesenland Recife	10:19	Bathurst	22:59	12:40 Std.	3139 km
	Süd		Besatzung: I. Führer Blankenburg – II. Führer Krüger – Maschinist Dierberg – Funker Küppers						
630	Überfl.	10.06.	10 to *WAL* D-ALOX *PASSAT*	Westfalen Bathurst	02:54	Natal	19:27	16:33 Std.	3040 km
	Süd		Besatzung: I. Führer Wilhelm – II. Führer Stötzer – Maschinist Heiss – Funker Paulin						
631	Überfl.	17.06.	Do 18 D-AANE *ZYKLON*	Friesenland Recife	14:06	Bathurst	05:01	14:55 Std.	3139 km
	Süd		Besatzung: I. Führer Ludwig – II. Führer Stötzer – Maschinist Mischur – Funker Hartwig						
632	Überfl.	17.06.	Do 18 D-AROZ *PAMPERO*	Westfalen Bathurst	02:40	Natal	16:34	13:54 Std.	3040 km
	Süd		Besatzung: I. Führer Schirmacher – II. Führer Krüger – Maschinist Lösener – Funker Schweikard						
633	Überfl.	24.06.	Do 18 D-AROZ *PAMPERO*	Friesenl. Fer. Nor.	15:02	Bathurst	03:40	12:38 Std.	2650 km
	Süd		Besatzung: I. Führer Schirmacher – II. Führer v. Gablenz – Maschinist Lösener – Funker Schweikard – 1 Fluggast						
634	Überfl.	24.06.	Do 18 D-AANE *ZYKLON*	Ostmark Bathurst	02:43	Natal	18:06	15:23 Std.	3040 km
	Süd		Besatzung: I. Führer Klix – II. Führer Stötzer – Maschinist Rautenberg – Funker Hartwig						
635	Überfl.	01.07.	10 to *WAL* D-ALOX *PASSAT*	Westfalen Fer. Nor.	13:54	Bathurst	04:25	14:31 Std.	2650 km
	Süd		Besatzung: I. Führer Wilhelm – II. Führer Stötzer – Maschinist Heiss – Funker Paulin						
636	Überfl.	01.07.	Do 18 D-AROZ *PAMPERO*	Ostmark Bathurst	07:30	Natal	22:03	14:33 Std.	2650 km
	Süd		Besatzung: I. Führer Hemptenmacher – II. Führer Brill – Maschinist Schwanke – Funker Rabe						
637	Überfl.	08.07.	Do 18 D-AANE *ZYKLON*	Westfalen Fer. Nor.	13:47	Bathurst	02:10	12:23 Std.	2650 km
	Süd		Besatzung: I. Führer Klix – II. Führer Brill – Maschinist Rautenberg – Funker Hartwig						
638	Überfl.	08.07.	10 to *WAL* D-ALOX *PASSAT*	Ostmark Bathurst	04:15	Fern. de Noranha	18:53	14:38 Std.	2650 km
	Süd		Besatzung: I. Führer Möhring – II. Führer Stötzer – Maschinist Heiss – Funker Paulin						
639	Überfl.	15.07.	10 to *WAL* D-ALOX *PASSAT*	Westfalen Fer. Nor.	15:47	Bathurst	05:34	13:47 Std.	2650 km
	Süd		Besatzung: I. Führer Hemptenmacher – II. Führer Stötzer – Maschinist Heiss – Funker Rabe						
640	Überfl.	15.07.	Do 18 D-AANE *ZYKLON*	Ostmark Bathurst	07:29	Fern. de Noranha	20:41	13:12 Std.	2650 km
	Süd		Besatzung: I. Führer Klix – II. Führer Brill – Maschinist Rautenberg – Funker Hartwig						

Besatzungen der Bordflugzeuge der Bremen und Europa

Flugzeugführer / Funkermaschinist	durchgeführte Flüge in der Flugsaison						
	1929	1930	1931	1932	1933	1934	1935	
	7	22	31*	35	34	36	34	199
Studnitz, Jobst v.								
Bremen	7	8	–	1	–	–	–	16
Europa	–	4	1	–	–	–	–	5
Kirchhoff, Karl								
Bremen	7	8	–	–	–	–	–	15
Europa	–	2	17	18	–	–	–	37
Fahrenbruch, Erwin								
Europa	–	2	–	–	–	–	–	2
Simon, Fritz								
Bremen	–	10	14	–	–	–	–	24
Hagen v., Kurt								
Bremen	–	8	–	–	–	–	–	8
Europa			–	–	18	18	–	36
Germann								
Bremen	–	2	–	–	–	–	–	2
Wagenknecht, Rudolf								
Bremen	–	–	14	–	–	–	–	14
Blankenburg, Joachim								
Europa	–	–	16	18	–	–	–	34
Grütering, Bernhard								
Bremen	–	–	–	16	16	–	–	32
Zimmermann, Erich								
Bremen	–	–	–	17	15	–	–	32
Schwilden, Horst								
Europa	–	–	–	–	18	–	–	18
Kober, Walter								
Bremen	–	–	–	–	1	–	–	1
Diele, Walter								
Europa	–	–	–	–	–	18	16	34
Rösel, Helmuth								
Europa	–	–	–	–	–	–	16	16
Graf Schack von Wittenau, Siegfried								
Bremen	–	–	–	–	–	18	18	36
Dierberg, Paul								
Bremen	–	–	–	–	–	18	18	36

Flugzeugführer sind unterstrichen, Maschinisten nicht. *Der Todesflug von Fritz Simon und Rudolf Wagenknecht ist mitgezählt.

lfd.Nr.		Datum	Flugzeug	Start	GMT NYZ	Landung	GMT NYZ	Flugzeit	Flugstrecke
641	Über-flug Nord	21.07.	Ha 139 D-AMIE *NORDMEER*	Horta	21:00	New York (22.07)	14:40	17:40 Std.	3850 km
			Besatzung: I. Führer Blankenburg – II. Führer Brix – Maschinist Eger – Funker Küppers *Beginn der Wettererkundungsflüge auf der Südroute im Nordatlantik mit der Ha 139.*						
642	Überfl. Süd	22.07.	Do 18 D-AROZ *PAMPERO*	Westfalen Fer. Nor.	15:16	Bathurst	03:10	11:54 Std	2650 km
			Besatzung: I. Führer Klix – II. Führer Brill – Maschinist Schwanke – Funker Paulin						
643	Überfl. Süd	22.07.	10 to *WAL* D-AGAT *BOREAS*	Ostmark Bathurst	11:23	Fern. de Noranha	02:04	14:41 Std.	2650 km
			Besatzung: I. Führer Hemptenmacher – II. Führer Stötzer – Maschinist Ziegaus – Funker Rabe						
644	Überfl. Nord	25.07.	Ha 139 D-AJEY *NORDWIND*	Horta, Azoren	03:00	New York	19:28	16:28 Std.	3850 km
			Besatzung: I. Führer v. Engel – II. Führer Schirmacher – Maschinist Rösel – Funker Stein						
645	Über-flug Nord	26.07.	Ha 139 D-AMIE *NORDMEER*	New York	00:00	Horta, Azoren	14:20	14:20 Std.	3850 km
			Besatzung: I. Führer Blankenburg – II. Führer Brix – Maschinist Eger – Funker Küppers						
646	Überfl. Süd	29.07.	Do 18 D-AANE *ZYKLON*	Westfalen Fer. Nor.	14:52	Bathurst	03:10	12:18 Std.	2650 km
			Besatzung: I. Führer Hemptenmacher – II. Führer Stötzer – Maschinist Rautenberg – Funker Hartwig						
647	Überfl. Süd	29.07.	Do 18 D-AROZ *PAMPERO*	Ostmark Bathurst	04:17	Natal	19:58	15:41 Std	3040 km
			Besatzung: I. Führer Klix – II. Führer Brill – Maschinist Schwanke – Funker Bürkle						
648	Über-flug Nord	01.08.	Ha 139 D-AMIE *NORDMEER*	Horta, Azoren	03:00	New York	19:04	16:04 Std.	3850 km
			Besatzung: I. Führer Blankenburg – II. Führer Brix – Maschinist Eger – Funker Küppers						
649	Überfl. Nord	02.08.	Ha 139 D-AJEY *NORDWIND*	New York	00:00	Horta	14:55	14:55 Std.	3850 km
			Besatzung: I. Führer v. Engel – II. Führer Schirmacher – Maschinist Rösel – Funker Stein						
650	Überfl. Süd	05.08.	10 to *WAL* D-AGAT *BOREAS*	Westfalen Fer. Nor.	16:42	Bathurst	06:02	13:20 Std.	2650 km
			Besatzung: I. Führer Klix – II. Führer Brill – Maschinist Ziegaus – Funker Rabe						
651	Überfl. Süd	05.08.	Do 18 D-AANE *ZYKLON*	Ostmark Bathurst	03:42	Fern. de Noranha	16:58	13:16 Std.	2650 km
			Besatzung: I. Führer Hemptenmacher – II. Führer Flinsch – Maschinist Rautenberg – Funker Hartwig – 1 Fluggast						
652	Über-flug Nord	09.08.	Ha 139 D-AMIE *NORDMEER*	New York	00:00	Horta, Azoren	15:14	15:14 Std.	3850 km
			Besatzung: I. Führer Blankenburg – II. Führer Brix – Maschinist Eger – Funker Küppers						

Die Einstellung des Schleuderflugdienstes von der BREMEN und EUROPA mit Ende der Flugsaison im Oktober 1935 hatte einiges mit der politischen Großwetterlage und mit den Atlantikambitionen der Lufthansa zu tun. Das Luftverkehrsunternehmen stand in den Startlöchern zur Einrichtung einer ständigen Postflugstrecke über den Nordatlantik, für die 1936 erste Erkundungsflüge stattfanden. Gleichzeitig bauten sich aber bei den Amerikaner Ressentiments auf, die letztendlich zur Verweigerung der Postlizenz für Deutschland führten. Deutsche Flugzeuge durften in den USA zukünftig keine Post anlanden oder mitnehmen. Dem Postvorausflug des Schleuderdienstes von den Schnelldampfern blieb die Auswirkung der harten Haltung der US-Postbehörden durch seine Einstellung ab 1936 erspart. Der letzte Start eines Schleuderflugzeuges erfolgte von Bord der BREMEN am 9. Oktober 1935. Die D-UHYL, mit Flugkapitän Siegfried Graf Schack von Wittenau (1900–1981) und Funkermaschinist Paul Dierberg (1900–1940) als Besatzung, flog in vier Stunden 45 Minuten über 1248 Kilometer von der BREMEN auf dem Atlantik nach Southampton.

Bei der Postbeförderung durch die Luftschiffe *GRAF ZEPPELIN* und *HINDENBURG* erledigte sich das anstehende Postproblem mit dem Explosionsunglück von Lakehurst im Mai 1937 auf makabere Weise von selbst. Eine geplante Flotte von Luftschiffen sollte eigentlich den damals

Flugkapitän Graf Schack auf seinem Postflugzeug Ju 46 neben dem Antennenrahmen des Funkpeilgerätes; er war Flugzeugführer des Schleuderflugzeuges in der Flugsaison 1935.

lfd.Nr.		Datum	Flugzeug	Start	GMT NYZ	Landung	GMT NYZ	Flugzeit	Flugstrecke
653	Überfl. Nord	09.08.	Ha 139 D-AJEY *NORDWIND*	Horta, Azoren	01:00	New York	16:50	15:50 Std.	
			Besatzung: I. Führer v. Engel – II. Führer Schirmacher – Maschinist Rösel – Funker Stein						
654	Überflug Nord	10.08.	Fw 200 D-ACON *CONDOR* (Focke-Wulf Werksnr. 2 Überfl., Fw 200 V1 nach Umbau und Rekordflug D-ACON *BRANDENBURG* der DLH)	Berlin	20:05	New York (11.08.)	20:55	24:50 Std.	6371 km
			Besatzung: Flugkapitän Henke – Hauptmann v. Moreau – Oberfunkermaschinist Dierberg – Oberflugzeugfunker Kober *Erster Nonstop-Atlantiküberflug eines Landflugzeugs mit einziehbarem Fahrwerk.*						
655	Überfl. Süd	12.08.	Do 18 D-AROZ *PAMPERO*	WESTFALEN Fer. Nor.	16:11	Bathurst	04:40	12:29 Std	2650 km
			Besatzung: I. Führer Lochner – II. Führer Flinsch – Maschinist Schwanke – Funker Bürkle						
656	Überfl. Süd	12.08.	10 to *WAL* D-AGAT *BOREAS*	OSTMARK Bathurst	03:42	Fern. de Noranha	18:51	15:09 Std.	2650 km
			Besatzung: I. Führer Klix – II. Führer Brill – Maschinist Ziegaus – Funker Rabe						
657	Überfl. Nord	13.08.	Fw 200 D-ACON *CONDOR*	New York	14:05	Berlin (14.08.)	10:00	19:55 Std.	6371 km
			Beatzung Flugkapitän Henke – Hauptmann v. Moreau – Oberfunkermaschinist Dierberg – Oberflugzeugfunker Kober						
658	Überfl. Süd	19.08.	10 to *WAL* D-AGAT *BOREAS*	WESTFALEN Fer. Nor.	11:44	Bathurst	01:34	13:50 Std.	2650 km
			Besatzung: I. Führer Hemptenmacher – II. Führer Brill – Maschinist Ziegaus – Funker Rabe						
659	Überfl. Süd	19.08.	Do 18 D-AROZ *PAMPERO*	OSTMARK Bathurst	05:00	Fern. de Noranha	18:30	13:30 Std	2650 km
			Besatzung: I. Führer Lochner – II. Führer Flinsch – Maschinist Schwanke – Funker Bürkle						
660	Überflug Nord	22.08.	Ha 139 D-AMIE *NORDMEER*	Horta, Azoren	01:00	New York	17:06	16:06 Std.	3850 km
			Besatzung: I. Führer Blankenburg – II. Führer Blume – Maschinist Eger – Funker Küppers						
661	Überfl. Nord	23.08.	Ha 139 D-AJEY *NORDWIND*	New York	00:00	Horta	14:45	14:45 Std.	
			Besatzung: I. Führer Schirmacher – II. Führer v. Engel – Maschinist Rösel – Funker Stein						
662	Überfl. Süd	26.08.	Do 18 D-AROZ *PAMPERO*	WESTFALEN Fer. Nor.	15:09	Bathurst	04:34	13:25 Std	2650 km
			Besatzung: I. Führer Lochner – II. Führer Flinsch – Maschinist Schwanke – Funker Hartwig						
663	Überfl. Süd	26.08.	10 to *WAL* D-AGAT *BOREAS*	OSTMARK Bathurst	03:30	Fern. de Noranha	19:26	15:56 Std.	2650 km
			Besatzung: I. Führer Hemptenmacher – II. Führer Hartmann – Maschinist Ziegaus – Funker Rabe						

schnellsten Posttransport über den Atlantik bewerkstelligen. Der Postliniendienst mit Flugbooten der Lufthansa, über den folgend noch berichtet wird, bot zwar ab 1936 alle technischen und organisatorischen Voraussetzungen, doch ohne Postvertrag blieben die Erkundungsflüge bis 1938 Leerflüge ohne Post und Passagiere.

Paul Dierberg (1900–1940), Funkermaschinist der D-UHYL, auf dem letzten Schleuderflug von Bord der BREMEN *nach Southampton im Oktober 1935.*

Abschiedsgruß von der Brückennock – im Vorbeiflug D-UHYL BREMEN. *Die Junkers Ju 46 war vom 7. Mai 1934 bis 9. Oktober 1935 das letzte Bordflugzeug auf der* BREMEN.

lfd.Nr.		Datum	Flugzeug	Start	GMT NYZ	Landung	GMT NYZ	Flugzeit	Flugstrecke
664	Überfl.	29.08.	Ha 139 D-AJEY *NORDWIND*	Horta, Azoren	01:00	New York	16:13	15:13 Std.	
	Nord		Besatzung: I. Führer v. Engel – II. Führer Schirmacher – Maschinist Rösel – Funker Stein						
665	Über-flug	30.08.	Ha 139 D-AMIE *NORDMEER*	New York	00:00	Horta, Azoren	15:55	15:55 Std.	3850 km
	Nord		Besatzung: I. Führer Blankenburg – II. Führer Blume – Maschinist Eger – Funker Küppers						
666	Überfl.	02.09.	Do 18 D-AROZ *PAMPERO*	Ostmark Bathurst	03:25	Natal	18:38	15:13 Std.	3040 km
	Süd		Besatzung: I. Führer Lochner – II. Führer Flinsch – Maschinist Schwanke – Funker Schukalla						
667	Überfl.	03.09.	Do 18 D-AANE *ZYKLON*	Westfalen Fer. Nor.	09:54	Las Palmas	06:08	20:14 Std.	4050 km
	Süd		Besatzung: I. Führer Klix – II. Führer Hartmann – Maschinist Rautenberg – Funker Bürkle						
668	Über-flug	04.09.	Ha 139 D-AMIE *NORDMEER*	Horta, Azoren	01:00	New York	17:01	16:01 Std.	3850 km
	Nord		Besatzung: I. Führer Blankenburg – II. Führer v. Gablenz – Maschinist Eger – Funker Küppers						
669	Überfl.	06.09.	Ha 139 D-AJEY *NORDWIND*	New York	00:00	Horta, Azoren	14:27	14:27 Std.	3850 km
	Nord		Besatzung: I. Führer Schirmacher – II. Führer v. Engel – Maschinist Rösel – Funker Stein						
670	Überfl.	09.09.	10 to *WAL* D-AGAT *BOREAS*	Westfalen Fer. Nor.	14:55	Bathurst	03:51	12:56 Std.	2650 km
	Süd		Besatzung: I. Führer Hemptenmacher – II. Führer Flinsch – Maschinist Ziegaus – Funker Rabe						
671	Überfl.	09.09.	10 to *WAL* D-ALOX *PASSAT*	Ostmark Bathurst	09:00	Fern. de Noranha	00:56	15:56 Std.	2650 km
	Süd		Besatzung: I. Führer Klix – II. Führer Hartmann – Maschinist Rautenberg – Funker Bürkle						
672	Über-flug	12.09.	Ha 139 D-ASTA *NORDSTERN* (Hamburger Flugzeugbau Ha 139 B V3)	Horta, Azoren	01:00	New York	14:40	13:40 Std.	3850 km
	Nord		Besatzung: I. Führer Mayr – II. Führer Blume – Maschinist Mischur – Funker Gruber						
673	Über-flug	13.09.	Ha 139 D-AMIE *NORDMEER*	New York	00:00	Horta, Azoren	15:42	15:42 Std.	3850 km
	Nord		Besatzung: I. Führer Blankenburg – II. Führer v. Gablenz – Maschinist Eger – Funker Küppers						
674	Überfl.	16.09.	Do 18 D-AROZ *PAMPERO*	Westfalen Fer. Nor.	13:39	Bathurst	02:39	13:00 Std.	2650 km
	Süd		Besatzung: I. Führer Lochne – II. Führer Hartmann – Maschinist Schwanke – Funker Schukalla						
675	Überfl.	16.09.	10 to *WAL* D-AGAT *BOREAS*	Ostmark Bathurst	06:14	Natal	23:10	16:56 Std.	3040 km
	Süd		Besatzung: I. Führer Hemptenmacher – II. Führer Flinsch – Maschinist Ziegaus – Funker Rabe						

Was auf dem Nordatlantik funktioniert, muss im Süden auch gehen

Das Voraus- und Hinterherfliegen der Luftpost zur Verkürzung der Postlaufzeiten sollte ab 1930 auch für den Südatlantik erkundet werden. Ein solcher Luftpostliniendienst gehörte zu den strategischen Zielen der Deutschen Luft Hansa, und zusammen mit ihrer brasilianischen Tochterfirma, dem »Syndicato Condor«, begannen die Planungen zur Realisierung. Für das Überfliegen des Südatlantiks ohne Tankstopp gab es jedoch nicht das passende Flugzeug. Zur notwendigen Benzinladung mussten noch Hunderte von Kilogramm an Post als Nutzlast mitgenommen werden sowie mindestens zwei Flugzeugführer, ein Funker und ein Motorenwart für die stundenlangen Flüge. Nach dem luftfahrttechnischen Verständnis der Zeit kam für die Aufgabe ausschließlich ein Flugboot infrage. Und da gab es nur einen Flugzeugtyp, der sich durch Robustheit und Zuverlässigkeit einen bereits legendären Ruf erworben hatte – das Dornier-Flugboot vom Typ *WAL*.

Mit *WAL*-Flugbooten, die genaue technische Bezeichnung lautete Do J II, machten sich erfahrene Flugzeugführer der Luft Hansa auf Erkundungstouren, auf Langstreckenflüge, die Material und Menschen einiges abforderten. Im März 1930 beflogen sie die Strecke Travemünde–Kanarische Inseln–Rio des Oro an der afrikanischen Westküste und retour über das spanische Cadiz. Rund 8000 Kilometer legte man zurück, um Start- und Landemöglichkeiten vor Ort sowie die notwendige Infrastruktur der Streckenpunkte zu eruieren. Etwa gleichzeitig begannen die Kollegen auf der südamerikanischen Seite mit einem konkreten Postzubringerdienst für die Liniendampfer der deutschen Hamburg-Süd-Reederei. Die *WAL*-Flugboote des Condor-Syndikats flogen der CAP POLONIO und CAP ARCONA von Natal entgegen bzw. hinterher, um auf hoher See ihre Luftpostladung auszutauschen. Der Treffpunkt für diese risikoreichen Aktionen mit Wasserung des Flug-

Mit dem »Finger Gottes«, dem steilen Felsen auf Fernando de Noranha im Hintergrund, hievt der Kran der SCHWABENLAND einen 10-t-WAL aus dem Wasser, um ihn an Bord abzusetzen.

lfd.Nr.		Datum	Flugzeug	Start	GMT NYZ	Landung	GMT NYZ	Flugzeit	Flugstrecke
676	Über-flug Nord	19.09.	Ha 139 D-ASTA *NORDSTERN*	New York	23:18	Horta, Azoren	12:23	13:05 Std.	3850 km
			Besatzung: I. Führer Mayr – II. Führer Blume – Maschinist Mischur – Funker Gruber						
677	Überfl. Nord	19.09.	Ha 139 D-AJEY *NORDWIND*	Horta, Azoren	01:00	New York	17:08	17:17 Std.	3850 km
			Besatzung: I. Führer v. Engel – II. Führer Wilhelm – Maschinist Rösel – Funker Stein						
678	Überfl. Süd	23.09.	10 to *WAL* D-ALOX *PASSAT*	Westfalen Fer. Nor.	15:37	Bathurst	04:58	13:21 Std.	2650 km
			Besatzung: I. Führer Hemptenmacher – II. Führer Flinsch – Maschinist Rautenberg – Funker Bürkle						
679	Überfl. Süd	23.09.	Do 18 D-AROZ *PAMPERO*	Ostmark Bathurst	05:51	Natal	20:45	14:54 Std.	3040 km
			Besatzung: I. Führer Lochner – II. Führer Hartmann – Maschinist Schwanke – Funker Schukalla						
680	Über-flug Nord	25.09	Ha 139 D-AMIE *NORDMEER*	Horta, Azoren	01:00	New York	18:17	16:01 Std.	3850 km
			Besatzung: I. Führer Blume – II. Führer Blankenburg – Maschinist Eger – Funker Küppers						
681	Überfl. Nord	26.09.	Ha 139 D-AJEY *NORDWIND*	New York	00:00	Horta, Azoren	13:30	13:30 Std.	3850 km
			Besatzung: I. Führer v. Engel – II. Führer Wilhelm – Maschinist Rösel – Funker Stein						
682	Über-flug Süd	30.09.	Do 18 D-AROZ *PAMPERO*	Westfalen Fer. Nor.	15:45	Unfall auf See	ca. 03:38	ca. 11:53 Std.	ca. 2558 km
			Besatzung: I. Führer Lochner – II. Führer Hartmann – Maschinist Schwanke – Funker Rabe – 1 Fluggast Absturz kurz vor dem Ziel in der Nacht. Es konnten nur kleine Wrackteile des total zerlegten Flugbootes geborgen werden. Unfallvermutung: Wasserberührung mit hoher Geschwindigkeit beim Niedrigfliegen nach Sekundenschlaf des Flugzeugführers. Als Fluggast kam Dr. Ernst Dierbach, Leiter der Abt. Flugsicherung der DLH, ums Leben.						
683	Überfl. Süd	30.09.	10 to *WAL* D-ALOX *PASSAT*	Ostmark Bathurst	04:46	Fern. de Noranha	19:49	15:03 Std.	2650 km
			Besatzung: I. Führer Grütering – II. Führer Spoerl – Maschinist Rautenberg – Funker Bürkle						
684	Über-flug Nord	03.10.	Ha 139 D-ASTA *NORDSTERN*	Horta, Azoren	01:57	New York	16:46	14:49 Std.	3850 km
			Besatzung: I. Führer Mayr – II. Führer Wilhelm – Maschinist Mischur – Funker Gruber						
685	Über-flug Nord	03.10.	Ha 139 D-AMIE *NORDMEER*	New York	00:00	Horta, Azoren	15:11	15:11 Std.	3850 km
			Besatzung: I. Führer Blume – II. Führer Blankenburg – Maschinist Eger – Funker Küppers						
686	Überfl. Süd	07.10.	10 to *WAL* D-AGAT *BOREAS*	Westfalen Fer. Nor.	15:25	Bathurst	06:10	14:45 Std.	2650 km
			Besatzung: I. Führer Grütering – II. Führer Spoerl – Maschinist Ziegaus – Funker Schukalla						

Führerstand mit Doppelsteuer des 10-t-WALs. Links der Sitz des ersten und rechts des zweiten Flugzeugführers.

bootes neben dem Passagierdampfer, der ein Boot zu Wasser ließ, um die Postsäcke zu holen oder zu bringen, lag etwa 100 Kilometer seewärts von der Brasilien vorgelagerten Insel Fernando de Noranha. Das Seegebiet um die Insel wird zukünftig Anfangs- und Endpunkt für die deutschen Flugboote im Südatlantikdienst.

Der Dornier *WAL*, eines der erfolgreichsten Flugboote der deutschen Luftfahrtgeschichte, absolvierte seinen Erstflug am 6. November 1922 in Italien. Um die Bestimmungen des Versailler Vertrages nicht zu verletzen, erwarb Claude Dornier Anfang der 1920er-Jahre eine stillgelegte Schiffswerft in der Nähe von Pisa und gründete dort die Costruzioni Meccaniche Aeronautiche S.A. Dorniers Entwurf eines Hochdecker-Flugbootes mit zwei Triebwerken in Tandem-Anordnung und den schon bewährten Dornier-Stabilitätsstummeln an den Rumpfseiten sollte zur Serienreife entwickelt werden.

Weiterer Auftraggeber für einige der sogenannten 8-Tonnen-*WAL*e war dann die Luft Hansa im Jahre 1932, und sie hatte einen ganz besonderen Wunsch: Die Flugboote mit einem maximalen Fluggewicht von 8,5 Tonnen mussten schleuderfähig sein und sollten rund 3000 Kilogramm Zuladung befördern.

Besondere Katapultschiffe für den Transozeandienst der Lufthansa

Um den Südatlantik zu überfliegen, benötigte ein *WAL*-Flugboot jeden Tropfen Treibstoff. Beim spritfressenden Wasserstart verkürzte sich die maximale Flugstrecke um Hunderte von Kilometern. Also sollte katapultiert werden, und zu dem Zweck charterte die Luft Hansa den schon etwas betagten Frachtdampfer WESTFALEN vom Norddeutschen Lloyd und ließ ihn zum Flugstützpunkt umbauen. Als neue Ausrüstung bekam der Frachter einen stattlichen Flugzeughebekran auf das Heck gesetzt. Weiterhin erhielt das Heck eine Vorrichtung für ein Landesegel, das die WESTFALEN hinter sich herzog und auf das das Flugboot auflaufen konnte. Mit Fahrterhöhung des Dampfers entstand so eine halb starre Verbindung zwischen Flugboot und Segel, die auch bei Wellengang das sichere Einhängen des Krangeschirrs ermöglichte, um das Flugboot an Bord zu hieven.

lfd.Nr.		Datum	Flugzeug	Start	GMT NYZ	Landung	GMT NYZ	Flugzeit	Flugstrecke
687	Überfl.	07.10.	Do 18 D-ARUN *ZEPHIR*	Ostmark Bathurst	06:52	Natal	20:28	13:36 Std.	3040 km
	Süd		Besatzung: I. Führer Schirmacher – II. Führer Tischbiereck – Maschinist Lösener – Funker Schmischke						
688	Über-flug	10.10.	Ha 139 D-ASTA *NORDSTERN*	New York	00:00	Horta, Azoren	12:44	12:44 Std.	3850 km
	Nord		Besatzung: I. Führer Wilhelm – II. Führer Mayr – Maschinist Mischur – Funker Gruber						
689	Überfl.	10.10.	Ha 139 D-AJEY *NORDWIND*	Horta, Azoren	01:00	New York	15:35	14:35 Std.	3850 km
	Nord		Besatzung: I. Führer Blume – II. Führer v. Engel – Maschinist Rösel – Funker Stein						
690	Überfl.	14.10.	10 to *WAL* D-ALOX *PASSAT*	Westfalen Fer. Nor.	16:18	Bathurst	07:24	15:06 Std.	2650 km
	Süd		Besatzung: I. Führer Großschopff – II. Führer Tischbiereck – Maschinist Rautenberg – Funker Schmischke						
691	Überfl.	14.10.	10 to *WAL* D-AGAT *BOREAS*	Ostmark Bathurst	04:40	Fern. de Noranha	19:03	14:23 Std.	2650 km
	Süd		Besatzung: I. Führer Grütering – II. Führer Spoerl – Maschinist Ziegaus – Funker Schukalla						
692	Über-flug	16.10.	Ha 139 D-ASTA *NORDSTERN*	Horta, Azoren	01:00	New York	14:42	13:42 Std.	3850 km
	Nord		Besatzung: I. Führer Wilhelm – II. Führer Mayr – Maschinist Mischur – Funker Gruber						
693	Überfl.	17.10.	Ha 139 D-AJEY *NORDWIND*	New York	00:00	Horta, Azoren	14:45	14:45 Std.	3850 km
	Nord		Besatzung: I. Führer Blume – II. Führer v. Engel – Maschinist Rösel – Funker Stein						
694	Über-flug	19.10.	Ha 139 D-ASTA *NORDSTERN*	New York	00:00	Horta, Azoren	11:53	11:53 Std.	3850 km
	Nord		Besatzung: I. Führer Mayr – II. Führer Wilhelm – Maschinist Mischur – Funker Gruber Schnellster Überflug auf der Strecke New York–Horta. Mit dem Rekordflug und dem Nachweis des planmäßigen Betriebs einer Luftpoststrecke über den Nordatlantik beendete die Lufthansa ihr Engagement. 1939 gab es keine weiteren Nordatlantikflüge.						
695	Überfl.	21.10.	10 to *WAL* D-AGAT *BOREAS*	Westfalen Fer. Nor.	14:30	Bathurst	05:15	14:45 Std.	2650 km
	Süd		Besatzung: I. Führer Schirmacher – II. Führer Spoerl – Maschinist Lösener – Funker Bürkle						
696	Überfl.	21.10.	10 to *WAL* D-ALOX *PASSAT*	Ostmark Bathurst	04:48	Fern. de Noranha	19:19	14:31 Std.	2650 km
	Süd		Besatzung: I. Führer Großschopff – II. Führer Tischbiereck – Maschinist Rautenberg – Funker Schmischke						
697	Überfl.	28.10.	10 to *WAL* D-ALOX *PASSAT*	Westfalen Fer. Nor.	14:19	Bathurst	04:11	13:52 Std.	2650 km
	Süd		Besatzung: I. Führer Großschopff – II. Führer Tischbiereck – Maschinist Rautenberg – Funker Schmischke						
698	Über-flug	28.10.	Ha 139 D-AMIE *NORDMEER*	Bathurst Wasserstart	17:53	Natal	06:22	12:29 Std.	3040 km
	Süd		Besatzung: I. Führer Mayr – II. Führer Brix – Maschinist Eger – Funker Küppers – 1 Fluggast						

Der Flugzeugstützpunkt Schwabenland mit zwei 10-t-WALen an Bord vor Bathurst.

Auf dem Vorschiff bekam das neue Heinkel-K-6-Katapult seinen Platz, das eine Masse von bis zu 15 Tonnen Startgewicht schleudern konnte. Von hinten nach vorn verschob man die Flugboote auf Schienenbahnen an den Aufbauten und am Schornstein vorbei.

Diese verzwickte Zentimeterarbeit ersparten sich die Konstrukteure bei den weiteren Schleuderschiffen Schwabenland, Friesenland und Ostmark. Der legbare Kran und die Schienenbahn des Katapults standen bei ihnen auf dem Heck, sodass nach dem Herausheben die Flugboote direkt auf das Katapult gesetzt werden konnten. Der Einbau einer leistungsfähigen Funk- und Peilanlage sowie entsprechende Unterkunftsräume für die Besatzung und das Flugpersonal gehörten bei der Westfalen zum Umbauprogramm. Starke und verlässliche Funkverbindungen erwiesen sich in der Weite des Südatlantiks als überlebensnotwendig, und bei den langen Seeliegezeiten der Schleuderschiffe mussten die Besatzungen mit angenehmer Wohnlichkeit bei Laune gehalten werden.

So ausgerüstet, tauchte die Westfalen mit den zwei 8 t *WAL*-Flugbooten *PASSAT* und *MONSUN* an Bord im Frühsommer 1933 vor Bathurst an der afrikanischen Westküste auf. Bereits am 17. Februar des Jahres gelang in der Nordsee der erste Schleuderstart eines zehn Tonnen schweren Flugbootes, und nunmehr wollte die Luft Hansa die Möglichkeiten mit neuem Gerät auf dem Südatlantik erproben. Nach den ersten erfolgreichen Starts und Landungen sowie der Teilflüge von der Westfalen in der Mitte des Südatlantiks nach

lfd.Nr.		Datum	Flugzeug	Start	GMT NYZ	Landung	GMT NYZ	Flugzeit	Flugstrecke
699	Überfl. Süd	04.11.	Do 18 D-ARUN *ZEPHIR*	Westfalen Fer. Nor.	17:08	Las Palmas	13:08	20:00 Std.	4050 km
			Besatzung: I. Führer Grütering – II. Führer Mayr – Maschinist Ziegaus – Funker Schukalla						
700	Überfl. Süd	04.11.	Do 18 D-AANE *ZYKLON*	Ostmark Bathurst	02:05	Natal	16:24	14:19 Std.	3040 km
			Besatzung: I. Führer Großschopff – II. Führer Spoerl – Maschinist Geiger – Funker Schmischke						
701	Überflug Süd	11.11.	Ha 139 D-AMIE *NORDMEER*	Natal Wasserstart	11:57	Bathurst	00:12	12:15 Std.	3040 km
			Besatzung: I. Führer Brix – II. Führer Großschopff – Maschinist Eger – Funker Küppers						
702	Überflug Süd	12.11.	Ha 139 D-ASTA *NORDSTERN*	Bathurst Wasserstart	06:38	Natal	17:08	10:30 Std.	3040 km
			Besatzung: I. Führer Blume – II. Führer Grütering – Maschinist Mischur – Funker Schukalla						
703	Überflug Süd	18.11.	Ha 139 D-ASTA *NORDSTERN*	Natal Wasserstart	11:20	Bathurst	22:37	11:17 Std.	3040 km
			Besatzung: I. Führer Blume – II. Führer Grütering – Maschinist Mischur – Funker Schukalla						
704	Überflug Süd	18.11.	Ha 139 D-AMIE *NORDMEER*	Bathurst Wasserstart	13:07	Natal	00:45	11:38 Std.	3040 km
			Besatzung: I. Führer Brix – II. Führer Großschopff – Maschinist Eger – Funker Küppers						
705	Überflug Süd	25.11.	Ha 139 D-AMIE *NORDMEER*	Natal Wasserstart	13:09	Bathurst	01:45	12:36 Std.	3040 km
			Besatzung: I. Führer Brix – II. Führer Großschopff – Maschinist Eger – Funker Küppers						
706	Überflug Süd	25.11.	Ha 139 D-ASTA *NORDSTERN*	Bathurst Wasserstart	08:40	Natal	18:44	10:04 Std.	3040 km
			Besatzung: I. Führer Blume – II. Führer Grütering – Maschinist Mischur – Funker Schukalla						
707	Überflug Süd	02.12.	Ha 139 D-ASTA *NORDSTERN*	Natal Wasserstart	13:25	Bathurst	01:20	11:55 Std.	3040 km
			Besatzung: I. Führer Blume – II. Führer Grütering – Maschinist Mischur – Funker Schmischke						
708	Überfl. Süd	02.12.	Ha 139 D-AJEY *NORDWIND*	Bath. Wasserstart	07:40	Natal	18:58	11:18 Std.	3040 km
			Besatzung: I. Führer Großschopff – II. Führer Tischbiereck – Maschinist Gruschwitz – Funker Gidall						
709	Überflug Süd	09.12.	Ha 139 D-ASTA *NORDSTERN*	Bathurst Wasserstart	09:40	Natal	19:48	10:08 Std.	3040 km
			Besatzung: I. Führer Grütering – II. Führer Blume – Maschinist Mischur – Funker Schmischke						

Natal und Bathurst kehrte das Schleuderschiff Ende Juni 1933 für technische Verbesserungen in die Werft nach Deutschland zurück. Nach einer zweiten kurzen Erprobungsphase im Herbst des Jahres und einigen Testflügen im Januar 1934 begann die Lufthansa mit ihrem Luftpostliniendienst nach Brasilien. Am 7. Februar 1934 schleuderte das Katapult der WESTFALEN, die von Bathurst in den Südatlantik hinausgefahren war, den neuen 10-t-*WAL* mit dem Namen *TAIFUN* in den Nachthimmel hinein. Auch ein Vorteil der Katapultstarttechnik: Nachtstarts konnten unproblematisch mit ganz geringem Licht durchgeführt werden, was beim Wasserstart der Flugboote völlig unmöglich war.

Nach 13 Stunden Flugzeit und 2400 Kilometern Strecke wasserte die D-2399 mit der Besatzung Blankenburg, Blume, Gruschwitz und Fechner in Natal. Es begann der sehr erfolgreiche Südatlantikdienst der Lufthansa, mit regelmäßigen Postflügen nach Südamerika und zurück nach Bathurst, der erst mit Beginn des Zweiten Weltkrieges am 1. September 1939 eingestellt werden musste. Aus Deutschland brachten Landflugzeuge in schneller Stafette die Post heran, die – in die Flugboote verladen – über den Südatlantik flog, um dann vom Syndicato Condor in den südamerikanischen Staaten verteilt zu werden.

Schattenseiten des Erfolgs und bittere Erfahrungen

In schöner Regelmäßigkeit flogen jetzt die 10-t-Flugboote vom Typ *WAL* ohne größere Vorkommnisse über den Südatlantik bis zum 140. Transozeanflug des TO-Dienstes der Lufthansa. Am 14. Februar 1936 um 18.18 Uhr (GMT) katapultierte der 10-t-*WAL TORNADO* vor Fernando de Noranha von der WESTFALEN – ein Routineflug nach Bathurst bei normalem Wetter in die Nacht hinein, wie so oft schon. Dauernder Funkkontakt und dann nach 9 Stunden 34 Minuten Flugzeit plötzlich Stille auf der Frequenz. Alles Anrufen nützte nichts, irgendetwas war passiert. Bei einem Dornier *WAL* musste das nicht unbedingt zur großen Sorge Anlass geben. Notwasserungen auf hoher See gingen meist glimpflich ab, und so machten sich die WESTFALEN und die SCHWABENLAND von Bathurst aus auf den Weg, um die Besatzung etwa 1434 Kilometer von Noranha entfernt aufzufischen. Vorsorglich informierte man alle in der Nähe stehenden Schiffe per Funk von dem vermissten Flugboot mit dem Kennzeichen D-ADYS. Am 20. Februar, nach umfangreicher Suchaktion mit drei Flugbooten und sieben Dampfern unterschiedlicher Nationen, war der Verlust von Besatzung und Maschine schmerzliche Realität. Nicht ein einziges Trümmerstück wurde gefunden.

Die Fliegerkameraden hatten zur Unfallursache ihre Vermutungen. Um den Bodeneffekt beim Flug über Wasser auszunutzen – er sparte bis zu 15 Prozent Treibstoff –, flogen die Routiniers nur etwa drei bis fünf Meter hoch über der im Südatlantik oft platten See, mit immerhin rund 200 Stundenkilometern. In der Nacht musste man dann schon etwas höher fliegen und mit dem Einschlafen bei eintönigem Flug rechnen. Flugzeugführer Olaf Bielenstein hatte bereits zehn TO-Flüge hinter sich, sein zweiter Flugzeugführer, Volontär Otto Scheffler, allerdings noch gar keinen. *»Von denen ist einer eingenickt, und bei Wasserberührung mit 200 Sachen findet man später nichts mehr«,* so die traurige Vermutung der Kameraden.

lfd.Nr.		Datum	Flugzeug	Start	GMT NYZ	Landung	GMT NYZ	Flugzeit	Flugstrecke
710	Überfl. Süd	10.12.	Ha 139 D-AJEY *NORDWIND*	Natal Wasserstart	07:55	Bathurst	20:30	12:35 Std.	3040 km
			Besatzung: I. Führer Großschopff – II. Führer Trauer – Maschinist Gruschwitz – Funker Gidall						
711	Über-flug Süd	16.12.	Ha 139 D-ASTA *NORDSTERN*	Natal Wasserstart	13:14	Bathurst	00:41	11:27 Std.	3040 km
			Besatzung: I. Führer Grütering – II. Führer Blume – Maschinist Mischur – Funker Schmischke – 1 Fluggast						
712	Überfl. Süd	16.12.	Ha 139 D-AJEY *NORDWIND*	Bath. Wasserstart	13:30	Natal	23:50	10:20 Std.	3040 km
			Besatzung: I. Führer Großschopff – II. Führer Trauer – Maschinist Gruschwitz – Funker Gidall						
713	Überfl. Süd	23.12.	Ha 139 D-AJEY *NORDWIND*	Friesenland Recife	13:14	Bathurst	02:30	13:16 Std.	3139 km
			Besatzung: I. Führer Großschopff – II. Führer Trauer – Maschinist Gruschwitz – Funker Gidall						
714	Über-flug Süd	24.12.	Ha 139 D-ASTA *NORDSTERN*	Bathurst Wasserstart	07:35	Natal	18:14	10:39 Std.	3040 km
			Besatzung: I. Führer Brix – II. Führer Emmerich – Maschinist Mischur – Funker Schmischke						
715	Überfl. Süd	30.12.	Do 18 D-AANE *ZYKLON*	Friesenland Recife	11:59	Bathurst	05:44	17:45 Std.	3139 km
			Besatzung: I. Führer Tischbiereck – II. Führer Emmerich – Maschinist Geiger – Funker Schmischke						
716	Überfl. Süd	30.12.	Ha 139 D-AJEY *NORDWIND*	Ostmark Bathurst	06:23	Natal	17:34	11:11 Std.	3040 km
			Besatzung: I. Führer Großschopff – II. Führer Trauer – Maschinist Gruschwitz – Funker Gidall						

Mit dem Kran des Katapultschiffes Ostmark wird das Flugboot Do 18 D-ABYN aus dem Wasser gehoben, um auf den Schlitten des Schienenträgers gesetzt zu werden.

Flugboote für eine neue Aufgabe: Dornier Do 18

Ein und ein halbes Jahr nach dem seinerzeit geplanten Termin erfolgte der Erstflug des neuen Flugbootes vom Typ Dornier Do 18 A, dem vorgesehenen Ersatztyp für den *WAL*. Flugkapitän Erich Gundermann, Werkseinflieger der Dornier Metallbauten GmbH, saß am Steuerhorn des Prototyps bei den Rollversuchen vor Friedrichshafen und dem folgenden Flug über dem Bodensee am 16. März 1935. Bereits die ersten Erprobungsflüge der Werksnummer 253 ergaben Schwingungen der Tragfläche. Der zweiholmige Hochdeckerflügel mit vorwiegender Stoffbespannung erwies sich als zu weich und schwingungsgefährdet. Erst die Blechbeplankung des Flügels schaffte hier Abhilfe.

Im Juli entschied das Reichsluftfahrtministerium (RLM) die Do 18 A im zivilen Bereich bei der Deutschen Lufthansa (DLH) als Transozeanflugboot zu verwenden. Nach der Einflugphase mit Werkspiloten und 131 Flügen sowie notwendigen technischen Nachbesserungen übernahm die spätere Abteilung »Technische Entwicklung« (T.E.) der Lufthansa das Flugboot für die Langstreckenerprobung. Am 19. September 1935 bekam die Do 18 A, später auch als V-1 bezeichnet, das Kennzeichen D-AHIS und den traditionellen Merknamen *MONSUN*.

Während eines Fluges mit hoher Geschwindigkeit an der schleswig-holsteinischen Ostseeküste bei Dahme kam es zur Wasserberührung mit fatalen Folgen. An diesem 2. November 1935 endete das Leben dreier Besatzungsmitglieder und die Existenz der D-AHIS. Beim Aufprall zerlegte sich das Flugboot und versank sofort. Die beiden Flugzeugführer konnten sich zwar verletzt retten, aber für die weitere Lufthansa-Erprobungsbesatzung im Rumpf der Maschine kam jede Hilfe zu spät. Zu ihr gehörten: Oberflugmaschinist Carl Wiencke, Flugzeugfunker Gerhard Krönke und Prüfingenieur Dipl.-Ing. Erwin Manebröcker.

Start in die Do 18-Langstreckenerprobung: D-AHIS **MONSUN** ***von der Backbordseite auf Stufe gehend auf dem Bodensee am 19. September 1935.***

1939

lfd.Nr.		Datum	Flugzeug	Start	GMT NYZ	Landung	GMT NYZ	Flugzeit	Flugstrecke
717	Überfl.	06.01.	Ha 139 D-AJEY *NORDWIND*	Friesenland Recife	11:01	Bathurst	23:59	12:58 Std.	3139 km
	Süd		Besatzung: I. Führer Trauer – II. Führer Brix – Maschinist Gruschwitz – Funker Janssen – 1 Fluggast						
718	Überfl.	06.01.	Do 18 D-AANE *ZYKLON*	Ostmark Bathurst	09:02	Natal	22:54	13:52 Std.	3040 km
	Süd		Besatzung: I. Führer Tischbiereck – II. Führer Emmerich – Maschinist Geiger – Funker Schmischke – 1 Fluggast						
719	Überflug	13.01.	Ha 139 D-ASTA *NORDSTERN*	Friesenland Recife	19:37	Bathurst	07:53	12:16 Std.	3139 km
	Süd		Besatzung: I. Führer Großschopff – II. Führer Tischbiereck – Maschinist Mischur – Funker Schmischke						
720	Überfl.	14.01.	Ha 139 D-AJEY *NORDWIND*	Ostmark Bathurst	18:59	Natal	06:20	11:21 Std.	3040 km
	Süd		Besatzung: I. Führer Trauer – II. Führer Claussen – Maschinist Gruschwitz – Funker Janssen						
721	Überfl.	20.01.	Ha 139 D-AJEY *NORDWIND*	Friesenland Recife	13:14	Bathurst	02:57	13:43 Std.	3139 km
	Süd		Besatzung: I. Führer Trauer – II. Führer Claussen – Maschinist Gruschwitz – Funker Janssen						
722	Überflug	20.01.	Ha 139 D-AMIE *NORDMEER*	Ostmark Bathurst	06:34	Natal	16:48	10:14 Std.	3040 km
	Süd		Besatzung: I. Führer Brix – II. Führer Tischbiereck – Maschinist Mischur – Funker Schmischke						
723	Überflug	27.01.	Ha 139 D-AMIE *NORDMEER*	Friesenland Recife	14:37	Bathurst	02:25	11:48 Std.	3139 km
	Süd		Besatzung: I. Führer Brix – II. Führer Tischbiereck – Maschinist Mischur – Funker Schmischke – 1 Fluggast						
724	Überfl.	27.01.	Ha 139 D-AJEY *NORDWIND*	Ostmark Bathurst	11:54	Natal	23:25	11:31 Std.	3040 km
	Süd		Besatzung: I. Führer Trauer – II. Führer Claussen – Maschinist Gruschwitz – Funker Janssen						
725	Überfl.	03.02.	Ha 139 D-AJEY *NORDWIND*	Friesenland Recife	10:55	Bathurst	00:36	13:41 Std.	3139 km
	Süd		Besatzung: I. Führer Claussen – II. Führer Trauer – Maschinist Gruschwitz – Funker Gidall						
726	Überflug	03.02.	Ha 139 D-AMIE *NORDMEER*	Ostmark Bathurst	06:53	Natal	17:37	10:44 Std.	3040 km
	Süd		Besatzung: I. Führer Brix – II. Führer Modrow – Maschinist Rösel – Funker Schmischke – 1 Fluggast						
727	Überflug	10.02.	Ha 139 D-AMIE *NORDMEER*	Friesenland Recife	12:33	Bathurst	01:46	13:13 Std.	3139 km
	Süd		Besatzung: I. Führer Brix – II. Führer Modrow – Maschinist Rösel – Funker Schmischke – 1 Fluggast						
728	Überfl.	10.02.	Ha 139 D-AJEY *NORDWIND*	Ostmark Bathurst	16:11	Natal	03:45	11:34 Std.	3040 km
	Süd		Besatzung: I. Führer Claussen – II. Führer Jochimsen – Maschinist Gruschwitz – Funker Gidall						

Misslungene Bergung nach einer Notlandung

Das Entwicklungsprogramm des RLM vom 11. November 1935 hatte fünf Versuchsmuster der Do 18 auf der Liste. Die erste Versuchsmaschine D-AHIS musste zu dem Zeitpunkt bereits abgeschrieben werden. Die Do 18 V-2 (Werksnummer 254) und V-4 (Werksnummer 662) waren für die Versuche als Seeaufklärer der Luftwaffe vorgesehen und wurden der Erprobungsstelle See in Travemünde überstellt. Für die Langstreckenerprobung im Transozeandienst erhielt die Lufthansa die V-3 und V-5. Zum jeweiligen Kaufpreis von 236 500 Reichsmark gab das Reichsluftfahrtministerium die Flugboote an die Lufthansa ab. Gegenüber dem Hersteller Dornier Metallbauten (DMB) fungierte das RLM als Auftraggeber.

Im Mai 1936 konnte die Do 18 V-3 (Werksnummer 661) in Friedrichshafen eingeflogen werden. Dazu gehörte auch ein Dauerflug von über 20 Stunden. Das Nachfliegen bei der E-Stelle-See in Travemünde zeigte, dass die Do 18 Probleme hatte. Der Bericht vom 12. Juni 1936 bemängelte die sehr hohen Ruderdrücke in allen Fluglagen mit Ausnahme des Querruders. Und zu den Wassereigenschaften hieß es weiter: *»Zum Rollen auf dem Wasser reichen Wasser- und Seitenruder, wie bei V-1, nicht aus. Auch die Veränderung des Bootsbugs brachte keine Verbesserung gegenüber der V-1 (...) Kabine ist undicht. Spritzwasser beim Rollen mit Seitenwind (5m/sec.), so daß der ganze Kabinenaufbau überflutet wird.«*

Ab dem 3. Juli 1936 gehörte die Do 18 E V-3 der Lufthansa und wurde als D-ABYM mit dem Merknamen *AEOLUS*, dem Name des Windgottes aus der griechischen Mythologie, zugelassen. Zukünftig sollten die Flugboote vom Typ Do 18 die neu geplante Nordatlantikroute der Lufthansa von Lissabon über die Azoren nach New York befliegen. Vom 10. auf den 11. Juli machte *AEOLUS* mit einem Dauerflugrekord von 30 Stunden und 21 Minuten über der Ostsee von sich reden. Bei einer mittleren Geschwindigkeit von 182,5 km/h im Sparflug wasserte *AEOLUS* nach 5560 Kilometern Flugstrecke. Für eine Stunde und 20 Minuten war noch Betriebsstoff in den Tanks, sodass die größte Reichweite 5800 Kilometer betrug. Das reichte für den Atlantik, und es begannen die Vorbereitungen für die Erprobung der Nordatlantikroute. *AEOLUS* musste übrigens nach einer Notwasserung im Südatlantik am 30. Juli 1937 wegen schwerer Beschädigungen bei der versuchten Bergung ganz abgeschrieben werden.

Mit den Erfahrungen des Südatlantikdienstes hatte die Lufthansa jetzt den wirtschaftlich viel inte-

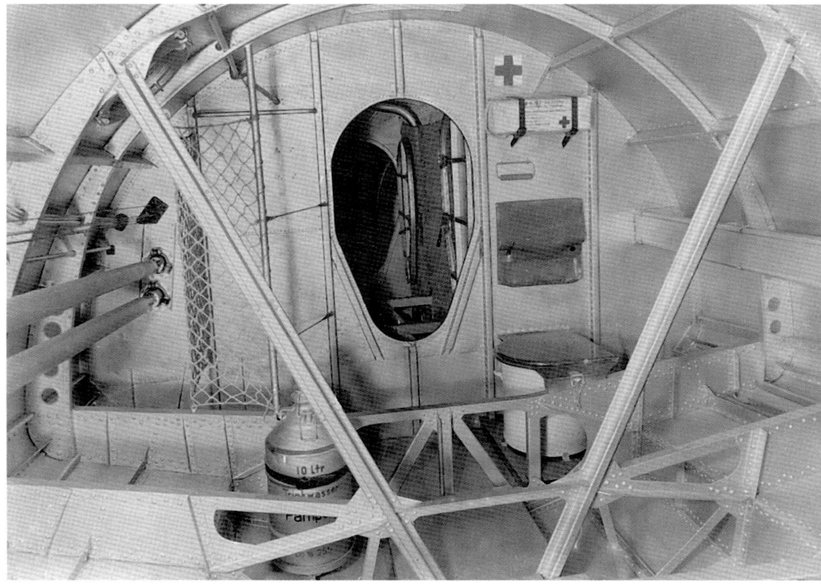

Heckraum der Dornier Do 18 mit Stauraum für die Postsäcke und »stillem Örtchen« auf der rechten Seite.

lfd.Nr.		Datum	Flugzeug	Start	GMT NYZ	Landung	GMT NYZ	Flugzeit	Flugstrecke
729	Über-flug Süd	14.02.	Do 26 D-AWDS *SEEFALKE* (Do 26 V2 Dornier Werksnr. 792, Erstflug am 23. Nov. 1938	Travemünde, Wast.	07:07	Lissabon	15:09	08:02 Std.	
		15.02		Lissabon, Wasserst.	09:10	Bathurst	18:46	09:36 Std.	
		16.02.		Bathurst, Wasserst.	08:52	Natal	18:59	10:07 Std.	
		17.02.		Natal, Wasserstart	--:--	Rio de Janeiro	--:--	08:15 Std.	
							Flugleistung	36:00 Std.	10 700 km
			Besatzung: I. Führer Graf Schack – II. Führer Blume – Maschinist Dielewicz – Funker Wittrock – Erprobungsingenieur Dipl.-Ing. Höltje. Direkttransport von 580 kg Medikamenten für chilenische Erdbebenopfer.						
730	Überfl. Süd	17.02.	Ha 139 D-AJEY *NORDWIND*	FRIESENLAND Recife	12:35	Bathurst	02:05	13:30 Std.	3139 km
			Besatzung: I. Führer Claussen – II. Führer Jochimsen – Maschinist Gruschwitz – Funker Gidall						
731	Über-flug Süd	17.02.	Ha 139 D-AMIE *NORDMEER*	OSTMARK Bathurst	14:04	Natal	01:17	11:13 Std.	3040 km
			Besatzung: I. Führer Modrow – II. Führer Emmerich – Maschinist Rösel – Funker Schmischke						
732	Über-flug Süd	22.02.	Do 26 D-AWDS *SEEFALKE*	FRIESENLAND Recife	13:00	Las Palmas (23.02.)	08:08	19:08 Std.	4587 km
			Besatzung: I. Führer Graf Schack – II. Führer Blume – Maschinist Dielewicz – Funker Wittrock und 1 Fluggast. Rückflug der D-AWDS nach dem Hilfseinsatz für chilenische Erdbebenopfer über Las Palmas und Lissabon nach Travemünde. Ankunft am 28. Februar 1939.						
733	Über-flug Süd	24.02.	Ha 139 D-AMIE *NORDMEER*	FRIESENLAND Recife	12:03	Bathurst	02:02	13:59 Std.	3139 km
			Besatzung: I. Führer Modrow – II. Führer Emmerich – Maschinist Rösel – Funker Schmischke – 1 Fluggast						
734	Überfl. Süd	24.02.	Ha 139 D-AJEY *NORDWIND*	OSTMARK Bathurst	07:23	Natal	18:13	10:50 Std.	3040 km
			Besatzung: I. Führer Claussen – II. Führer Jochimsen – Maschinist Gruschwitz – Funker Gidall						
735	Überfl. Süd	03.03.	Ha 139 D-AJEY *NORDWIND*	FRIESENLAND Recife	11:35	Bathurst	01:25	13:50 Std.	3139 km
			Besatzung: I. Führer Claussen – II. Führer Jochimsen – Maschinist Gruschwitz – Funker Gidall						
736	Über-flug Süd	03.03.	Ha 139 D-AMIE *NORDMEER*	OSTMARK Bathurst	08:34	Natal	19:55	11:21 Std.	3040 km
			Besatzung: I. Führer Modrow – II. Führer Emmerich – Maschinist Geiger – Funker Schmischke						

ressanteren Postliniendienst über den Nordatlantik im Sinn. Dafür überstellte das RLM am 25. August 1936, wiederum zum Preis der *AEOLUS*, die Dornier 18 V 5 mit dem Kennzeichen D-ARUN an die Lufthansa. Dort erhielt das Flugboot den Namen *ZEPHIR*. Flugkapitän Joachim Blankenburg hatte sich bereits in der Zeit vom 18. bis 21. Juli in Friedrichshafen mit dem neuen Flugzeugtyp vertraut gemacht.

Zwei Do 18-Flugboote standen für die erste Erprobung einer Nordatlantikroute zur Verfügung. An Bord von Motorschiff »Flugstützpunkt« SCHWABENLAND trafen sie am 31. August in Lissabon ein. *AEOLUS* flog von dort aus selbstständig in Richtung Azoren, dem geplanten Ausgangspunkt für die Überfliegung des Nordatlantiks nach New York. Mit *ZEPHIR* an Bord lief die SCHWABENLAND nach Ponta Delgada auf den Azoren, und dann begann die Erkundung einer Südroute über die Bermudas nach New York. Die Nordroute führte direkt von den Azoren Richtung New York.

New York empfing die deutschen Flugboote mit dem Hakenkreuz am Leitwerk und seine Besatzungen mit verhaltener Freude. Sehr schnell zeigte sich eine gewisse Blockadehaltung hinsichtlich der nötigen Postlizenz für den Liniendienst. Das hier angepeilte Geschäft wollten die Nordamerikaner gern selbst machen, und da die technischen Voraussetzungen verwendbarer Flugzeuge bei ihnen noch fehlten, reagierte man äußerst verhalten. Aber auch Ressentiments gegenüber Nazideutschland machten sich bereits bemerkbar.

Nach anderthalb Monaten Atlantikflugdienst hatten *AEOLUS* und *ZEPHIR* mit ihren Besatzungen und der involvierte Apparat der Lufthansa den Beweis für die Machbarkeit des Luftpostdienstes über den Nordatlantik erbracht. Am 26. Oktober empfing Berlin die »Tansatlantikhelden«. Staatskommissar Lippert überreichte jedem Besatzungsmitglied die »Große Plakette der Stadt Berlin«. Danach folgte die Eintragung der zehn Luftfahrtpioniere in das Goldene Buch der Reichshauptstadt.

Zukünftig flogen die Do 18-Flugboote der Lufthansa nur noch auf der TO-Linie über den Südatlantik. Am 4. Juni 1937 kam eine dritte Do 18 zum Flugzeugpark der 10-t-*WAL*e und der zwei »erprobten« neuen Flugboote hinzu. Die Do 18 V-6 D-AROZ mit dem Namen *PAMPERO* hatte die Lufthansa als Ersatz für die verloren gegangene V-1 bestellt und erhalten. Nach nur 19 TO-Flügen ereilte sie ein schon bekanntes Schicksal: In der Nacht vom 30. September auf den 1. Oktober 1938 verunglückte die Besatzung mit ihrem Flugboot nach fast zwölf Stunden Flug kurz vor dem Ziel Bathurst in dunkler Nacht. Alles was man fand, waren kleine Wrackteile des zerlegten Flugbootes.

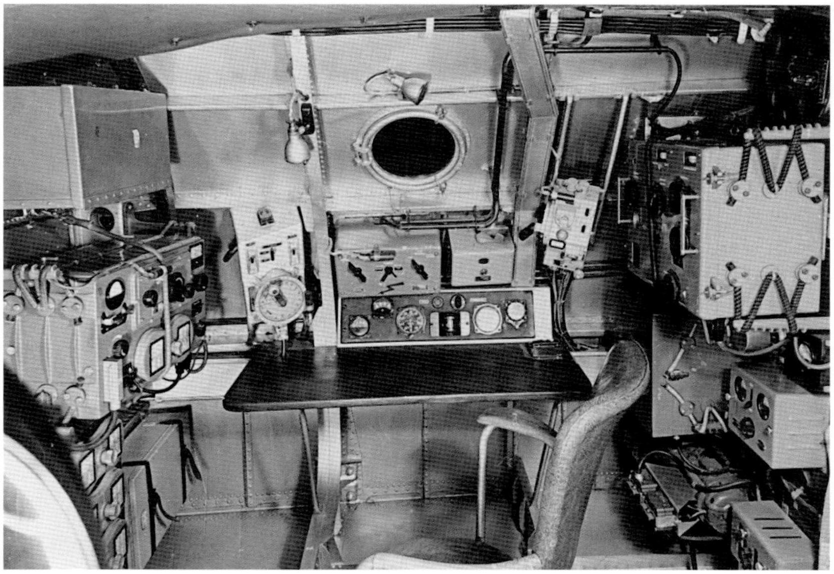

Überlebenswichtig: Funkraum mit Arbeitsplatz der Dornier Do 18 im Südatlantikdienst der Lufthansa.

lfd.Nr.		Datum	Flugzeug	Start	GMT NYZ	Landung	GMT NYZ	Flugzeit	Flugstrecke
737	Über-flug Süd	10.03.	Ha 139 D-AMIE *NORDMEER*	Friesenland Recife	12:33	Bathurst	01:25	12:52 Std.	3139 km
			Besatzung: I. Führer Modrow – II. Führer Emmerich – Maschinist Geiger – Funker Schmischke						
738	Überfl. Süd	10.03.	Ha 139 D-AJEY *NORDWIND*	Ostmark Bathurst	18:15	Natal	06:15	12:00 Std.	3040 km
			Besatzung: I. Führer Claussen – II. Führer Jochimsen – Maschinist Gruschwitz – Funker Gidall						
739	Vers. Süd	14.03.	He 115 D-AEHF (Heinkel Werksnr. 1553, He 115 V1)	Ribnitzer Bucht, Ostsee		Notwasserung, geplant: Rio de Janeiro			6700 km
			Besatzung: I. Führer Diele – Flugzeugmaschinist und Flugzeugfunker sind nicht bekannt Non-Stop-Rekordflug vom Saaler Bodden in der Ribnitzer Bucht nach Rio de Janeiro. Überflugroute: Helgoland, Ärmelkanal, Biskaya, Kap Finisterre, Kanaren, Kapverden. Nach Motorschaden durch Ölrohrbruch Notwasserung beim Hamburg-Süd-Dampfer Monte Pascoal im Südatlantik.						
740	Überfl. Süd	17.03.	Do 18 D-AANE *ZYKLON*	Friesenland Recife	10:55	Bathurst	03:30	16:35 Std.	3139 km
			Besatzung: I. Führer Claussen – II. Führer Jochimsen – Maschinist Gruschwitz – Funker Gidall						
741	Über-flug Süd	17.03.	Ha 139 D-AMIE *NORDMEER*	Ostmark Bathurst	04:44	Natal	16:00	11:16 Std.	3040 km
			Besatzung: I. Führer Modrow – II. Führer Emmerich – Maschinist Geiger – Funker Schmischke – 1 Fluggast						
742	Über-flug Süd	24.03.	Ha 139 D-AMIE *NORDMEER*	Friesenland Recife	11:54	Bathurst	01:15	13:21 Std.	3139 km
			Besatzung: I. Führer Modrow – II. Führer Emmerich – Maschinist Heiss – Funker Schmischke						
743	Überfl. Süd	24.03.	Do 18 D-AANE *ZYKLON*	Ostmark Bathurst	07:25	Natal	21:25	14:00 Std.	3040 km
			Besatzung: I. Führer Claussen – II. Führer Jochimsen – Maschinist Gruschwitz – Funker Gidall – 1 Fluggast						
744	Überfl. Süd	31.03.	Ha 139 D-AJEY *NORDWIND*	Friesenland Recife	11:36	Bathurst	00:50	13:14 Std.	3139 km
			Besatzung: I. Führer Claussen – II. Führer v. Clausbruch – Maschinist Gruschwitz – Funker Gidall						
745	Über-flug Süd	31.03.	Ha 139 D-AMIE *NORDMEER*	Ostmark Bathurst	06:57	Natal	18:40	11:43 Std.	3040 km
			Besatzung: I. Führer Modrow – II. Führer v. Kardorff – Maschinist Heiss – Funker Schmischke – 1 Fluggast						
746	Überfl. Süd	02.04.	Do 18 D-AANE *ZYKLON*	Friesenland Recife	10:13	Bathurst	00:40	14:27 Std.	3139 km
			Besatzung: I. Führer Möhring – II. Führer Jochimsen – Maschinist Geiger – Funker Schmischke						
747	Über-flug Süd	07.04.	Ha 139 D-AMIE *NORDMEER*	Friesenland Recife	10:46	Bathurst	00:49	14:03 Std.	3139 km
			Besatzung: I. Führer Modrow – II. Führer v. Kardorff – Maschinist Heiss – Funker Kiel						

Als letztes Flugboot vom Typ Do 18 kam die am 28. Juni 1937 gelieferte V-7, D-AANE mit dem Namen *ZYKLON*, zum Einsatz auf dem Südatlantik. Die V-7 unterschied sich von ihren Schwestern durch eine vergrößerte Spannweite von 26,3 m statt der üblichen 23,7 m. Da dies durch Einfügen eines Flügelmittelstücks bei unverändert gebliebenen Außenflügeln erreicht wurde, mussten die nun erheblich längeren Flügelstreben etwa in ihrer Mitte durch Hilfsstreben zur Flügelunterseite hin abgefangen werden. Die D-AANE war dank ihrer verringerten Flächenbelastung die einzige Do 18, die beladen mit nur einem Motor die Flughöhe halten konnte. Insgesamt stand die Verwendung der vier Do 18-Flugboote im Postdienst auf dem Südatlantik unter keinem besonders guten Stern. Sie überquerten in den fast zwei Jahren ihres Einsatzes, vom April 1937 bis zum April 1939, insgesamt 73-mal den Südatlantik, bis sie von den dann verfügbaren Ha 139 und Do 26 abgelöst wurden.

Das Flugboot Do 18 D-AROZ stürzte vor Bathurst in der Nacht vom 30. September auf den 1. Oktober 1938 ab; es gab keine Überlebenden.

Ein Weltrekord der besonderen Art

Im März 1938 machte eine Do 18 nochmals von sich reden; sie führte ein »W« in der Typenbezeichnung. Mit Lufthansabesatzung, ergänzt durch Dornier-Chefeinflieger Gundermann als II. Flugzeugführer, sollte die Do 18 W D-ANHR einen Langstreckenweltrekord aufstellen. Als reichseigenes Flugzeug bekam sie bei Dornier in Friedrichshafen ihre besondere »Rekordausrüstung« eingebaut, in erster Linie Zusatztanks im Rumpf. Die Rekordidee kam eigentlich von Dornier, doch die Firma verfügte über keine Besatzung mit Transozeanerfahrung, und so traten vorübergehend Flugkapitän Hans-Werner von Engel, Funkermaschinist Helmut Rösel und Flugzeugfunker Hans-Joachim Stein von der Lufthansa in die Dienste der Dornier-Werke GmbH. Am 27. März 1938 um 14.05 Uhr (GMT) ankerte die WESTFALEN auf ihrem Weg von Bremerhaven nach Bathurst in der Nähe des englischen Hafens Dartmouth im Englischen Kanal und katapultierte das schwer beladene Rekordflugzeug in Richtung Atlantik. Von dem Punkt aus

Mit Blumen nach ihrem Langstreckenweltrekord mit der Do 18 W, D-ANHR; (v.l.n.r.) Flugzeugfunker Hans-Joachim Stein, Flugkapitän Hans-Werner von Engel, Dornier-Chefeinflieger Gundermann und Funkermaschinist Helmut Rösel.

lfd.Nr.		Datum	Flugzeug	Start	GMT NYZ	Landung	GMT NYZ	Flugzeit	Flugstrecke
748	Überflug Süd	07.04.	Do 26 D-AGNT *SEEADLER* (Do 26 V1 Dornier Werksnr. 791, Erstflug am 21. Mai 1938)	Bathurst Wasserstart	07:37	Natal	18:27	10:50 Std.	3040 km
			Besatzung: I. Führer v. Engel – II. Führer Trauer – Maschinist Rösel – Funker Stein – 2 Fluggäste						
749	Überfl. Süd	14.04.	Do 26 D-AGNT *SEEADLER*	FRIESENLAND Recife	10:42	Bathurst	23:30	12:48 Std.	3140 km
			Besatzung: I. Führer v. Engel – II. Führer Stoltz – Maschinist Rösel – Funker Stein						
750	Überflug Süd	14.04.	Ha 139 D-AMIE *NORDMEER*	OSTMARK Bathurst	06:49	Natal	19:03	12:14 Std.	3040 km
			Besatzung: I. Führer Modrow – II. Führer v. Kardorff – Maschinist Heiss – Funker Kiel – 1 Fluggast						
751	Überflug Süd	21.04.	Ha 139 D-AMIE *NORDMEER*	FRIESENLAND Recife	11:53	Bathurst	01:34	13:41 Std.	3139 km
			Besatzung: I. Führer Modrow – II. Führer v. Kardorff – Maschinist Heiss – Funker Kiel – 1 Fluggast						
752	Überfl. Süd	21.04.	Do 26 D-AGNT *SEEADLER*	Bath. Wasserstart	07:01	Natal	17:41	10:40 Std.	3040 km
			Besatzung: I. Führer v. Engel – II. Führer Stoltz – Maschinist Rösel – Funker Stein – 2 Fluggäste						
753	Überflug Süd	28.04.	Ha 139 D-ASTA *NORDSTERN*	OSTMARK Bathurst	09:19	Natal	19:41	10:22 Std.	3040 km
			Besatzung: I. Führer Modrow – II. Führer v. Kardorff – Maschinist Heiss – Funker Kiel						
754	Überflug Süd	29.04.	Ha 139 D-ASTA *NORDSTERN*	FRIESENLAND Recife	23:05	Bathurst	11:39	12:34 Std.	3139 km
			Besatzung: I. Führer Modrow – II. Führer v. Kardorff – Maschinist Hein – Funker Kiel – 1 Fluggast						
755	Überfl. Süd	05.05.	Do 26 D-AGNT *SEEADLER*	FRIESENLAND Recife	10:26	Bathurst	22:47	12:21 Std.	3139 km
			Besatzung: I. Führer v. Engel – II. Führer Stoltz – Maschinist Rösel – Funker Stein – 1 Fluggast						
756	Überflug Süd	05.05.	Ha 139 D-ASTA *NORDSTERN*	OSTMARK Bathurst	05:08	Natal	15:34	10:26 Std.	3040 km
			Besatzung: I. Führer Modrow – II. Führer v. Kardorff – Maschinist Heiss – Funker Kiel						
757	Überflug Süd	12.05.	Ha 139 D-ASTA *NORDSTERN*	FRIESENLAND Recife	10:09	Bathurst	22:03	11:54 Std.	3139 km
			Besatzung: I. Führer Modrow – II. Führer v. Kardorff – Maschinist Heiss – Funker Kiel						
758	Überfl. Süd	12.05.	Do 26 D-AGNT *SEEADLER*	Bath. Wasserstart	06:44	Natal	17:59	11:15 Std.	3040 km
			Besatzung: I. Führer v. Engel – II. Führer Stoltz – Maschinist Rösel – Funker Stein – 1 Fluggast						

konnte die ganze Strecke bis Brasilien auf einem Großkreis ständig über See geflogen werden. Zwei Tage später, am 29. März morgens um 10.05 Uhr, wasserte das Flugboot nach 43 Stunden und 8392 zurückgelegten Kilometern bei dem kleinen Ort Caravellas in Brasilien. Das war ein neuer Langstreckenweltrekord.

Werbeplakat für die Transozeanlinie (TO) der Lufthansa mit einer Ha 139 als Flugzeugabbild.

Blohm & Voss Ha 139 – ein ganz anderer »Vogel« im Transozeandienst

Die Aufrüstung des bewährten Dornier *WAL* zur Dornier Do 18 erschien der Lufthansa nicht unbedingt als großer Wurf, und für ihre ehrgeizigen Transozeanpläne wünschte sie sich ein alternatives Flugzeug. Im Jahre 1935 beauftragte sie die junge Flugzeugabteilung der Hamburger Schiffswerft von Blohm & Voss mit Entwurfsarbeiten für ein katapultfähiges TO-Flugzeug, das 500 Kilogramm Fracht über eine Entfernung von 5000 Kilometern bei einer Geschwindigkeit von 250 km/h zu transportieren hatte. Die Flugzeugabteilung von Blohm & Voss firmierte bis 1937 unter »Hamburger Flugzeugbau GmbH«, deshalb die Firmenabkürzung »Ha«.

Chefkonstrukteur Richard Vogt (1894–1979) war für unkonventionelle Entwürfe bekannt. Sein Transozeanflugzeug präsentierte sich 1936 als viermotoriges Wasserflugzeug mit zwei großdimensionierten Schwimmern. Die Antriebsleistung der vier Junkers-Schwerölmotoren JUMO 205 c von 2400 PS reichte aus, um 17 500 kg Fluggewicht in die Luft zu bringen. Um Rumpf und Leitwerk vom Wasser frei, gleichzeitig aber das Schwimmergestell robust und niedrig halten zu können, gab Vogt dem Tragwerk einen erheblichen Doppelknick, das durch den patentierten Rohrholm des Mittelflügels besondere Stabilität erhielt. In diesem Rohrholm, ein geschweißtes Stahlrohr mit größerem Querschnitt, fanden 6500 Liter Kraftstoff Platz, genug für eine Reichweite von 6000 Kilometern bei 300 km/h Geschwindigkeit.

Die ersten beiden Flugzeuge Ha 139 V1 *NORDWIND* mit dem Kennzeichen D-AJEY und Ha 139 V2 *NORDMEER* mit dem Kennzeichen D-AMIE kamen im Sommer 1937 zur Auslieferung an die Lufthansa. Zusammen mit den Kata-

lfd.Nr.		Datum	Flugzeug	Start	GMT NYZ	Landung	GMT NYZ	Flugzeit	Flugstrecke
759	Überfl.	19.05.	Do 26 D-AGNT *SEEADLER*	Friesenland Recife	10:10	Bathurst	22:00	11:50 Std.	3139 km
	Süd		Besatzung: I. Führer v. Engel – II. Führer Stoltz – Maschinist Rösel – Funker Stein – 1 Fluggast						
760	Über-flug	19.05.	Ha 139 D-ASTA *NORDSTERN*	Ostmark Bathurst	12:15	Natal	23:19	11:04 Std.	3040 km
	Süd		Besatzung: I. Führer Möhring – II. Führer Mayr – Maschinist Heiss – Funker Kiel – 1 Fluggast						
761	Über-flug	26.05.	Ha 139 D-ASTA *NORDSTERN*	Friesenland Recife	10:13	Bathurst	22:10	11:57 Std.	3139 km
	Süd		Besatzung: I. Führer Möhring – II. Führer Mayr – Maschinist Heiss – Funker Kiel – 1 Fluggast						
762	Überfl.	26.05.	Do 26 D-AGNT *SEEADLER*	Bath. Wasserstart	06:37	Natal	17:35	10:58 Std.	3040 km
	Süd		Besatzung: I. Führer v. Engel – II. Führer Brix – Maschinist Rösel – Funker Stein – 1 Fluggast						
763	Überfl.	02.06.	Do 26 D-AGNT *SEEADLER*	Friesenland Recife	10:04	Bathurst	22:00	11:56 Std.	3139 km
	Süd		Besatzung: I. Führer v. Engel – II. Führer Brix – Maschinist Rösel – Funker Stein – 2 Fluggäste						
764	Über-flug	02.06.	Ha 139 D-ASTA *NORDSTERN*	Schwabenland Bathurst	07:34	Natal	18:27	10:53 Std.	3040 km
	Süd		Besatzung: I. Führer Möhring – II. Führer v. Wrangell – Maschinist Heiss – Funker Kiel						
765	Über-flug	09.06.	Ha 139 D-ASTA *NORDSTERN*	Friesenland Recife	09:57	Bathurst	22:11	12:14 Std.	3139 km
	Süd		Besatzung: I. Führer Möhring – II. Führer v. Wrangell – Maschinist Heiss – Funker Kiel						
766	Überfl.	09.06.	Ha 139 D-AJEY *NORDWIND*	Schwabenland Bath.	07:02	Natal	18:12	11:10 Std.	3040 km
	Süd		Besatzung: I. Führer v. Engel – II. Führer Schubert – Maschinist Ziegaus – Funker Schukalla						
767	Überfl.	16.06.	Ha 139 D-AJEY *NORDWIND*	Friesenland Recife	10:32	Bathurst	22:46	12:14 Std.	3139 km
	Süd		Besatzung: I. Führer v. Engel – II. Führer Schubert – Maschinist Ziegaus – Funker Schukalla						
768	Über-flug	16.06.	Ha 139 D-ASTA *NORDSTERN*	Schwabenland Bathurst	03:02	Natal	14:40	11:38 Std.	3040 km
	Süd		Besatzung: I. Führer Möhring – II. Führer v. Wrangell – Maschinist Heiss – Funker Kiel – 1 Fluggast						
769	Über-flug	23.06.	Ha 139 D-ASTA *NORDSTERN*	Friesenland Recife	10:15	Bathurst	22:38	12:23 Std.	3139 km
	Süd		Besatzung: I. Führer Möhring – II. Führer v. Wrangell – Maschinist Heiss – Funker Kiel						

pultschiffen FRIESENLAND und SCHWABENLAND erfolgte im Spätsommer 1937 der erneute Beweis der Postlinienfähigkeit von Material und Organisation der Lufthansa auf der 3850 Kilometer langen Nordatlantikroute zwischen den Azoren und New York. Gleich einem Uhrwerk wurden 14 Überquerungen abgearbeitet – und wieder ohne Postbeförderung. Die Amerikaner zeigten sich hinsichtlich der Postlizenz noch sturer als im Vorjahr.

Wenn sich bei New Yorker Bodennebel kein Flugzeug in die Luft wagte und die Deutschen mit ihrer Ha 139 auf dem vorgesehenen Punkt auf dem Long Island Sund wasserten, fragten sich die Fachleute: »Wie machen die Deutschen das?« Die technische Überlegenheit war offensichtlich und förderte nicht unbedingt ein freundschaftliches Entgegenkommen.

Das Geheimnis der Nebellandung mit dem richtigen Höhenpunkt zum Abfangen der Maschine hieß »Pintsch-Antenne«; alle Seeflugzeuge der Lufthansa waren damit ausgerüstet. Beim Aufprall des Antenneneis, am Ende eines metergenau ausfahrbaren Antennendrahts, auf die Wasseroberfläche gab es am Armaturenbrett des Führers ein optisches und akustisches Signal für das Erreichen der Abfanghöhe.

Nach der Auswertung der ersten Nordatlantikserie der Ha 139 im Jahr 1937 wurde das Leitwerk geringfügig verändert und die Kühler unter die Flügel verlegt. Die dritte und auch letzte Maschine des Typs kam im Sommer 1938 zur Lufthansa. Die *NORDSTERN*, eine Ha 139 B mit größerer Spannweite und Flügelfläche sowie tiefer gelegenen Triebwerken, erledigte ihre Streckenerprobung wiederum auf der Nordatlantikroute. Mit insgesamt 26 Überquerungen als Leistungsbeweis versuchte die Lufthansa von Juli bis Oktober 1938 ein letztes Mal, die Amerikaner für die Erteilung der Postlizenz zu gewinnen. An der strategischen Fehleinschätzung der Lufthansa-Führung zur amerikanischen Haltung der Postbeförderung über den Nordatlantik scheiterte letztendlich das Bemühen, diesen Postliniendienst zu etablieren. So erfolgreich Technik und Organisation sich auch zeigten und bei aller gebotenen Hochachtung vor den fliegerischen Leistungen muss gesagt werden, dass für diese »Leerflüge« wohl doch unangemessener Aufwand betrieben wurde. Die Hoffnung auf das große Postgeschäft starb schließlich mit dem Beginn des Zweiten Weltkrieges. Bis dahin flogen alle Transozeanflugzeuge der Lufthansa nur noch auf der Südatlantikstrecke.

Eher seltenes Detailfoto von der Dornier Do 26. Die offene Toilette mit Waschtisch; direkt links schloss sich der Lebensmittelschrank mit Arbeitsplatte für die Speisenzubereitung an.

lfd.Nr.		Datum	Flugzeug	Start	GMT NYZ	Landung	GMT NYZ	Flugzeit	Flugstrecke
770	Überfl.	23.06.	Ha 139 D-AJEY *NORDWIND*	Schwabenl. Bathurst	03:38	Natal	14:57	11:19 Std.	3040 km
	Süd		Besatzung: I. Führer v. Engel – II. Führer Schubert – Maschinist Ziegaus – Funker Schukalla – 1 Fluggast						
771	Über-flug Süd	27.06.	Fw 200 D-AXFO *POMMERN* (Focke-Wulf Werksnr. 2996, Fw 200 A-07, Erstflug 1939)	Berlin	19:30	Sevilla	--:--	--:-- Std.	km
		28.06.		Sevilla	--:--	Bathurst	--:--	--:-- Std.	km
				Bathurst	--:--	Natal	--:--	--:-- Std.	3050 km
		29.06.		Natal	--:--	Rio de Janeiro	14:25	--:-- Std.	km
								34:48 Std	11 105 km
			Besatzung: Flugkapitän Henke – II. Flugzeugführer Schuster – Flugmaschinist Rosinski – Flugmaschinist Radzey – Flugzeugfunker Brachwitz						
			Zur Einweisung für die Überführung der zweiten Fw 200 D-ASBK waren weiterhin an Bord: Cramer von Clausbruch, Graf Schack von Wittenau und Grütering sowie einige Flugmaschinisten der Lufthansa und des Syndicato Condor. Verkauf durch die Deutsche Lufthansa. Überführungsflug nach Brasilien. Im Betrieb beim Syndicato Condor als PP-CBI *ABAITARA* bis 1947.						
772	Überfl.	30.06.	Ha 139 D-AJEY *NORDWIND*	Friesenland Natal	13:02	Bathurst	00:53	11:51 Std.	3040 km
	Süd		Besatzung: I. Führer v. Engel – II. Führer v. Gablenz – Maschinist Ziegaus – Funker Schukalla – 1 Fluggast						
773	Über-flug	30.06.	Ha 139 D-ASTA *NORDSTERN*	Schwabenland Bathurst	06:39	Natal	17:39	11:00 Std.	3040 km
	Süd		Besatzung: I. Führer Möhring – II. Führer v. Wrangell – Maschinist Heiss – Funker Kiel – 1 Fluggast						
774	Über-flug	07.07.	Ha 139 D-ASTA *NORDSTERN*	Natal Wasserstart	10:40	Bathurst	22:26	11:46 Std.	3040 km
	Süd		Besatzung: I. Führer Möhring – II. Führer Schubert – Maschinist Heiss – Funker Kiel – 1 Fluggast						
775	Überfl.	07.07.	Ha 139 D-AJEY *NORDWIND*	Schwabenl. Bathurst	03:32	Natal	14:46	11:14 Std.	3040 km
	Süd		Besatzung: I. Führer Schirmacher – Maschinist Ziegaus – Funker Schukalla						
776	Überfl.	14.07.	Ha 139 D-AJEY *NORDWIND*	Natal Wasserstart	10:57	Bathurst	22:48	11:51 Std.	3040 km
	Süd		Besatzung: I. Führer Schirmacher – II. Führer v. Wrangell – Maschinist Ziegaus – Funker Schukalla – 1 Fluggast						
777	Über-flug Süd	14.07.	Do 26 D-AWDS *SEEFALKE*	Schwabenl. Bathurst	07:05	Natal	18:15	11:10 Std.	3040 km
			Besatzung: I. Führer Graf Schack – II. Führer Full – Maschinist Peuckert – Funker Deicke – 1 Fluggast						
			Die Do 26 D-AWDS ist mit vier Passagiersitzen ausgestattet, um den kombinierten Passagier- und Posttransport zu erproben.						

Letzte und eleganteste Flugbootlösung vor dem Ende aller Planungen

Auch die Do 26 sollte – entsprechend der Lufthansa-Forderung, nonstop von Lissabon bis New York fliegen zu können – auf dem Nordatlantik eingesetzt werden. Bei der Konstruktion des Flugbootes gingen die Ingenieure bei Dornier neue Wege. Sie trennten sich von den bewährten und für Dornier patentierten Flossenstummeln als Stabilisierungs- und Auftriebshilfen. Stattdessen erhielten die Außenflügel abklappbare Stützschwimmer. Vier Schwerölmotoren des Typs Jumo 205 C mit je 600 PS wurden paarweise in Tandemanordnung eingebaut. Die vorderen Motoren trieben Zugschrauben an und die hinteren jeweils eine Druckschraube über eine Fernwelle. Die beiden hinteren Motoren konnten als Ganzes mit Welle und Luftschraube für Start und Landung um 10 Grad nach oben geschwenkt werden, um sie vor Spritzwasser bei Start und Landung zu schützen. Insgesamt bestand der gekielte Bootsrumpf ganz aus Metall mit einer Blechbeplankung. Der Erstflug mit der V-1, D-AGNT mit dem Lufthansa-Namen *SEEADLER* erfolgte mit Erich Gundermann am Steuerhorn am 21. Mai 1938. Die zweite Maschine D-AWDS mit

Der Kran der FRIESENLAND hebt die Do 26 SEEADLER an Bord.

lfd.Nr.		Datum	Flugzeug	Start	GMT NYZ	Landung	GMT NYZ	Flugzeit	Flugstrecke
778	Überfl.	21.07.	Do 26 D-AWDS *SEEFALKE*	Natal Wasserstart	11:33	Bathurst	23:42	12:09 Std.	3040 km
	Süd		Besatzung: I. Führer Graf Schack – II. Führer Full – Maschinist Peuckert – Funker Deicke – 1 Fluggast						
779	Überfl.	21.07.	Ha 139 D-AJEY *NORDWIND*	Friesenland Bathurst	05:47	Natal	16:46	10:59 Std.	3040 km
	Süd		Besatzung: I. Führer Möhring – II. Führer v. Wrangell – Maschinist Ziegaus – Funker Schukalla						
780	Überflug Süd	27.07.	Fw 200 D-ASBK *HOLSTEIN* (Focke-Wulf Werksnr. 2995, Fw 200 A-06, Erstflug 1939)	Berlin	--:--	Sevilla	--:--	--:-- Std.	km
		28.07.		Sevilla	--:--	Bathurst	--:--	--:-- Std.	km
				Bathurst	--:--	Natal	--:--	--:-- Std.	3050 km
		29.07.		Natal	--:--	Rio de Janeiro	--:--	--:--Std.	km
								34:48 Std	11 105 km
			Besatzung: Flugkapitän Cramer v. Clausbruch – II. Flugzeugführer Grütering – Flugmaschinist Nülle – Flugmaschinist Rosinski – Flugmaschinist Salz – Flugzeugfunker Stein						
			Verkauf durch die Deutsche Lufthansa. Überführungsflug nach Brasilien. Im Betrieb beim Syndicato Condor als PP-CBJ ARUMANI bis 1947.						
781	Überfl.	28.07.	Ha 139 D-AJEY *NORDWIND*	Natal Wasserstart	11:49	Bathurst	23:23	11:34 Std.	3040 km
	Süd		Besatzung: I. Führer Möhring – II. Führer v. Wrangell – Maschinist Ziegaus – Funker Schukalla – 1 Fluggast						
782	Überfl.	28.07.	Do 26 D-AWDS *SEEFALKE*	Friesenland Bathurst	04:10	Natal	15:40	11:30 Std.	3040 km
	Süd		Besatzung: I. Führer Graf Schack v. Wittenau – II. Führer Schubert – Maschinist Peuckert – Funker Deicke – 1 Fluggast						
783	Überfl.	04.08.	Do 26 D-AWDS *SEEFALKE*	Natal Wasserstart	11:00	Bathurst	22:18	11:18 Std.	3040 km
	Süd		Besatzung: I. Führer Graf Schack – II. Führer Schubert – Maschinist Peuckert – Funker Deicke – 2 Fluggäste						
784	Überfl.	04.08.	Ha 139 D-AJEY *NORDWIND*	Ostmark Bathurst	03:08	Natal	15:00	11:52 Std.	3040 km
	Süd		Besatzung: I. Führer Möhring – II. Führer Fischer – Maschinist Ziegaus – Funker Groschopp – 1 Fluggast						
785	Überfl.	11.08.	Ha 139 D-AJEY *NORDWIND*	Natal Wasserstart	11:00	Bathurst	22:50	11:50 Std.	3040 km
	Süd		Besatzung: I. Führer Möhring – II. Führer Fischer – Maschinist Ziegaus – Funker Groschopp – 1 Fluggast						
786	Überfl.	11.08.	Do 26 D-AWDS *SEEFALKE*	Bath. Wasserstart	03:49	Natal	15:23	11:34 Std.	3040 km
	Süd		Besatzung: I. Führer Graf Schack – II. Führer Heintz – Maschinist Peuckert – Funker Deicke – 3 Fluggäste						
787	Überfl.	18.08.	Do 26 D-AWDS *SEEFALKE*	Natal Wasserstart	12:45	Bathurst	23:52	11:07 Std.	3040 km
	Süd		Besatzung: I. Führer Graf Schack – II. Führer Heintz – Maschinist Peuckert – Funker Deicke – 2 Fluggäste						

Namen *SEEFALKE* flog Egon Fath das erste Mal am 23. November 1938. Beide Flugboote setzte die Bezirksleitung-Süd der Lufhansa auf der TO-Strecke im Südatlantik ein, und dies erfolgte auch nur ab April 1939, in den letzten Monaten des Südatlantikdienstes. Die Strecke ihrer Zweckbestimmung, die Nordatlantikroute, haben sie nie beflogen.
Mit der D-AWDS brachte Flugkapitän Graf Schack von Wittenau von der Lufthansa und seine Besatzung im Auftrag der Reichsregierung 580 kg Medikamente zu Erdbebenopfern nach Chile. In dem aufsehenerregenden Flug, der am 14. Februar 1939 in Travemünde begann, bewältigte die Do 26 die 10 700 km in 36 Stunden.

Nonstop Berlin–New York

Die flugzeugtechnische Entwicklung in Deutschland war bereits vor dem Zweiten Weltkrieg auf einem Höhepunkt angekommen, und einer weltumfassenden Post- und Passagierbeförderung mit dem Flugzeug hätten alle Türen der Zukunft offen gestanden – allerdings nicht mit geschleuderten Flugbooten, Wasserflugzeugen oder gar Flugschiffen. Zukünftig wurde die See überflogen und nicht als Start- oder Landebahn benutzt: Am 10. August 1938 flog eine viermotorige Focke Wulf Fw 200 *CONDOR*, ein Landflugzeug mit einziehbarem Räderfahrwerk, nonstop von Berlin-Tempelhof nach New York. Die Lufthansa-Flugkapitäne Alfred Henke und Rudolf Freiherr von Moreau mit ihrer Besatzung Paul Dierberg und Walter Kober benötigten für die gut 6558 Kilometer genau 24 Stunden, 36 Minuten und 12 Sekunden. Dann landeten sie ihre D-ACON mit Namen *BRANDENBURG* auf dem Floyd-Bennett-Field in New York. 25 Fluggäste hätten damals bereits mitfliegen können. Der Rückflug des Passagierflugzeuges am 13. August dauerte sogar nur 19 Stunden und 55 Minuten. Allein der bald darauf ausbrechende Zweite Weltkrieg verzögerte den Beginn des zivilen Luftverkehrs über den Atlantik mit Landflugzeugen, der erst mit Beginn der 1950er-Jahre einsetzte.
Bei Kriegsausbruch kehrten die TO-Flugzeuge der Lufthansa auf abenteuerlichen Wegen nach Deutschland zurück. Aufgerüstet mit Waffenständen, ergaben sie die »Sonderstaffel Transozean« unter dem Kommando von Major von Buddenbrock, die sich im Materialkrieg verbrauchte. Keiner der *WAL*e, der Do 18 und Do 26 sowie Ha 139 hat den Zweiten Weltkrieg überstanden.

Mit dem Rekordflug der Focke Wulf FW 200* CONDOR *gehörten Flugboote im Transozeandienst zum »alten Eisen«.

lfd.Nr.		Datum	Flugzeug	Start	GMT NYZ	Landung	GMT NYZ	Flugzeit	Flugstrecke
788	Überfl.	18.08.	Ha 139 D-AJEY *NORDWIND*	OSTMARK Bathurst	04:40	Natal	16:41	12:01 Std.	3040 km
	Süd		Besatzung: I. Führer Emmerich – II. Führer Fischer – Maschinist Ziegaus – Funker Schukalla						
789	Überfl.	25.08.	Do 26 D-AWDS *SEEFALKE*	Bath. Wasserstart	06:16	Natal	16:55	10:39 Std.	3040 km
	Süd		Besatzung: I. Führer Graf Schack – II. Führer Heintz – Maschinist Peuckert – Funker Deicke – 1 Fluggast						
790	Überfl.	27.08.	Do 26 D-AWDS *SEEFALKE*	Natal Wasserstart	19:15	Bolama	07:09	11:54 Std.	2940 km
	Süd		Besatzung: I. Führer Graf Schack – II. Führer Heintz – Maschinist Peuckert – Funker Deicke						
791	Überfl.	31.08.	Ha 139 D-AJEY *NORDWIND*	Natal Wasserstart	20:38	Bolama	08:14	11:36 Std.	2940 km
	Süd		Besatzung: I. Führer Emmerich – II. Führer Fischer – Maschinist Ziegaus – Funker Schukalla						

Elegante Linie des leistungsfähigsten Langstreckenflugbootes der Lufthansa vor dem Zweiten Weltkrieg. Es war der letzte zivile Flugboottyp im Einsatz für die Postbeförderung über den Atlantik.

Anhang

Atlantikbesatzungen auf deutschen Transozeanflugzeugen 1927–1939

Name	Lebensdaten	Dienststellung	Anzahl der Flüge			
			Teilflug	Überflug		Summe
			BREMEN (BR) *EUROPA (EU)*	Nord-atlantik	Süd-atlantik	
Albrecht, Fritz	(–)	Flugzeugfunker	– –	D-1422 D-2053	– –	1 2
Alisch, Berthold	(1908–1986)	Flugzeugführer	–	–	40	40
Bayer, Walter	(–)	Flugzeugführer	–	–	9	9
Beumer		Flugzeugführer	–		8	8
Bielenstein, Olaf	(–1936)	Flugzeugführer	–	–	11	11
Blankenburg, Joachim	(1898–1938)	Flugkapitän	34 *(EU)*	20	53	107
Blume, Walter	(1907–)	Flugzeugführer	–	8	45	53
Brachwitz, Kurt	(1910 –)	Flugzeugfunker	–	–	19	19
Brewton, Harvey	(–)	Motoren-Ing.	–	DO-X	DO-X	2
Brill, Wolfgang	(–)	Flugzeugführer	–	–	8	8
Brix, Otto	(–1943)	Flugzeugführer	–	4	42	46
Brombeis, Ernst	(–)	Fl.baumeister		DO-X	DO-X	2
Buddenbrock v., Friedrich	(1894–1964)	DLH-Leitung	–	4	5	9
Bürkle, Ernst	(–1943)	Flugzeugfunker	–	–	10	10
Burger, Hans	(–)	Flugmaschinist	–	–	29	29
Butz, Simon	(–)	Flugmaschinist	–	–	27	27
Christiansen, Friedrich	(1879–1972)	Kommandant	–	DO-X	DO-X	2
Claussen, Wilhelm	(–1941)	Flugzeugführer	–	–	24	24
Conrad, Alfred	(–1936)	Flugzeugfunker	–	–	5	5
Cramer v. Clausbruch, Rudolf	(1900–1979)	Flugzeugführer	–	–	DO-X 15	16
Dabernig, Josef	(–)	Elektriker	–	DO-X	DO-X	2
Deicke, Friedrich	(–)	Flugzeugfunker	–	–	35	35

Name	Lebensdaten	Dienststellung	Anzahl der Flüge			
			Teilflug	Überflug		Summe
			BREMEN (BR) *EUROPA (EU)*	Nord-atlantik	Süd-atlantik	
Diele, Walter	(1904–)	Flugzeugführer	34 *(EU)*	DO-X 4	23	62
Dielewicz, Theodor	(–)	Flugmaschinist	–	2	15	17
Dierberg, Paul	(1900–1940)	Oberfu.maschin.	36 *(BR)*	4	16	56
Dreyer, Otto	(–)	Flugzeugführer	–	–	2	2
Eger, Alfred	(1906–)	Flugmaschinist	–	14	38	52
Ehlberg, Werner	(1905–)	Flugzeugfunker	–	4	19	23
Eitel, Otto	(–)	Bordingenieur	–	DO-X	DO-X	2
Emmerich, Otto	(1909–1940)	Flugzeugführer	–	–	11	11
Engel v., Hans-Werner	(1906–1992)	Flugzeugführer	–	20	31	51
Ernst	(–)	Flugzeugführer	–	–	2	2
Esau	(–)	Flugzeugführer	nicht bekannt			
Fahrenbruch, Erwin	(–)	Funkermaschinist	2 *(EU)*	–	–	2
Fechner	(–)	Flugzeugfunker	–	–	19	19
Fiedler	(–)	Flugzeugführer	nicht bekannt			
Fischer, August Herm.	(1892–)	Flugzeugführer	–	–	4	4
Fischer, Emil	(–)	Fl.baumeister		DO-X	–	1
Fitzmaurice, James C.	(1898–1965)	Flugzeugführer	BREMEN	D-1167		1
Flinsch, Walter	(–)	Flugzeugführer	–	–	8	8
Führer, Fritz	(–)	Flugzeugführer	–	–	17	17
Full	(–)	Flugzeugführer	–	–	2	2
Gablenz v., Carl August	(1893–1942)	DLH-Vorstand	–	4	8	12
Geiger, Alfred	(–)	Flugmaschinist	–	–	7	7
Geisler, Paul	(–)	Flugzeugfunker	–	–	5	5
Germann	(–)	Funkermaschinist	2 *(BR)*	–	–	2
Gidall, Alfred	(–)	Flugzeugfunker	–	–	14	14
Göttert, Waldemar	(–)	Flugmaschinist	–	–	4	4
Grautoff, Helmut	(–1935)	Flugzeugführer	–	–	22	22
Griesch, Kurt	(–)	Flugzeugfunker	–	–	13	13
Gronau v., Wolfgang	(1893–1977)	DVS–Vorstand	–	D-1422 D-2053	– 1	1 3
Groschopp, Hans	(1918–1944)	Flugzeugfunker	–	–	2	2
Grosse	(–)	Flugzeugführer	–	2	–	2

Name	Lebensdaten	Dienststellung	Anzahl der Flüge			
			Teilflug	Überflug		Summe
			BREMEN (BR) *EUROPA (EU)*	Nord- atlantik	Süd- atlantik	
Großschopff, Kurt	(–)	Flugzeugführer	–	–	28	28
Gruber, Erich	(1905–1940)	Flugzeugfunker	–	6	16	22
Grütering, Bernhard	(–1941)	Flugzeugführer	32 *(BR)*	–	20	52
Gruschwitz, Otto	(–)	Flugmaschinist	–	8	55	63
Gundermann, Erich	(1909–1982)	Einflieger, Dornier	–	–	1	1
Günther, Ernst	(–)	Flugzeugfunker	–	–	27	27
Guse, Max	(1908–1940)	Flugzeugführer	–	–	4	4
Hack, Franzl	(–)	Mechaniker	–	D-1422 D-2053	– –	1 2
Hagen v., Kurt	(–)	Funkermaschinist	8 *(BR)* 36 *(EU)*	–	2	46
Hartmann, Albin	(–1938)	Flugzeugführer	–	–	6	6
Hartwig, Ernst	(–)	Flugzeugfunker	–	–	10	10
Hein, Paul	(–)	Flugmaschinist	–	–	16	16
Heintz	(–)	Flugzeugführer	–	–	4	4
Heiss, Friedrich	(1901–)	Flugmaschinist	–	–	33	33
Hemptenmacher, Rolf	(1911–2000)	Flugzeugführer	–	–	28	28
Henke, Alfred	(1902–1940)	Flugzeugführer	–	8	13	21
Hünefeld v., Ehrenfried	(1892–1929)	Überfluginitiator	BREMEN	D-1167		1
Jäger, Heinrich	(–)	Maschinist		DO-X	DO-X	2
Janssen, Johann	(–)	Flugzeugfunker	–	–	9	9
Jensen	(–)	Flugzeugführer	–	–	6	6
Jochimsen, Theodor	(–)	Flugzeugführer	–	–	8	8
Juchter	(–)	Flugzeugführer	nicht bekannt			
Kardorff v., Manfred	(1901–2000)	Flugzeugführer	–	–	10	10
Kiel, Henry	(1907–1940)	Flugzeugfunker	–	DO-X	DO-X 15	17
Kirchhoff, Karl	(1901–1938)	Oberfunker- maschinist	32 *(BR)* 20 *(EU)*	–	32	84
Klein, Georg	(–)	Flugzeugführer	–	–	15	15
Kleinat	(–)	Flugzeugführer	nicht bekannt			
Klix, Eberhard	(–1941)	Flugzeugführer	–	–	27	27
Kober, Walter	(–)	Flugzeugfunker	1 (BR)	2	4	7

Name	Lebensdaten	Dienststellung	Anzahl der Flüge			
			Teilflug	Überflug		Summe
			BREMEN (BR) *EUROPA (EU)*	Nord-atlantik	Süd-atlantik	
Köhl, Hermann	(1888–1938)	Flugzeugführer	BREMEN	D-1167		1
Kolbe	(–)	Flugzeugfunker	–	–	11	11
Krueger, Ernst	(1883–)	Flugzeugführer	–	–	6	6
Küppers, Wilhelm	(–)	Flugzeugfunker	–	16	33	49
Kuttula	(–)	Flugzeugfunker	–	–	2	2
Lenz, Wolfgang	(1907–1944)	Flugzeugfunker	–	–	15	15
Lipke, Alfred	(1910–)	Flugzeugfunker	–	–	18	18
Lochner, Hans-Erich	(–1938)	Flugzeugführer	–	–	12	12
Loesener, Kurt	(–)	Flugmaschinist	–	–	27	27
Ludwig, Friedrich	(1897–1939)	Flugzeugführer	–	–	12	12
Marquardt, Adolf	(–)	Fl.baumeister	–	DO-X	–	1
Mayr, Rudolf	(1910–)	Flugzeugführer	–	10	40	50
Merz, Horst	(1891–1979)	Flugzeugführer	–	DO-X	DO-X	2
Mischur, Berthold	(1907–)	Flugmaschinist	–	6	41	47
Modrow, Ernst Wilhelm	(–)	Flugzeugführer	–	–	26	26
Mohr, Max	(–)	Flugzeugfunker	–	–	9	9
Möhring, Walter	(–2000)	Flugzeugführer	–	–	38	38
Moreau v., Rudolf	(1910–1939)	Flugzeugfhr. Lw.	–	2	–	2
Mühlen v., Hans-Harald	(1909–1944)	Flugzeugfunker	–	–	15	15
Müller, Adolf	(–)	Flugzeugführer	–	–	8	8
Nein, Hermann	(–)	Flugzeugführer	–	–	4	4
Niemann, Wihelm	(1892–1935)	Navigator	–	DO-X	DO-X	2
Nottelmann, Wilhelm	(–)	Flugzeugfunker	–	–	7	7
Nülle	(–)	Flugmaschinist	–	–	1	1
Oppermann, Alfred	(1909–)	Flugmaschinist	–	–	10	10
Palm, Fritz	(–)	Flugzeugführer	–	–	1	1
Paulin, Wolfgang	(–)	Flugzeugfunker	–	–	8	8
Peuckert, Herbert	(–)	Flugmaschinist	–	–	20	20
Pohl	(–)	Flugzeugführer	–	–	1	1
Preuschoff, Franz	(1906–1987)	Flugmaschinist	–	–	8	8
Rabe, Gerhard	(–1938)	Flugzeugfunker	–	–	9	9
Radzey, Franz	(–)	Flugmaschinist	–	–	1	1

Name	Lebensdaten	Dienststellung	Anzahl der Flüge			
			Teilflug	Überflug		Summe
			BREMEN (BR) *EUROPA (EU)*	Nord-atlantik	Süd-atlantik	
Rautenberg, Heinz	(–)	Flugmaschinist	–	–	12	12
Rebentrost, Richard	(1899–1937)	Funkermaschinist	–	–	19	19
Rodig, Helmut Wasa	(–1976)	Einflieger, HFB	–	8	–	8
Röpert	(–)	Flugzeugfunker	–	–	23	23
Roesel, Helmut	(1905–1940)	Funkermaschinist	16 *(EU)*	18	21	55
Rosinski, Otto	(1906–)	Flugmaschinist	–	–	1	1
Roth v., Gerd	(–)	Flugzeugführer	–	D-2053	–	1
Ruhnke, Herbert	(1911 –1944)	Flugzeugfunker	–	–	26	26
Runge	(–)	Flugmaschinist	–	–	5	5
Salz, Gustav	(–)	Flugmaschinist	–	–	1	1
Graf Schack v. Wittenau, Siegfried	(1900–1981)	Flugzeugführer	36 *(BR)*	10	15	61
Scheffler, Otto	(–1936)	Flzgf.Volontär	–	–	1	1
Schiller, Erich	(–)	Flugzeugfunker	–	–	3	3
Schirmacher, Richard Heinrich	(–)	Flugzeugführer	–	6	28	34
Schmid, Fredy	(–)	Maschinist	–	DO-X	DO-X	2
Schmidt, Wilfried	(–)	Flugzeugführer	–	–	26	26
Schmischke, Karl	(–)	Flugzeugfunker	–	–	40	40
Schneider	(–)	Flugmaschinist	–	–	2	2
Schwanke, Werner	(–1938)	Flugmaschinist	–	–	17	17
Schweikard	(–)	Flugzeugfunker	–	–	8	8
Schwilden, Horst	(–)	Flugzeugführer	18 *(EU)*	–	2	20
Schubert, Helmut	(–)	Flugzeugführer	–	–	6	6
Schukalla, Eduard	(–)	Flugzeugfunker	–	–	19	19
Schuster, Günther	(1893–1943)	Flugzeugführer	–	–	1	1
Seifert	(–)	Flugzeugfunker	–	–	10	10
Simon, Fritz	(1904–1931)	1.Flugzeugführer	24 *(BR)*	–	–	24
Spoerl, Erhard	(–)	Flugzeugführer	–	–	4	4
Stein, Hans-Joachim	(–)	Flugzeugfunker	–	22	29	51
Stoltz, Werner	(–)	Flugzeugführer	–	–	6	6
Stötzer, Otto	(–)	Flugzeugführer	–	–	8	8
Straßmann, Antonie	(1901–1952)	Hilfspilotin	–	DO-X	–	1

Name	Lebensdaten	Dienststellung	Anzahl der Flüge			
			Teilflug	Überflug		Summe
			BREMEN (BR) *EUROPA (EU)*	Nord- atlantik	Süd- atlantik	
Studnitz v., Jobst	(1901–1964)	Flugkapitän	16 *(BR)* 5 *(EU)*	–	5	26
Tischbiereck, Engelbert	(–1945)	Flugzeugführer	–	–	8	8
Trauer, Wolf	(1909–)	Flugzeugführer	–	–	29	29
Untucht, Robert	(1897–1938)	Flugzeugführer	–	–	4	4
Urban, Walter	(1905–1944)	Flugzeugführer	–	–	4	4
Viereck, Alfred	(1908–1937)	Flugzeugführer	–	–	27	27
Wagenknecht, Rudolf	(1898–1931)	Funkermaschinist	14 *(BR)*	–	–	14
Wilhelm, Edmund	(1909–)	Flugzeugführer	–	6	36	42
Wiencke	(–)	Flugmaschinist	–	–	32	32
Wittmann, Wilhelm	(–1936)	Flugmaschinist	–	1	13	14
Wittrock, Heinrich	(–)	Flugzeugfunker	–	–	18	18
Wrangell v., Olaf	(1906–1945)	Flugzeugführer	–	–	8	8
Ziegaus, Joseph	(1906–1940)	Flugmaschinist	–	–	22	22
Zimmer, Eduard	(1904–1988)	Flugzeugführer	–	D-1422 D-2053	– –	1 1
Zimmermann, Erich Adalbert	(1907–)	Funkermaschinist	32 *(BR)*	–	–	32

NORDWIND, NORDMEER *und* NORDSTERN *hießen die drei größten Wasserflugzeuge mit Schwimmern, die jeweils gebaut wurden. Schleuderfähig und mit vier Dieselmotoren ausgerüstet, erkundete die Lufthansa mit ihnen die Nordatlantikroute und setzte sie im Liniendienst auf dem Südatlantik ein. Hier D-ASTA* NORDSTERN *beim Schleuderstart von der* SCHWABENLAND.

Literatur / Quellen

Becker, Hans-Jürgen: Wasserflugzeuge – Flugboote, Amphibien, Schwimmerflugzeuge. Entwicklungsgeschichte der deutschen Flugboote, Schwimmerflugzeuge, Amphibien, Bodeneffektgeräte sowie Bordflugzeuge. Bonn 1994

Brembach, Hellmuth (Hrsg.): Adler über See. Fünfzig Jahre deutsche Marineflieger. Oldenburg/Hamburg 1962

E-Stelle See. Die Geschichte der Flugerprobungsstellen Travemünde und Tarnewitz. Steinebach-Wörthsee o. J.

Fischer von Poturzyn, Friedrich Andreas: Südatlantikflug. Luftreise zur schwimmenden Insel WESTFALEN über Spanisch-, Französisch-, Britisch-Afrika. München 1934

Griehl, Manfred: Dornier Flugboote im Zweiten Weltkrieg, Do 18, Do 24, Do 26. Reihe Waffen-Arsenal – Waffen und Fahrzeuge der Heere und Luftstreitkräfte, Band 171. Wölfersheim-Berstadt 1998

Gütschow, Fred: Die deutschen Flugboote. Flugboote, Amphibien-Flugboote und Projekte von 1900 bis zur Gegenwart, Stuttgart 1978

Haberer, Erich: Katalog über die Katapultpost, Teil 1: Nordatlantik. Weil der Stadt 1985

Haberer, Erich: Katapultpost-Katalog, Teil 2: Südamerika. 50 Jahre Lufthansa im Südatlantikdienst. Weil der Stadt 1984

Hormann, Jörg-M.: Elite im Dritten Reich. Die Geschichte der Deutschen Akademie der Luftfahrtforschung 1936–1945. Garbsen 1988

Hormann, Jörg-M.: Zeppeline, Marineluftschiffe und Marineflieger. Museumsführer des Deutschen Luftschiff- und Marinefliegermuseums AERONAUTICUM, Nordholz. Hamburg 2001

Hormann, Jörg-M.: Ein Schiff fliegt in die Welt. 75 Jahre Dornier-Flugschiff Do X D-1929. Bonn 2004

Hormann, Jörg-M.: Flugschiff DO-X. Die Chronik. Bielefeld 2006

Hormann, Jörg-M.: Katapultpost: mit dem Katapult in die Zukunft, in: Hormann/Kazenwadel: Geschichten um das Blaue Band, Rekorde, Legenden, Katastrophen. Bonn 2004

Italiaander, Rolf: Wegbereiter Deutscher Luftgeltung. Neun Lebensbilder. Berlin 1941

Jung, Dieter / Wenzel, Bernd / Abendroth, Arno: Die Schiffe und Boote der deutschen Seeflieger 1912–1976. Stuttgart 1977

Koos, Volker: Ernst Heinkel Flugzeugwerke 1933–1945. Typenbücher Deutsche Luftfahrt. Königswinter 2003

Koos, Volker: Ernst Heinkel. Vom Doppeldecker zum Strahltriebwerk. Bielefeld 2007

Langsdorf, Werner v.: Flieger und was sie erlebten. Siebenundsiebzig deutsche Luftfahrer erzählen. Gütersloh 1935

Matthias, Joachim / Matthias, Heinz: Tod und Sieg über den Weltmeeren. Das Buch der Ozeanflieger. Berlin 1939

Matthias, Joachim: Die große Brücke. Im Flugzeug über Meere und Kontinente. Berlin 1940

Meyer, Willy (Hrsg.): Verkehrsflieger berichten. Flugberichte und Bilder deutscher Flugzeugführer und Flugkapitäne. Berlin 1931

Munson, Kenneth: Flugzeuge der Welt in Farben: Flugboote und Wasserflugzeuge seit 1910. Zürich 1972

Museum für Verkehr und Technik (Hrsg.): Hundert Jahre Deutsche Luftfahrt. Berlin und Gütersloh 1991

Nowarra, Heinz J.: Dornier Wal. Flugzeuge, die Geschichte machten. Stuttgart 1993

Nowarra, Heinz J.: Focke-Wulf Fw 200 Condor. Koblenz 1988

Pletschacher, Peter: Großflugschiff Dornier DO X.

Eine Bilddokumentation über das erste Großraumflugzeug der Welt (1929). Stuttgart 1979

Pohlmann, Hermann: Chronik eines Flugzeugwerkes 1932–1945. Blohm & Voss Hamburg, Hamburger Flugzeugbau GmbH. Stuttgart 1979

Rosenstock, Jürgen: Flugboote über dem Atlantik. Die abenteuerlichen Expeditionen der Lufthansa 1934–1939. München 2001

Schack von Wittenau, Siegfried: Pionierflüge eines Lufthansa-Kapitäns. Das abenteuerliche Fliegerleben von Graf Schack von Wittenau. Stuttgart 1981

Saris, Wilhelm P. B. R.: Deutsche Lufthansa 1926–1945. Geschichte, Bekleidung, Abzeichen. Norderstedt 1999

Scheele, Friedrich: Der »Ozean-Express« und die Schlange an seiner Brust, in: Haarmann/Peckskamp-Lürßen (Hrsg.): Mit der Kamera in die Welt. Ausstellungskatalog zum Werk des Bordfotografen Richard Fleischhut. Bönen 2005

Schmitt, Hermann: Schleuderflüge von den Dampfern BREMEN und EUROPA, in: Postgeschichtliche Blätter, Heft 13, Weser-Ems-Gebiet 1980

Abbildungsnachweis

Claus Friedrich Bergen (© 2007 Bild-Kunst, Bonn), S. 18

Firmenarchiv Airbus Deutschland GmbH, Hamburg, S. 174

Firmenarchiv Blohm & Voss GmbH, Hamburg, S. 129 (oben), 137

Firmenarchiv Deutsche Lufthansa AG, Frankfurt, S. 91, 125 (2), 129 (unten), 131, 167

Firmenarchiv Dornier GmbH, Friedrichshafen, S. 8, 12, 23, 29, 30, 33, 35, 37, 145, 147, 149, 152, 153, 155, 157, 159 (2), 161, 163, 165, 168, Einbandrückseite

Nachlass Richard Fleischhut/c.o. Ingrid Peckskamp-Lürßen, Berlin, S. 6, 8, 9, 11, 21 (oben), 39, 41, 43, 47, 49, 51, 55, 57, 59, 61, 63, 69 (o. und u.), 81, 97, 121, 127 (oben), 143

Archiv Jörg-M. Hormann, Rastede, S. 17, 18, 19, 21 (unten), 22, 27, 31, 48, 73, 75, 83 (unten), 85, 87, 107, 115 (unten), 127 (unten), 133 (2), 141, 143 (oben)

Dr. Volker Koos, Rostock, S. 45, 71, 123

Günter Rennebeck, Wittenberg, S. 67, 77, 83 (oben), 102, 105, 109, 111, 113, 115 (oben), 117 (3)

ullstein bild, Berlin, Titel

Danksagung

Mein ganz besonderer Dank geht hier an Frau Ingrid Peckskamp-Lürßen, Berlin, die als Bewahrerin des Richard Fleischhut Nachlasses ganz seltene Fotografien ihres Großvaters zur Verfügung stellte. Günter Rennebeck aus der Lutherstadt Wittenberg öffnete mir sein Archiv zur Forschung über die Schicksale von Fritz Simon und Rudolf Wagenknecht, die ihn seit Jahrzehnten beschäftigen, und Klaus Werner aus Rastede widmete sich intensiv der Umsetzung und Datenpflege der Tabellen des Flugbuches. Ihnen und den vielen Mitarbeitern in den Firmenarchiven danke ich für die interessante Zusammenarbeit.